普通高等教育仪器类"十三五"规划教材

单片机原理及应用

付 华 徐耀松 肖艳军 主 编

王雨虹 孙凌宇 高 姬 初淑香 副主编

U0216780

电子工业出版社
Publishing House of Electronics Industry
北京·BEIJING

内 容 简 介

本书系统、全面地介绍 MCS-51 系列单片机的基本知识,是一本重在原理与应用、兼顾理论的实用教程。全书共 11 章,由浅入深、循序渐进地介绍了 MCS-51 单片机的硬件结构、指令系统、各种硬件接口设计以及 MCS-51 单片机应用系统的设计。本书结构合理、内容翔实、实例丰富,通过二维码实现教学内容辅助学习,突出了选取内容的实用性、典型性,书中的应用实例大多来自科研工作及教学实践。

本书可作为大学本、专科单片机课程教材,适合于 51 单片机的初学者和使用 51 单片机从事项目开发的技术人员,也可供从事测控技术与仪器、自动控制、智能仪器仪表、电力电子、机电一体化等专业的技术人员参考。

未经许可,不得以任何方式复制或抄袭本书之部分或全部内容。

版权所有,侵权必究。

图书在版编目(CIP)数据

单片机原理及应用 / 付华,徐耀松,肖艳军主编. 一北京:电子工业出版社,2017.1
普通高等教育仪器类"十三五"规划教材
ISBN 978-7-121-30467-5

Ⅰ. ①单… Ⅱ. ①付… ②徐… ③肖… Ⅲ. ①单片微型计算机-高等学校-教材 Ⅳ. ①TP368.1

中国版本图书馆 CIP 数据核字(2016)第 284870 号

策划编辑:赵玉山
责任编辑:刘真平
印　　刷:北京虎彩文化传播有限公司
装　　订:北京虎彩文化传播有限公司
出版发行:电子工业出版社
　　　　　北京市海淀区万寿路 173 信箱　邮编　100036
开　　本:787×1 092　1/16　印张:16.25　字数:416 千字
版　　次:2017 年 1 月第 1 版
印　　次:2025 年 1 月第 6 次印刷
定　　价:37.00 元

凡所购买电子工业出版社图书有缺损问题,请向购买书店调换。若书店售缺,请与本社发行部联系,联系及邮购电话:(010)88254888,88258888。

质量投诉请发邮件至 zlts@phei.com.cn,盗版侵权举报请发邮件至 dbqq@phei.com.cn。

本书咨询联系方式:zhaoys@phei.com.cn。

普通高等教育仪器类"十三五"规划教材

编委会

主　任：丁天怀（清华大学）

委　员：陈祥光（北京理工大学）

　　　　王　　祁（哈尔滨工业大学）

　　　　王建林（北京化工大学）

　　　　曾周末（天津大学）

　　　　余晓芬（合肥工业大学）

　　　　侯培国（燕山大学）

前　言

本书循序渐进地介绍了 MCS-51 系列单片机的硬件结构、指令系统、汇编语言程序设计、中断系统、定时/计数器、串行口及串行通信、常用 I/O 接口、D/A 与 A/D 转换器、总线扩展及单片机应用系统设计与调试等内容。

本教材突出工程特色，以工程教育为理念，围绕培养应用创新型工程人才这一目标，着重学生独立研究能力、动手能力和解决实际问题能力的培养，将测控技术与仪器专业工程人才培养模式和教学内容的改革成果体现在教材中，通过科学规范的工程人才教材建设促进专业建设和工程人才培养质量的提高。本书注重与工程实践的联系，每章均有相关工程应用案例及产品介绍。同时，采用二维码技术对相关知识点进行扩充，可以通过扫描二维码，打开对知识点的更多辅助介绍，包括相关文字介绍、图片展示或动画演示。

全书共 11 章。第 1 章是单片机技术概述；第 2 章介绍了 MCS-51 单片机硬件系统的结构；第 3 章介绍了 MCS-51 单片机的指令系统；第 4 章介绍了 MCS-51 单片机汇编语言程序设计方法；第 5 章介绍了 MCS-51 单片机的中断系统及其应用方法；第 6 章介绍了 MCS-51 单片机定时/计数器的原理及使用方法；第 7 章介绍了 MCS-51 单片机的串行口及串行通信技术；第 8 章介绍了 MCS-51 单片机常用 I/O 接口的设计方法；第 9 章介绍了 MCS-51 单片机中实现 D/A 与 A/D 转换的接口及编程方法；第 10 章介绍了 MCS-51 单片机实现串行总线扩展的技术；第 11 章介绍了 MCS-51 单片机应用系统设计与调试的方法。

本书第 1 章由付华、肖艳军执笔；第 2～4 章、第 7 章由徐耀松执笔；第 5、6 章由高姬执笔；第 8、9 章由孙凌宇执笔；第 10、11 章由王雨虹执笔。肖艳军对全书内容进行了充实。全书的写作思路由付华教授提出，由付华、徐耀松、肖艳军和孙凌宇统稿。此外，李猛、任仁、陶艳风、代巍、汤月、司南楠、陈东、谢鸿、郭玉雯、梁漪、于田、孟繁东、曹坦坦、李海霞、刘雨竹、曹庆春、邱微等也参加了本书的编写。在此，向对本书的完成给予了热情帮助的同行们表示感谢。

由于作者水平有限，加上时间仓促，书中的错误和不妥之处，敬请读者批评指正。

编　者

2016 年 5 月

目　　录

第1章

单片机概述

1.1 单片机简介

1.1.1 单片机的概念

单片微型计算机（Single Chip Micro Computer）简称单片机（SCM）。它是将组成微型计算机的各部件：中央处理器（CPU）、存储器、I/O 接口电路、定时/计数器等，集成在一块电路芯片上，构成一个完整的微型计算机。单片机无论从功能上还是从形态上来说都是作为控制领域应用的计算机，因而准确反映单片机本质的应该是微控制器（Micro Controller Unit），即 MCU。现在国际上已逐渐采用 MCU 来代替 SCM，而 MCU 也成了单片机领域公认的、最终统一的名词。在国内，因为"单片机"一词已约定俗成，故可将"单片机"与"MCU"对应翻译。

单片机（MCU）可以定义为：一种把微处理器（CPU）、随机存取存储器（RAM）、只读存储器（ROM）、输入/输出（I/O）接口电路、定时/计数器、串行通信接口及中断系统等部件集成在同一块芯片上的，具有完整功能的微型计算机。这块芯片就是硬件，而软件程序则存放在片内的只读存储器中。通过编程，控制芯片的各个引脚在不同时间输出不同的电平，进而控制与单片机各个引脚相连接的外围电路的电气状态。

单片机是计算机技术发展史上的一个重要里程碑，标志着计算机正式形成了通用计算机系统和嵌入式计算机系统两大分支。因为其体积小、成本低，被广泛应用到工业控制单元、机器人、智能仪器仪表、汽车电子系统、武器系统、家用电器、办公自动化设备、金融电子系统、玩具、个人信息终端及通信产品中。

1.1.2 单片机的特点

单片机是集成电路技术与微型计算机技术高速发展的产物。它体积小、价格低、应用方便、稳定可靠，因此，给工业自动化等领域带来了一场重大革命和技术进步。因其体积小，很容易嵌入到系统之中，以实现各种方式的检测、计算或控制，这一点，一般微机根本做不到。由于单片机本身就是一个微型计算机，因此只要在单片机的外部适当增加一些必要的外围扩展电路，就可以灵活地构成各种应用系统，如工业自动检测监视系统、数据采集系统、自动控制系统、智能仪器仪表等。

单片机应用广泛，是因为具有以下优点：

（1）功能齐全，应用可靠，抗干扰能力强。

（2）简单方便，易于普及。单片机技术是易掌握技术。应用系统设计、组装、调试已经是一件容易的事情，工程技术人员通过学习可很快掌握其应用设计技术。

（3）发展迅速，前景广阔。短短几十年，单片机经过 4 位机、8 位机、16 位机、32 位机等几大发展阶段。尤其是集成度高、功能日臻完善的单片机不断问世，使单片机在工业控制及工业自动化领域获得长足发展和大量应用。目前，单片机内部结构愈加完美，片内外围功能部件越来越完善，为向更高层次和更大规模的发展奠定了坚实的基础。

（4）嵌入容易，用途广泛，体积小，性能价格比高，应用灵活性强等，在嵌入式微控制系统中具有十分重要的地位。单片机出现前，制作一套测控系统需要用大量的模拟电路、数字电路、分立元件完成，以实现计算、判断和控制功能。系统的体积庞大，线路复杂，连接点多，易出现故障。单片机出现后，测控功能的绝大部分由单片机的软件程序实现，其他电子线路则由片内的外围功能部件来替代。

1.1.3　单片机的应用

单片机的应用范围很广，在下述的各个领域中得到了广泛的应用。

1. 工业自动化

在自动化技术中，无论是过程控制技术、数据采集还是测控技术，都离不开单片机。在工业自动化的领域中，机电一体化技术将发挥越来越重要的作用，在这种集机械、微电子和计算机技术于一体的综合技术（如机器人技术）中，单片机将发挥非常重要的作用。

2. 智能仪器仪表

目前对仪器仪表的自动化和智能化要求越来越高。在智能仪器仪表中，单片机应用十分普及。单片机的使用有助于提高仪器仪表的精度和准确度，简化结构，减小体积而易于携带和使用，加速仪器仪表向数字化、智能化、多功能化方向发展。

3. 消费类电子产品

该应用主要反映在家电领域。目前家电产品的一个重要发展趋势是不断提高其智能化程度。例如，洗衣机、电冰箱、空调机、电视机、微波炉、手机、IC 卡、汽车电子设备等。在这些设备中使用了单片机后，其功能和性能大大提高，并实现了智能化、最优化控制。

4. 通信方面

在调制解调器、程控交换技术以及各种通信技术中，单片机得到了广泛的应用。

5. 武器装备

在现代化的武器装备中，如飞机、军舰、坦克、导弹、鱼类制导、智能武器装备、航天飞机导航系统，都有单片机深入其中。

6. 终端及外部设备控制

计算机网络终端设备如银行终端以及计算及外部设备，如打印机、硬盘驱动器、绘图机、传真机、复印机等，在这些设备中都使用了单片机。

7. 多机分布式系统

可用多片单片机构成分布式测控系统，它使单片机的应用进入了一个新的水平。

综上所述，从工业自动化、智能仪器仪表、家用电器方面等，直到国防尖端技术领域，单片机都发挥着十分重要的作用。

1.2　单片机的发展概况

1.2.1　单片机的发展历史

单片机就是微型计算机发展的一个重要分支，现以 Intel 公司 1976 年推出的 8 位单片机为起点，介绍单片机发展经历的三个历史阶段。

1）第一代单片机（1976—1978 年）

第一代单片机始于 1976 年，以 Intel 公司的 MCS-48 系列为代表，其特点是采用专门的结构设计。这个系列单片机内集成有 8 位 CPU、并行 I/O 口、8 位定时/计数器、RAM 和 ROM 等，但是不足之处是无串行口，中断处理比较简单，片内 RAM 和 ROM 容量较小且寻址范围不大于 4KB。

2）第二代单片机（1978—1982 年）

第一代单片机推出后，获得巨大的成功。各大半导体厂商竞相投入开发单片机市场。第二代单片机以 Intel 公司的 MCS-51 为代表，这个阶段推出的单片机普遍带有串行口、多级中断系统、16 位定时/计数器，片内 ROM、RAM 容量加大，且寻址范围可达 64KB，有的片内还带有 A/D 转换器。

在确立基本控制功能方面，在指令系统中设置大量的位操作指令，它和片内的位地址空间构成了单片机所独有的布尔操作系统，大大增强了单片机的位操作功能；指令系统中设置了大量的条件跳转、无条件跳转指令，增强了指令系统的控制功能。片内设置了特殊功能寄存器（SFR），建立了计算机外围功能电路的 SFR 集中管理模式，这种集中管理模式在增添外围功能单元后给使用管理带来了极大方便。由于这类单片机的性能价格比高，所以仍被广泛使用，是目前使用数量较多的单片机。

3）第三代单片机（1982 年至今）

第三代单片机阶段，一方面不断完善高档 8 位单片机，改善其结构，以满足不同用户的需要；另一方面发展了 16 位单片机及专用单片机。16 位单片机除 CPU 为 16 位外，片内 RAM 和 ROM 的容量进一步增大，片内带有高速输入/输出部件、多通道 10 位 A/D 转换部件、8 级中断处理功能，实时处理能力更强。近年来 32 位单片机已进入实用阶段。

1.2.2　单片机的发展趋势

单片机的发展趋势将是向大容量、高性能化、外围电路内装化等方面发展。为满足不同的用户要求，各公司竞相推出能满足不同需要的产品。

1. CPU 的改进

（1）采用双 CPU 结构，以提高处理能力。

（2）增加数据总线宽度，单片机内部采用 16 位数据总线，其数据处理能力明显优于一般 8 位单片机。

（3）串行总线结构，飞利浦公司开发了一种新型总线：I^2C 总线（Inter-IC bus）。该总线是用两根信号线代替现行的 8 位数据总线，从而大大减少了单片机外部引线，使得单片机与外部接口电路连接简单。目前许多公司都在积极地开发此类产品。

2. 存储器的发展

（1）加大存储容量。新型单片机内 ROM 一般可达 4~8KB，RAM 为 256B。有的单片机内 ROM 容量可达 128KB。

（2）片内 EPROM 采用 E^2PROM 或闪烁存储器（Flash）。片内 EPROM 由于需要高压（+24V 或+12V）编程写入，紫外线擦抹还会给用户带来不便。采用 E^2PROM 或闪烁存储器后，能在 +5V 下读/写，不需紫外线擦抹，既有静态 RAM 读/写操作简便，又有在掉电时数据不会丢失的优点。片内 E^2PROM 或闪烁存储器的使用，大大简化了应用系统结构。

（3）程序保密化。一般 EPROM 中的程序很容易被复制。为防止复制，生产厂家对片内 E^2PROM 或闪烁存储器采用加锁方式。加锁后，无法读取其中的程序，这就达到了程序保密的目的。

3. 片内 I/O 口的改进

一般单片机都有较多的并行口，以满足外围设备、芯片扩展的需要，并配有串行口，以满足多机通信功能的要求。

（1）增加并行口的驱动能力。这样可以减少外部驱动芯片。有的单片机能直接输出大电流和高电压，以便能直接驱动 LED 和 VFD（荧光显示器）。

（2）增加 I/O 口的逻辑控制功能。大部分单片机的 I/O 口都能进行逻辑操作。中、高档单片机的位处理系统能够对 I/O 口进行位寻址及位操作，大大地加强了 I/O 口线控制的灵活性。

4. 外围电路内装化

随着集成度的不断提高，有可能把众多的外围功能器件集成在片内。这也是单片机发展的重要趋势。除了一般必须具有的 ROM、RAM、定时/计数器、中断系统外，随着单片机档次的提高，以适应检测、控制功能的更高的要求，片内集成的部件还有 A/D 转换器、D/A 转换器、DMA 控制器、中断控制器、锁相环、频率合成器、字符发生器、声音发生器、CRT 控制器、译码驱动器等。

随着集成电路技术及工艺的不断发展，能装入片内的外围电路也可以是大规模的，把所需的外围电路全部装入单片机内，即系统的单片化是目前单片机发展的趋势之一。

5. 低功耗化

8 位单片机中有二分之一的产品已 CMOS 化，CMOS 芯片的单片机具有功耗小的优点，而且为了充分发挥低功耗的特点，这类单片机普遍配置有 Wait 和 Shop 两种工作方式。例如，采用 CHMOS 工艺的 MCS-51 系列单片机 80C31/80C51/87C51 在正常运行（5V，12MHz）时，工作电流为 16mA，同样条件下 Wait 方式工作时，工作电流则为 3.7mA，而在 Shop 方式（2V）时，工作电流仅为 50nA。

纵观单片机几十年的发展历程，单片机今后将向多功能、高性能、高速度、低电压、低功耗、低价格、外围电路内装化以及片内存储器容量增加和 Flash 存储器方向发展。但其位数不一定会继续增加，尽管现在已经有了 32 位单片机，但使用的并不多。可以预言，今后的单片机将是功能更强、集成度和可靠性更高而功耗更低，以及使用更方便。

此外，专用化也是单片机的一个发展方向，针对单一用途的专用单片机将会越来越多。

1.3　51 系列单片机

20 世纪 80 年代以来，单片机发展迅速，世界一些著名厂商投放市场的产品就有几十个系列、数百个品种，如 Intel 公司的 MCS-48、MCS-51，Motorola 公司的 6801、6802，Zilog 公司的 Z8 系列，Rockwell 公司的 6501、6502 等。此外，荷兰的 Philips 公司、日本的 NEC 公司、日立公司等也相继推出了各自的产品。

尽管机型很多，但是在 20 世纪 80 年代以及 90 年代，在我国使用最多的 8 位单片机还是 Intel 公司的 MCS-51 系列单片机以及与其兼容的单片机（称为 51 系列单片机）。

1.3.1　MCS-51 系列单片机

MCS 是 Intel 公司单片机的系列符号，如 MCS-48、MCS-51、MCS-96 系列单片机。MCS-51 系列是在 MCS-48 系列基础上于 20 世纪 80 年代初发展起来的，是最早进入我国，并在我国得到广泛应用的单片机主流品种。

MCS-51 系列是 8 位单片机，主要包括基本型 8031/8051/8751、低功耗型 80C31/80C51/87C51 和增强型 8032/8052/8752。因其品种全、兼容性强、性能价格比高等特点适合广大初学者学习。MCS-51 系列软硬件应用设计资料丰富齐全，在 20 世纪 80 年代和 90 年代，已被广大工程技术人员所熟悉和掌握，是在我国应用最为广泛的单片机机型之一。

MCS-51 系列品种丰富，经常使用的是基本型和增强型。

1）基本型

典型产品：8031/8051/8751。8031 内部包括 1 个 8 位 CPU、128B RAM、21 个特殊功能寄存器（SFR）、4 个 8 位并行 I/O 口、1 个全双工串行口、2 个 16 位定时/计数器、5 个中断源，但片内无程序存储器，需外扩程序存储器芯片。

8051 是在 8031 的基础上，片内又集成有 4KB ROM 作为程序存储器。所以 8051 是一个程序不超过 4KB 的小系统。ROM 内的程序是公司制作芯片时代为用户烧制的。

8751 与 8051 相比，片内集成的 4KB EPROM 取代了 8051 的 4KB ROM 来作为程序存储器，构成了一个程序不大于 4KB 的小系统。8031 外扩一片 4KB 的 EPROM 就相当于 8751。

2）增强型

典型产品：8032/8052/8752。Intel 公司在基本型基础上，推出增强型-52 子系列，内部 RAM 增到 256B，8052、8752 的片内程序存储器扩展到 8KB，16 位定时/计数器增至 3 个，6 个中断源，串行口通信速率提高 5 倍。

表 1-1 列出了基本型和增强型的 MCS-51 系列单片机片内的基本硬件资源。

表 1-1　MCS-51 系列单片机片内的基本硬件资源

	型号	片内程序存储器	片内数据存储器（B）	I/O 口线（位）	定时/计数器	中断源个数（个）
基本型	8031	无	128	32	2	5
	8051	4KB ROM	128	32	2	5
	8751	4KB EPROM	128	32	2	5
增强型	8032	无	256	32	3	6
	8052	8KB ROM	256	32	3	6
	8752	8KB EPROM	256	32	3	6

1.3.2　AT89C5x（AT89S5x）系列单片机

20 世纪 80 年代中期以后，Intel 精力集中在高档 CPU 芯片的开发、研制上，淡出单片机芯片的开发和生产。MCS-51 系列设计上的成功，使其具有较高的市场占有率，已成为许多厂家、电气公司竞相选用的对象。因此，Intel 公司以专利形式把 8051 内核技术转让给 Atmel、Philips、Cygnal、ANALOG、LG、ADI、Maxim、DALLAS 等公司。

这些厂家生产的兼容机与 8051 兼容，采用 CMOS 工艺，因而常用 80C51 系列单片机来称呼所有这些具有 8051 指令系统的单片机，它们对 8051 单片机一般做了一些补充，更有特点。这些兼容机的各种衍生品种统称为 51 系列单片机或简称为 51 单片机，是在 8051 的基础上又增加一些功能模块（称其为增强型、扩展型子系列单片机），其功能和市场核心竞争力更强。

近年来，世界上单片机芯片生产厂商推出的与 8051（80C51）兼容的主要产品如表 1-2 所示。

表 1-2　与 80C51 兼容的主要产品

生 产 厂 家	单片机型号
Atmel 公司	AT89C5x/AT89S5x 系列（AT89C51/AT89S51、AT89C52/AT89S52、AT89C55 等）
Philips 公司	80C51、8xC552 系列
Cygnal 公司	C80C51F 系列高速 SOC 单片机
LG 公司	GMS90/97 系列低价高速单片机
ADI 公司	ADμC8xx 系列高精度单片机
美国 Maxim 公司	DS89C420 高速（50MIPS）单片机系列
台湾华邦公司	W78C51、W77C51 系列高速低价单片机
AMD 公司	8-551/535 单片机
Siemens 公司	SAB80512 单片机

在众多的衍生机型中，Atmel 公司的 AT89C5x/AT89S5x 系列，尤其是 AT89C51/AT89S51 和 AT89C52/AT89S52 在 8 位单片机市场中占有较大的市场份额。

随着半导体存储器制造技术和大规模集成电路制造技术的发展，ATMEL 公司 1994 年以 E^2PROM 技术与 Intel 公司的 80C51 内核的使用权进行交换。ATMEL 公司的技术优势是闪烁（Flash）存储器技术，将 Flash 技术与 80C51 内核相结合，形成了片内带有 Flash 存储器的 AT89C5x/AT89S5x 系列单片机。在我国，片内带有闪烁（Flash）存储器的单片机已得到广泛的应用。其中最具代表性的产品是美国 Atmel 公司推出的 AT89C51。

　　AT89C5x/AT89S5x 系列与 MCS-51 系列在原有功能、引脚以及指令系统方面完全兼容。此外，某些品种又增加了一些新的功能，如看门狗定时器 WDT、ISP（在系统编程也称在线编程）及 SPI 串行接口技术等。片内 Flash 存储器允许在线（+5V）电擦除、电写入或使用编程器对其重复编程。另外，AT89C5x/AT89S5x 单片机还支持由软件选择的两种节电工作方式，非常适于低功耗的场合。与 MCS-51 系列的 87C51 单片机相比，AT89C51/AT89S51 单片机片内的 4KB Flash 存储器取代了 87C51 片内的 4KB EPROM。AT89S51 片内的 Flash 存储器可在线编程或使用编程器重复编程，且价格较低。因此 AT89C51/AT89S51 单片机作为代表性产品受到用户欢迎，AT89C5x/AT89S5x 单片机是目前取代 MCS-51 系列单片机的主流芯片之一。本书重点介绍 AT89S51 单片机的原理及应用系统设计。

　　AT89S5x 的"S"档系列机型是 Atmel 公司继 AT89C5x 系列之后推出的新机型，代表性产品为 AT89S51 和 AT89S52。基本型的 AT89C51 与 AT89S51 以及增强型的 AT89C52 与 AT89S52 的硬件结构和指令系统完全相同。使用 AT89C51 的系统，在保留原来软硬件的条件下，完全可以用 AT89S51 直接代换。与 AT89C5x 系列相比，AT89S5x 系列的时钟频率以及运算速度有了较大的提高，例如，AT89C51 工作频率的上限为 24MHz，而 AT89S51 则为 33MHz。AT89S51 片内集成有双数据指针 DPTR、看门狗定时器，具有低功耗空闲工作方式和掉电工作方式。目前，AT89S5x 系列已逐渐取代 AT89C5x 系列。

　　表 1-3 为 Atmel 公司 AT89C5x/AT89S5x 系列单片机主要产品片内硬件资源。由于种类多，读者在选择单片机时要依据实际需求来选择合适的型号。

表 1-3　Atmel 公司生产的 AT89C5x/AT89S5x 系列单片机的片内硬件资源

型　　号	片内 Flash ROM（KB）	片内 RAM（B）	I/O 口线（位）	定时/计数器（个）	中断源个数（个）	引脚数目（个）
AT89C1051	1	128	15	1	3	20
AT89C2051	2	128	15	2	5	20
AT89C51	4	128	32	2	5	40
AT89S51	4	128	32	2	6	40
AT89C52	8	256	32	3	8	40
AT56S52	8	256	32	3	8	40
AT89LV51	4	128	32	2	6	40
AT89LV52	8	256	32	3	8	40
AT89C55	20	256	32	3	8	44

　　表 1-3 中 AT89C1051 与 AT89C2051 为低档机型，均为 20 只引脚。当低档机满足设计需求时，就不要采用较高档次的机型。例如，当系统设计时，仅仅需要一个定时器和几位数字量输出，那么选择 AT89C1051 或 AT89C2051 即可，不需选择 AT89S51 或 AT89S52，因为后者要比前者的价格高，且前者体积也小。如果对程序存储器和数据存储器的容量要求较高，还要单片机运行速度尽量快，可考虑选择 AT89S51/AT89S52，因为它们的最高工作时钟频率为 33MHz。当程序需要多于 8KB 以上的空间时，可考虑选用片内 Flash 容量 20KB 的 AT89C55。

　　表 1-3 中，AT89LV51 与 AT89LV52 中的"LV"代表低电压，它与 AT89S51 的主要差别是其工作时钟频率为 12MHz，工作电压为 2.7～6V，编程电压 V_{PP} 为 12V。AT89LV51 的低电压电源工作条件可使其在便携式、袖珍式、无交流电源供电的环境中应用，特别适于电池供电的仪器仪表和各种野外操作的设备中。

尽管 AT89C5x/AT89S5x 系列单片机有多种机型，但掌握好基本型 AT89S51 单片机十分重要，因为它们是具有 8051 内核的各种型号单片机的基础，最具典型性和代表性，同时也是各种增强型、扩展型等衍生品种的基础。因此，本书以 AT89S51 作为 51 单片机的代表性机型来介绍单片机的原理及应用。

在我国，除 8 位单片机得到广泛应用外，16 位单片机也得到了广大用户的青睐。例如，美国 TI 公司的 16 位单片机 MSP430 和台湾的凌阳 16 位单片机，本身带有 A/D 转换器，一片芯片就构成了一个数据采集系统，设计使用非常方便。尽管这样，16 位单片机还远远没有 8 位单片机应用得那样广泛和普及，因为目前的主要应用中，8 位单片机的性能已能够满足大部分的实际需求，况且 8 位单片机的性能价格比也较好。在众多厂家生产的各种不同的 8 位单片机中，与 MCS-51 系列单片机兼容的各种 51 单片机，目前仍然是 8 位单片机的主流品种，若干年内仍是自动化、机电一体化、仪器仪表、工业检测控制应用的主角。

1.3.3　其他的 51 单片机

除了 AT89C5x/AT89S5x 系列单片机外，世界各半导体器件厂家还推出了以 8051 为内核的，各种集成度高、功能强的增强型单片机，这些单片机目前也得到了广大设计工程师的青睐。

1. ADμC812 单片机

美国 ADI（Analog Device，lnc.）公司的 ADμC812 是一款高性能单片机，内部包含高精度的自校准 8 通道 12 位模数转换器、2 通道 12 位数模转换器以及可编程的 8 位的与 8051 单片机兼容的 MCU 内核，指令系统与 MCS-51 系列兼容。片内有 8KB Flash 程序存储器、640B Flash 数据存储器、256B 数据 SRAM（支持可编程）。其片内集成看门狗定时器、电源监视器以及 ADC DMA 功能。为多处理器接口和 I/O 扩展提供了 32 条可编程的 I/O 线，包含有与 I^2C 兼容的串行接口、SPI 串行接口和标准 UART 串行接口 I/O。

ADμC812 的 MCU 内核和模数转换器均设有正常、空闲和掉电工作模式，软件可控制从正常模式到空闲模式，也可切换到更省电的掉电模式。掉电模式消耗总电流约 5μA。

2. C8051Fxxx 单片机

C8051Fxxx 单片机是美国 Cygnal 公司的产品，是一款集成度高，采用 8051 内核的 8 位单片机。典型产品为 C8051F020。内部采用流水线结构，大部分指令的完成时间为 1 或 2 个时钟周期，峰值处理能力为 25MIPS。比经典的 51 单片机可靠性和速度有很大提高。

C8051F020 片内资源：1 个 8 位 ADC、1 个 12 位 ADC、1 个双 12 位 DAC；64KB 片内 Flash 程序存储器、256B RAM、128B SFR；8 个 I/O 端口共 64 根 I/O 口线；5 个 16 位通用定时器；5 个捕捉/比较模块的可编程计数/定时器阵列（PCA），1 个 UART 串行口、1 个 SMBus/I^2C 串口、1 个 SPI 串行口；2 路电压比较器，VDD 监视器（电源监测），内置温度传感器。

C8051Fxxx 单片机最突出的改进是引入了数字交叉开关（C8051F2xx）。引入的数字交叉开关，改变以往内部功能与外部引脚的固定对应关系。它是一个大的数字开关网络，允许将内部数字系统资源分配给端口 I/O 引脚。与具有标准复用数字 I/O 的单片机不同，该结构可支持所有功能组合。可通过设置交叉开关控制寄存器将片内计数/定时器、串行总线、硬件中断、ADC 转换启动输入、比较器输出及单片机内部的其他数字信号配置为出现在端口 I/O 引脚。允许用户根据自己的特定应用，选择通用端口 I/O 和所需数字资源的组合。

3. 台湾华邦公司 W78 系列和 W77 系列单片机

台湾华邦公司（Winbond）生产的 W78 系列单片机与 AT89C5x 系列完全兼容，W77 系列为增强型。

W77 系列对 8051 的时序做了改进：每个指令周期只需要 4 个时钟周期，速度提高了 3 倍，工作频率最高可达 40MHz。

W77 系列增加看门狗 WatchDog、两组 UART、两组 DPTR 数据指针（编写程序非常便利）、ISP（在系统可编程）等功能。片内集成了 USB 接口、语音处理等功能，具有 6 组外部中断源。

华邦公司的 W741 系列的 4 位单片机具有液晶驱动、在线烧录、保密性高、低工作电压(1.2～1.8V）的特点。

1.4　AVR 系列单片机与 PIC 系列单片机

除了 51 单片机外，某些非 51 单片机也得到了较为广泛的应用，目前应用较广泛的是 AVR 系列与 PIC 系列单片机，它们博采众长，具独特技术，受到广大设计工程师的关注。

1.4.1　AVR 系列单片机

1997 年，由 Atmel 公司挪威设计中心的 A 先生与 V 先生共同研发出的精简指令集（Reduced Instruction Set Computer，RISC）的高速 8 位单片机，简称 AVR。

功能特点如下：

（1）高速、高可靠性、功能强、低功耗和低价位。早期单片机采取稳妥方案，即采用较高的分频系数对时钟分频，使指令周期长，执行速度慢。以后的单片机虽采用提高时钟频率和缩小分频系数等措施，但这种状态并未被彻底改观（如 51 单片机）。虽有某些精简指令集单片机问世，但依旧沿袭对时钟分频的做法。

AVR 单片机的推出，彻底打破了这种旧设计格局，废除了机器周期，抛弃复杂指令计算机（CISC）追求指令完备的做法。采用精简指令集，以字作为指令长度单位，将操作数与操作码安排在一字之中，指令长度固定，指令格式与种类相对较少，寻址方式也相对较少，绝大部分指令都为单周期指令。取指周期短，又可预取指令，实现流水作业，故可高速执行指令。当然这种速度上的升跃，是以高可靠性来保障的。

（2）AVR 单片机内嵌高质量的 Flash 程序存储器，撰写方便，给用户的开发带来便利。片内大容量的 RAM 可长期保存关键数据，避免断电丢失，不仅能满足一般场合的使用，同时也更有效地支持使用高级语言开发系统程序，并可扩展外部 RAM。

（3）丰富的片内外设。定时/计数器、看门狗电路、低电压检测电路 BOD、多个复位源（自动上下电复位、外部复位、看门狗复位、BOD 复位）、可设置的启动后延时运行程序，增强了单片机应用系统的可靠性。增强型的高速同/异步串口，具有硬件产生校验码、硬件检测和校验侦错、两级接收缓冲、波特率自动调整定位（接收时）、屏蔽数据帧等功能，提高了通信的可靠性，方便程序编写，更便于组成分布式网络和实现多机通信系统的复杂应用，串口功能大大超过 MCS-51/96 单片机的串口，加之 AVR 单片机高速，中断服务时间短，故可实现高波特率通信。

（4）I/O 口功能强、驱动能力大。AVR 的工业级产品，具有大电流（最大可达 40mA），驱动能力强，可省去功率驱动器件，直接驱动可控硅 SSR 或继电器。AVR 单片机的 I/O 线全部带可设置的上拉电阻，可单独设定为输入/输出，可设定（初始）高阻输入，驱动能力强（可省去功率驱动器件），使得 I/O 口资源灵活、功能强大、可充分利用。AVR 单片机的 I/O 口能正确反映 I/O 口输入/输出的真实情况。I/O 口的输入可设定为三态高阻抗输入或带上拉电阻输入，以便于满足各种多功能 I/O 口应用的需要，具备 10～20mA 灌电流的能力。

（5）低功耗。AVR 单片机具有多种省电休眠模式，且可宽电压运行（5～2.7V），抗干扰能力强，可降低一般 8 位机中的软件抗干扰设计工作量和硬件的使用量。具有省电功能（Power Down）及休眠功能（Idle）的低功耗的工作方式。

（6）支持程序的在系统编程（In System Program，ISP）即在线编程，开发门槛较低。只需一条 ISP 并口下载线，就可以把程序写入 AVR 单片机，所以使用 AVR 门槛低、花钱少。其中 MEGA 系列还支持在线应用编程（IAP，可在线升级或销毁应用程序）。

（7）程序保密性好，不可破解的位加密锁 Lock Bit 技术，且具有多重密码保护锁死（Lock）功能，使得用户编写的应用程序不被读出。

AVR 单片机系列全，3 个档次，适于各种不同要求：

（1）低档 Tiny 系列：Tiny11/12/13/15/26/28 等。

（2）中档 AT90S 系列：AT90S1200/2313/8515/8535 等（正在淘汰或转型到 Mega 中）。

（3）高档 ATmega 系列：ATmega8/16/32/64/128（存储容量为 8/16/32/64/128KB）以及 ATmega8515/8535 等。

AVR 器件引脚从 8 脚到 64 脚，还有各种不同的封装供选择。

1.4.2　PIC 系列单片机

PIC 系列单片机是美国 Microchip 公司的产品，它重视产品的性能与价格比，靠发展多种型号来满足不同层次的应用要求。

1. 主要特性

（1）最大的特点是从实际出发，重视性能价格比，已经开发出多种型号来满足应用需求。例如，一个摩托车的点火器需要一个 I/O 较少、RAM 及程序存储空间不大、可靠性较高的小型单片机，若用 40 脚功能强的单片机，则投资大，使用也不方便。PIC 系列从低到高有几十个型号。其中，PIC12C508 单片机仅有 8 个引脚，是世界最小的单片机，有 512B ROM、25B RAM、一个 8 位定时器、一根输入线、5 根 I/O 线，价格非常便宜，用在摩托车点火器非常适合。PIC 的高档型，如 PIC16C74（尚不是最高档型号）有 40 个引脚，其内部资源为 ROM 共 4KB、192B RAM、8 路 A/D、3 个 8 位定时器、2 个 CCP 模块、3 个串行口、1 个并行口、11 个中断源、33 个 I/O 脚，可以和其他品牌的高档型号媲美。

（2）精简指令集使执行效率大为提高。PIC 系列 8 位单片机采用精简指令集（RISC）、数据总线和指令总线分离的哈佛总线（Harvard）结构，指令单字长，且允许指令代码的位数可多于 8 位的数据位数，这与传统的采用复杂指令结构（CISC）的 8 位单片机相比，可以达到 2∶1 的代码压缩，速度提高 4 倍。

（3）优越的开发环境。PIC 在推出一款新型号单片机的同时推出相应的仿真芯片，所有的开发系统由专用的仿真芯片支持，实时性非常好。

（4）其引脚具有防瞬态能力，通过限流电阻可以接至 220V 交流电源，可直接与继电器控制电路相连，无须光电耦合器隔离，给应用带来极大方便。

（5）保密性好。PIC 以保密熔丝来保护代码，用户在烧入代码后熔断熔丝，别人再也无法读出，除非恢复熔丝。目前，PIC 采用熔丝深埋工艺，恢复熔丝的可能性极小。

（6）片内集成了看门狗定时器，可以用来提高程序运行的可靠性。

（7）设有休眠和省电工作方式。可大大降低系统功耗并可采用电池供电。

2. 分类

PIC 单片机分低档型、中档型和高档型。

1）低档 8 位单片机

PIC12C5XX/PIC16C5X 系列。PIC16C5X 系列最早在市场上得到发展，价格低，有较完善的开发手段，因此在国内应用最为广泛；而 PIC12C5XX 是世界第一个 8 脚低价位单片机，可用于简单的智能控制等要求体积小的场合，前景广阔。

2）中档 8 位单片机

PIC12C6XX/PIC16CXXX 系列。PIC 中档产品是 Microchip 公司近年来重点发展的系列产品，品种最为丰富，其性能比低档产品有所提高，增加了中断功能，指令周期可达到 200ns，带 A/D、内部 E^2PROM 数据存储器、双时钟工作、比较输出、捕捉输入、PWM 输出、I^2C 和 SPI 接口、异步串行接口（UART）、模拟电压比较器及 LCD 驱动等，其封装从 8 脚到 68 脚，可用于高、中、低档的电子产品设计中，价格适中，广泛应用在各类电子产品中。

3）高档 8 位单片机

PIC17CXX 系列。适合高级复杂系统开发的产品，在中档位单片机的基础上增加了硬件乘法器，指令周期可达 160ns，它是目前世界上 8 位单片机中性价比最高的机种，可用于高、中档产品的开发，如电机控制等。

1.5　各类嵌入式处理器简介

自微处理器问世以来，随着集成电路技术及电子技术的飞速发展，嵌入式处理器毫无疑问是嵌入式系统的核心部分，嵌入式处理器直接关系到整个嵌入式系统的性能。各种体系结构的处理器品种繁多，且都嵌入到系统中实现数据处理、数据传输和控制功能，以各类嵌入式处理器为核心的嵌入式系统的应用，是当今电子信息技术应用的一大热点。

具有各种不同体系结构的处理器，构成了嵌入式处理器家族，是嵌入式系统的核心。全世界嵌入式处理器的品种总量已经超过 1000 多种，流行体系结构包括 MCU、MPU 等 30 多个系列。按体系结构主要分为如下几类：嵌入式微控制器（单片机）、嵌入式数字信号处理器（简称 DSP）、嵌入式微处理器以及片上系统（SOC）等。

1.5.1　嵌入式微控制器（单片机）

嵌入式微控制器（Microcontroller Unit, MCU）的典型代表是单片机。这种 8 位的电子器件在嵌入式设备中有着极其广泛的应用。一般以某一种微处理器内核为核心，片内集成 ROM/EPROM、RAM、总线及总线控制逻辑、I/O、串行口、定时/计数器、WatchDog、脉宽调制输出、A/D、D/A、Flash 存储器等各种必要的功能部件和外设。与嵌入式微处理器相比，微控制器的最大特点是单片化，体积大大减小，从而使功耗和成本下降，可靠性提高。

一个系列的单片机具有多种衍生产品，每种衍生产品的处理器内核都是一样的，不同的是存储器和外设的配置及封装。使单片机与需求相匹配，减少功耗和成本。单片机的最大特点是单片化，价廉，功耗和成本下降，可靠性提高，是目前嵌入式系统工业的主流。

1.5.2　嵌入式 DSP 处理器

DSP（Digital Signal Processor）非常擅长于高速实现各种数字信号处理运算（如数字滤波、FFT、频谱分析等）。由于硬件结构和指令的特殊设计，使其能够高速完成各种数字信号处理算法。

1981 年，TI 公司研制出 TMS320 系列的首片低成本、高性能 DSP 处理器芯片，使 DSP 技术向前跨出意义重大的一步。20 世纪 90 年代，由于无线通信、各种网络通信、多媒体技术的普及和应用，高清晰度数字电视的研究，极大地刺激了 DSP 在工程上的推广应用。DSP 大量进入嵌入式领域。推动 DSP 快速发展的是嵌入式系统的智能化，如各种带有智能逻辑的消费类产品、生物信息识别终端、实时语音压解系统、数字图像处理等。这类智能化算法一般都是运算量较大，特别是向量运算、指针线性寻址等较多，而这些正是 DSP 的长处所在。但在一些实时性要求很高的场合，单片 DSP 的处理能力还是不能满足要求。因此，又研制出了多总线、多流水线和并行处理的包含多个 DSP 处理器的芯片，大大提高了系统的性能。

与单片机相比，DSP 的高速运算能力和多总线、处理算法的复杂度和大的数据处理流量是单片机不可企及的。

DSP 的主要厂商有美国 TI、ADI、Motorola、Zilog 等公司。TI 公司位居榜首，产品份额占全球 DSP 市场约 60%。DSP 代表性的产品是 TI 公司的 TMS320 系列。TMS320 系列处理器包括用于控制领域的 C2000 系列、移动通信的 C5000 系列，以及应用在通信和数字图像处理的 C6000 系列等。

今天，随着全球信息化和 Internet 网的普及、多媒体技术的广泛应用、尖端技术向民用领域迅速的转移，数字技术大范围进入消费类电子产品，使 DSP 不断更新换代，性能指标不断提高，价格不断下降，已成为新兴科技通信、多媒体系统、消费电子、医用电子等飞速发展的推动力量。国际著名市场调查研究公司 Forward Concepts 发布的一份统计和预测报告显示，目前世界 DSP 产品市场每年正以 30%的增幅大幅度增长，是目前最有发展和应用前景的嵌入式处理器之一。

1.5.3　嵌入式微处理器

嵌入式微处理器（Embedded MicroProcessor Unit，EMPU）的基础是通用计算机中的 CPU。与单片机相比，单片机本身（或稍加扩展）就是一个小的计算机系统，可独立运行，具有完整的功能。而嵌入式微处理器仅仅相当于单片机中的 CPU。

在应用设计中，将嵌入式微处理器装配在专门设计的电路板上，只保留和嵌入式应用有关的母板功能，可大幅减小系统体积和功耗。为满足嵌入式应用的特殊要求，嵌入式微处理器虽然在功能上和标准微处理器基本是一样的，但在工作温度、抗电磁干扰、可靠性等方面一般都做了各种增强。

代表性产品为 ARM 系列，ARM 是 Advanced RISC Machines 的缩写，其中 RISC 是精简指令集计算机的缩写。同时 ARM 也是设计 ARM 处理器的美国公司的简称。ARM 内核的发展历程为：ARM1、AEM2、ARM3、AEM6、ARM7、AEM9、ARM9E、AEM10、ARM11、Cortex-M0、Cortex-M3、Cortex-M4、Cortex-R0、Cortex-R4、Cortex-A5、Cortex-A8、Cortex-A9、Cortex-A15。

英国芯片设计公司 ARM 推出全新 Cortex-A72 处理器（见图 1-1）和 Mali-T880 图形芯片架构，预计 2016 年进入市场。

图 1-1　Cortex-A72 处理器

嵌入式处理器的地址线为 32 条，能扩展较大的存储器空间，所以可配置实时多任务操作系统（RTOS）。RTOS 是嵌入式应用软件的基础和开发平台。

常用的 RTOS 为 Linux（数百 KB）和 VxWorks（数 MB）以及 μC-OS Ⅱ。由于嵌入式实时多任务操作系统具有高度灵活性，可很容易地对它进行定制或做适当开发，即对它进行"裁减"、"移植"和"编写"，从而设计出用户所需的应用程序，来满足需要。

由于能运行实时多任务操作系统，所以能处理复杂的系统管理任务和处理工作。因此，在移动计算平台、媒体手机、工业控制和商业领域（例如，智能工控设备、ATM 等）、电子商务平台、信息家电（机顶盒、数字电视）、军事等方面，已成为继单片机、DSP 之后的电子信息技术应用的又一大热点

广义上讲，凡是系统中嵌入了"嵌入式处理器"，如单片机、DSP、嵌入式微处理器，都称为"嵌入式系统"。也有人仅把 "嵌入"嵌入式微处理器的系统称为"嵌入式系统"。对"嵌入式系统"还没有严格的定义，目前的"嵌入式系统"多指后者。

1.5.4　嵌入式片上系统 SOC

随着超大规模集成电路设计技术的发展，一个硅片上实现一个复杂的系统，即 System On Chip（SOC），即片上系统。

核心思想是把整个电子系统全部集成在一块芯片中，避免大量 PCB 设计及板级的调试工作。设计者面对的不再是电路及芯片，而是根据系统的固件特性和功能要求，把各种通用处理器内核及各种外围功能部件模块作为 SOC 设计公司的标准库，成为 VLSI 设计中的标准器件，用 VHDL 等语言描述，存储在器件库中。用户只需定义整个应用系统，仿真通过后就可以将设计图交给半导体器件厂商制作样品。除无法集成的器件外，整个系统大部分均可集成到一块或几块芯片中去，系统电路板简洁，对减小体积和功耗、提高可靠性非常有利。SOC 使系统设计技术发生革命性变化，标志着一个全新时代的到来。

至此，已介绍了嵌入式处理器家族的各成员。由于单片机体积小、价格低、很容易嵌入到系统中，且易掌握和普及，因而应用十分广泛，市场占有率最高。据统计，8051 体系结构的单片机的用量占全部嵌入式处理器总用量的 50% 以上。因此，8051 体系结构的单片机技术是首先要掌握的。

1.6　Freescale（飞思卡尔）16 位微控制器

Freescale（飞思卡尔）公司的 8 位、16 位和 32 位单片机性能稳定、品种齐全，针对不同的应用领域可以选择不同性能、型号的单片机。下面着重介绍 Freescale 公司的 HCS12 系列 16 位单片机和 HCS12X 系列 16 位双核单片机。

1.6.1　HCS12 系列单片机

Freescale 公司的 16 位单片机主要分为 HC12 系列、HCS12 系列及 HCS12X 系列。其中 HC12 系列单片机是在 HC11 系列的基础上开发的，其核心是 16 位高速 CPU12 核，支持 HC11 系列所有指令、寻址方式和操作模式。HCS12 系列单片机以速度更快的 CPU 内核为核心，简称为 S12 系列。相比于 HC12 的 8MHz 总线速度，典型的 S12 总线速度可以达到 25MHz。

Freescale 公司 HCS12 系列单片机分为很多个子系列，各个子系列产品具有不同的特点和应用领域。主要分为以下几种型号：

（1）MC9S12A 系列：MC9S12A32、MC9S12A64、MC9S12A128、MC9S12A256、MC9S12A512。

（2）MC9S12B 系列：MC9S12B64、MC9S12B128、MC9S12B256。

（3）MC9S12D 系列：带 CAN 总线接口，如 MC9S12D32、MC9S12D64、MC9S12DB128、MC9S12DG128、MC9S12DJ128、MC9S12DT128、MC9S12DJ256、MC9S12DG256、MC9S12DP256、MC9S12DT256、MC9S12DP512。

（4）MC9S12C 系列：引脚数量少，价格低，如 MC9S12C32。

（5）MC9S12H 系列：带液晶驱动功能，如 MC9S12H128、MC9S12H256。

（6）MC9S12NE 系列：带以太网接口，如 MC9S12NE64。

1.6.2　HCS12X 系列单片机

2005 年 Freescale 公司推出了 HCS12X 系列单片机，该系列是 HCS12 系列的增强型产品，基于 S12 CPU 内核，可以达到 25MHz 的 HCS12 的 2～5 倍的性能。S12X 系列增加了 172 条指令，可以执行 32 位运算，总线频率最高可达 40MHz，并且改进了中断处理能力。

S12X 系列单片机采用复杂指令集计算机（CISC）架构，集成了中断控制器，具有丰富的寻址方式。中断有 7 个优先级，并且内核支持优先级的调度，最多可以有 117 个中断源。

S12X 系列单片机的最大特点是增加了一个并行处理的外围协处理器 XGATE 模块，它是一个独立于主处理器（S12XD）的可编程 RISC 内核。XGATE 可作为一个高效的 DMA 控制器使用，能够自主地实现外设与 RAM 之间的高速数据传输，并在数据传送过程中灵活进行数据处理；XGATE 也可作为一个单独的算法单元完成运算功能，如通信协议的实现；XGATE 还可作为虚拟外设使用，如使用通用 I/O 口模拟串行通信口功能，或对简单的外设通过软件包实现功能强大的个性化外设功能等。集成 XGATE 的目的就是在日益复杂的嵌入式系统中，减轻 S12XD 主处理器的负担，以增强系统的数据吞吐能力和应用功能设计的灵活性。XGATE 模块大大提高了 MCU 处理应用程序的能力。通过承担中断源处理功能，从而降低了主处理器的负担，使得中断服务程序能够在 XGATE 中处理的同时，主处理器可以并行地处理其他应用程序。

1.6.3　MC9S12XS128 性能

MC9S12XS128 只是 S12X 家族中的一个成员，包括大量的片上存储器和外部 I/O。MC9S12XS128 是一个 16 位器件，由 16 位中央处理单元（CPU12X）、128KB 程序 Flash（P-Flash）、8KB RAM、8KB 数据 Flash（P-Flash）组成片内存储器。同时还包括 2 个异步串行通信模块（SCI）、1 个串行外设接口（SPI）、1 个 8 通道脉冲宽度调制模块（PWM）。

MC9S12XS128 具有 91 个独立的数字 I/O 口，其中某些数字 I/O 口具有中断和唤醒功能。另外还具有 1 个 CAN2.0A/B 标准兼容模块。

1.7　STC 单片机

作为国产半导体芯片的典型代表，STC 单片机有其独特的特点，在嵌入式系统领域中占有一席之地。2004 年 STC 公司推出 STC89C52RC/STC89C58RD+系列 8051 单片机，到 2014 年推出 STC15W 系列单片机，产品已经在各种行业多种产品中得到应用。

STC 单片机运行速度快，抗干扰能力强，集成度高，并具有 ISP/IAP（在系统可编程/在应用可编程）功能。

其中 STC15W 系列单片机提供了通用 I/O 资源，片内带有高达 4KB 的 RAM 数据存储空间，采用了增强型 80511CPU 内核，达到 1 个时钟/一个机器周期的性能，比传统的 8051 速度快 7～12 倍。采用宽电压供电技术，工作电压范围为 2.5～5.5V；采用低功耗设计技术，可以工作在低速模式、空闲模式、掉电模式等；内置高可靠复位电路，不需要外部复位；内置 R/C 时钟电路，不需要使用外部晶体振荡器；提供了大量的掉电唤醒资源；提供了不同容量的片内 Flash 程序存储器和大容量片内 E^2PROM 功能；内置 8 通道 10 位的高速模拟/数字转换器，采样速度可达 30 万次/秒；芯片内置比较器模块；具有专用高精度脉冲宽度调制模块；提供可编程时钟输出功能，提供 4 个完全独立的超高速串口 UART 及硬件看门狗模块。该系列单片机采用了先进的指令集结构，兼容普通 8051 指令集。

第 2 章

MCS-51 单片机的硬件结构

本章知识点：
- MCS-51 单片机的基本组成
- MCS-51 单片机的引脚及功能
- MCS-51 单片机的 CPU
- MCS-51 单片机的存储器结构
- MCS-51 单片机的时钟电路
- MCS-51 单片机的复位和复位电路
- MCS-51 单片机的工作方式

基本要求：
- 理解单片机的基本组成、引脚功能
- 掌握单片机 CPU 的构成及功能
- 掌握单片机的存储器结构及其功能
- 掌握单片机时钟电路与时序的概念及基本功能
- 掌握单片机的复位及其电路

能力培养目标：

通过本章的学习，掌握单片机内部的基本组成，掌握单片机的构成及其最小系统，学习单片机的工作方式，加深对单片机的理解。

2.1 MCS-51 单片机的基本组成

MCS-51 是 Intel 公司生产的一个单片机系列名称。在功能上，该系列单片机有基本型和增强型两大类，通常以芯片型号的末位数字来区分。末位数字为"1"的型号为基本型，末位数字为"2"的型号为增强型。所以该系列单片机包含 MCS-51 和 MCS-52 两个子系列。MCS-51 子系列的产品有：8031（片内无 ROM）、8051（片内有 4KB 掩膜 ROM）和 8751（片内有 4KB EPROM），它们均属 HMOS 型。80C31、80C35 和 87C51 单片机是与之相对的 CHMOS 型产品，即低耗产品。MCS-51 子系列产品在结构上除 ROM 不同及芯片的制造工艺有 HMOS 与 CHMOS 之分外，其他内部结构均相同。MCS-52 子系列与 MCS-51 子系列的不同之处是片内 ROM 由 4KB 增至 8KB，片内 RAM 由 128B 增至 256B，中断源增加了 1～2 个。基于上述情况，本书只介绍 MCS-51 子系列单片机。

MCS-51 单片机的内部结构如图 2-1 所示，基本结构包括：

- 一个 8 位 CPU 及片内振荡器；

- 4KB 掩膜 ROM（8051），4KB EPROM（8751），无 ROM（8031）；
- 128B RAM，21 个特殊功能寄存器 SFK；
- 4 个（P0～P3）8 位并行 I/O 接口，一个可编程全双工通用异步串行接口（UART）；
- 具有 5 个中断源，2 个优先级；
- 可寻址 64KB 的片外 ROM 和 64KB 的片外 RAM；
- 两个 16 位的定时/计数器；
- 具有位操作功能的布尔处理机及位寻址功能。

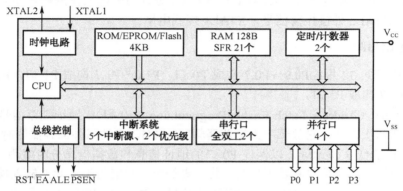

图 2-1　MCS-51 单片机结构图

2.2　MCS-51 单片机的引脚及其功能

2.2.1　MCS-51 单片机的引脚封装

MCS-51 单片机有普通的 HMOS 芯片和 CMOS 低功耗芯片。HMOS 芯片采用双列直插（DIP）封装方式，而 CMOS 芯片采用的封装方式既有双列直插式也有方形封装的。尽管封装形式不同，但它们的结构完全一样。下面以 HMOS 芯片为例，介绍 MCS-51 单片机各引脚的功能。其引脚如图 2-2（a）所示，引脚功能分类如图 2-2（b）所示。

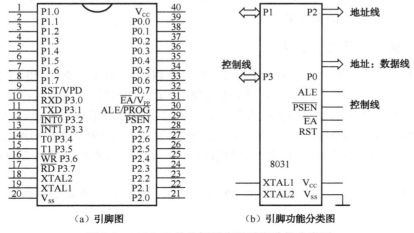

（a）引脚图　　　　　　　（b）引脚功能分类图

图 2-2　MCS-51 单片机引脚及引脚功能分类图

MCS-51 单片机共有 40 个引脚，下面分类说明各引脚的功能。

1．电源引脚 V_{CC} 和 V_{SS}

V_{CC}（40 脚）：正常运行时接＋5V 电源。

V_{SS}（20 脚）：接低电平。

2．外接晶体引脚 XTAL1 和 XTAL2

当采用内部方式时钟电路时，XTAL1 和 XTAL2 分别与外接晶体两端相连；当采用外部方式时钟电路时，XTAL2 外接振荡信号，XTAL1 接低电平。

3．输入/输出引脚

输入/输出引脚共 32 根：P0.0～P0.7 构成 P0 口，P1.0～P1.7 构成 P1 口，P2.0～P2.7 构成 P2 口，P3.0～P3.7 构成 P3 口。

- ALE/$\overline{PROG}$（Address Latch Enable/Programming，30 脚）：地址锁存信号输出端。一个机器周期两次有效，它的频率为振荡器频率的 1/6。在访问外部存储器时，ALE 用于锁 P0 口送出的低 8 位地址，以保证 P0 口的地址信息和数据信息分时复用，从而使 P0 口能正确地发送地址信息和数据信息。此引脚的第二功能为编程脉冲输入端（$\overline{PROG}$）。此功能是对于 4KB 的 EPROM 型的 8751 单片机，对片内 EPROM 编程时，从此引脚输入编程脉冲。
- $\overline{PSEN}$（Program Store Enable，29 脚）：外部程序存储器读选通信号。低电平有效，CPU 访问外部程序存储器时，在每个机器周期内 PSEN 两次有效。而在访问外部数据存储器时，读/写数据时两次有效的 PSEN 不出现，一直保持高电平。
- $\overline{EA}$/V_{PP}（Enable Address/Voltage Pulse of Programming，31 脚）：程序存储器使能端。

当 $\overline{EA}$=0 时，CPU 只执行外部程序存储器的指令，且外部程序存储器地址从 0000H 开始，最大 FFFFH。

当 $\overline{EA}$=1 时，CPU 先执行内部数据存储器的指令，地址从 0000H～0FFFH，然后执行外部数据存储器的指令，此时外部数据存储器的地址从 1000H 开始，最大至 FFFFH。对于 8031 单片机，由于它内部无 ROM，所以它的 EA 引脚必须接低电平。

$\overline{EA}$/V_{PP} 引脚的第二功能为编程电压输入端。当对 4KB 的 EPROM 型的 8751 单片机进行程序固化时，该端应接 21V 的编程电压。

2.2.2　输入/输出端口

MCS-51 单片机有 4 个双向 8 位 I/O 端口，它们是 P0 口、P1 口、P2 口和 P3 口。在无外接存储器时，这 4 个 I/O 口均可以作为通用 I/O 口使用，CPU 既可以对它们进行字节操作也可以进行位操作。当外接程序存储器或数据存储器时，P0 口和 P2 口不再作为通用 I/O 口使用。此时，P0 口传送存储器地址的低 8 位以及双向的 8 位数据，P2 口传送存储器地址的高 8 位。P0 口和 P2 口共同组成 MCS-51 单片机的 16 位地址总线，而低 8 位地址总线与 8 位双向数据总线是分时复用的。

需要指出的是，特殊功能寄存器中的 P0、P1、P2、P3 寄存器其实就是这 4 个端口各自的锁存器。

1．P0 口

P0 口有 8 位，每一位由一个锁存器、两个三态输入缓冲器、控制电路和驱动电路组成，其位结构如图 2-3 所示。

P0 口具有两种功能，一是作为通用 I/O 口；二是当外接存储器时，作为低 8 位地址总线和 8 位双向数据总线。

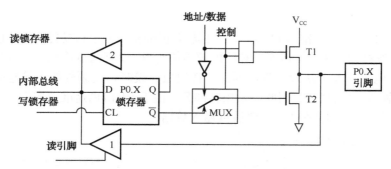

图 2-3　P0 口的位结构图

1）P0 口作为通用 I/O 口

作为通用 I/O 口时，P1 口既可以做输入口，也可以做输出口，并且每一位都可以设定为输入或输出。做输入口时，先对锁存器写"1"，然后再输入数据，否则，可能出错。这种双向口被称为准双向口。

当作为通用 I/O 口时，CPU 内部发控制信号"0"，多路转换开关 MUX 与下方触点闭合，锁存器的输出 Q 端与输出驱动器 T2 相接，而控制信号又封锁与门，使 T1 管截止。这样，驱动器 T2 工作在漏极开路的情况下。下面对 P0 口做输入口、输出口分别进行介绍。

（1）P0 口做输入口。当 P0 做输入口时，外部的信号通过 P0 口引脚与三态缓冲器 2 的输入端相连，此时三态缓冲器打开，将引脚上的数据送入内部总线。为了保证将引脚数据正确读入内部总线，T2 管必须处于截止状态，若 T2 管处于导通状态，不管输入的数据是"1"还是"0"，都将输入信号钳位在低电平，不能正确读入数据。为了保证读入的数据正确无误，必须先对锁存器写"1"，以使 T2 管截止，然后再读入数据。

（2）P0 口做输出口。当 P0 口做输出口时，待输出的数据通过内部总线，在写脉冲的控制下写入锁存器。此时锁存器的 Q 端通过 MUX 与 T2 管相连，经 T2 管反相后将数据直接送到 P0 的引脚上，此时，引脚上的数据就是所要输出的数据。

通过以上分析，可以得出这样一个结论：当 P0 做通用 I/O 口时，P0 口是一个准双向口。

2）P0 口作为分时复用的地址/数据总线

MC-51 单片机没有单独的外部地址/数据总线。当外接存储器时，它的 16 位地址和 8 位数据的传送由 P0、P2 口承担，其中 P2 口负责传送高 8 位地址，P0 口负责传送低 8 位地址和 8 位双向数据。P0 口传送地址和数据信息采用的是分时复用技术。

P0 口作为分时复用的地址/数据总线时，可分为两种情况，一种是从 P0 口输出地址或数据；另一种是从 P0 口输入数据。

第一种情况，CPU 发出的控制信号为"1"，多路转换开关与上触点相接触，并开放与门。地址/数据信号将与门直接与 T1 管的栅极相接，而地址/数据信号反相后，直接与 T2 管的栅极相接。当地址/数据信号为"1"时，T1 导通，T2 截止，输出引脚输出"1"；当地址/数据信号为"0"时，T1 截止，T2 导通，输出引脚为"0"，保证了地址/数据信号正确地输出至引脚。

第二种情况，从 P0 口输入数据，这时输入数据从输入缓冲器 2 进入内部总线。在输入数据前，用户无须先对锁存器写"1"，写"1"的工作由 CPU 自动完成。所以，对用户而言，P0 口作为地址/数据总线时，是一个真正的双向口。

2. P1 口

P1 口是一个专用的 8 位准双向 I/O 口，只具有通用输入/输出口功能，每一位都能设定为输入或输出，它的位结构如图 2-4 所示。它的内部结构与 P0 口有两点不同，一点是在输出驱动器部分直接用上拉电阻代替了场效应管，因此，在组成系统时，无须外接上拉电阻；另一点是由于 P1 口只具有输入/输出功能，因此，无控制部分。由于 P1 口也是准双向口，所以，当作输入时，必须先对该位的锁存器写"1"，然后再输入数据。

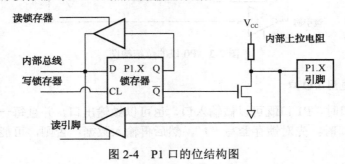

图 2-4　P1 口的位结构图

3. P2 口

P2 口是一个 8 位准双向 I/O 口，具有两种功能，一是作为通用 I/O 口，与 P1 口相同；二是作为扩展系统的高 8 位地址总线。输出高 8 位地址与 P0 口一起组成 16 位地址总线。它的位结构如图 2-5 所示。

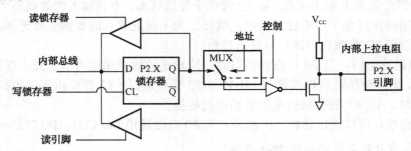

图 2-5　P2 口的位结构图

4. P3 口

P3 口也是一个 8 位准双向 I/O 口，除具有与 P1 口同样的功能（即可以作为通用 I/O 口使用）外，还具有第二功能。当工作在第二功能时，每位都具有新的功能，各位的定义如表 2-1 所示。

表 2-1　P3 口各线与专用功能

口　线	替代的专用功能
P3.0	RXD（串行输入口）
P3.1	TXD（串行输出口）
P3.2	$\overline{INT0}$（串行中断 0）
P3.3	$\overline{INT1}$（串行中断 1）
P3.4	T0（定时器 0 的外部输入）
P3.5	T1（定时器 1 的外部输入）
P3.6	$\overline{WR}$（外部数据存储器写选项）
P3.7	$\overline{RD}$（外部数据存储器读选项）

P3 口的位结构如图 2-6 所示，当 P3 口作为通用 I/O 口时，与 P1 口相同。

当 P3 口工作在第二功能时，各位都具有特殊的功能，作为第二输出功能的位，它的锁存器的 Q 端置"1"，使第二输出功能信号顺利传送到引脚。作为第二输入功能的位，它的位锁存器 Q 端和第二输出功能端都应置"1"，使场效应管 T 处于截止状态，保证信号的正确输入。

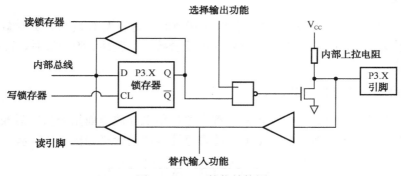

图 2-6　P3 口的位结构图

5．P0～P3 口的负载能力及端口要求

P0 口输出级的每一位可驱动 8 个 LSTTL 门。P0 口作为通用 I/O 口时，由于输出级是开漏电路，故用它驱动 NMOS 电路时需外加上拉电阻；而作为地址/数据总线时，无须外接上拉电阻。

P1～P3 口输出级的每一位可驱动 4 个 LSTTL 门。由于它们的输出级内部有上拉电阻，组成系统时无须外加上拉电阻。

对于 CHMOS 的电路，端口只能提供几毫安的输出电流，当端口需驱动一个普通晶体管的基极时，应在端口和晶体管基极之间串联一个电阻，以限制高电平的输出电流。

2.3　MCS-51 单片机的 CPU 及其时序

CPU 是单片机的核心部件，可以对数据进行算术运算、逻辑运算和位操作运算，产生一系列控制信号，协调各部分的工作。CPU 包括运算器和控制器两部分。

2.3.1　运算器

运算器包括算术/逻辑部件 ALU、累加器 A、暂存寄存器、寄存器 B、程序状态标志寄存器 PSW 和十进制调整电路等。运算器主要用于实现算术/逻辑运算及位操作运算。下面介绍运算器的各组成部分。

1．算术/逻辑部件 ALU

算术/逻辑部件 ALU 用以完成加、减、乘、除的算术运算及布尔代数的逻辑运算。通过对运算结果的判断影响程序状态标志寄存器 PSW 的某些位，从而为判断、转移、十进制调整和出错等提供依据。

2．累加器 A

累加器 A 是一个 8 位寄存器，它是 CPU 中工作最繁忙的寄存器。在算术逻辑运算中，累加器 A 中常常存放一个操作数或运算结果，在与外部存储器和 I/O 接口打交道时，进行的数据传送都要经过累加器 A 来完成。

3．寄存器 B

在乘、除运算中还要使用寄存器 B。做乘法运算时，寄存器 B 用来存放乘数以及积的高位字节；做除法运算时，寄存器 B 用来存放除数以及余数。不做乘、除运算时，寄存器 B 可作为通用寄存器使用。

4．程序状态标志寄存器 PSW

程序状态标志寄存器 PSW 是一个 8 位寄存器，用来存放当前指令执行后操作结果的某些特征，以便为下一条指令的执行提供依据。此寄存器各位的含义如图 2-7 所示。

D7	D6	D5	D4	D3	D2	D1	D0	
Cy	AC	F0	RS1	RS0	OV	…	P	PSW

图 2-7　程序状态标志寄存器 PSW

Cy：进位标志位。在进行加法或减法运算时，若运算结果最高位有进位或借位，则 Cy 自动置"1"，否则 Cy 置"0"；在进行布尔操作运算时，Cy（简称 C）作为布尔处理器。

AC：辅助进位标志位。当进行加法或减法运算时，若低 4 位向高 4 位有进位或借位时，AC 被置"1"，否则 AC 被置"0"。在十进制调整指令中 AC 还作为十进制调整的判别位。

F0：用户标志位。用户可用软件对 F0 位置"1"或清"0"，以决定程序的流向。

OV：溢出标志位，当运算结果溢出时，OV 为"1"，否则为"0"。此标志位反映了运算结果是否溢出。

D1：未定义位。

P：奇偶标志位。MCS-51 单片机采用偶校验。当累加器 A 中"1"的个数为奇数时，P 置"1"，否则 P 置"0"。此位反映累加器 A 中内容"1"的奇偶性，它常常用于机间通信。

RS1、RS0：工作寄存器区选择位，用来选择当前工作的寄存器区。用户通过改变 RS1、RS0 的内容来选择当前工作寄存器区。RS1、RS0 的内容与工作寄存器区的对应关系如表 2-2 所示。

表 2-2 RS1、RS0 与片内工作寄存器区的对应关系

RS1	RS0	寄 存 器 区	片内 RAM 地址	通用寄存器名称
0	0	0	00H~07H	R0~R7
0	1	1	08H~0FH	R0~R7
1	0	2	10H~17H	R0~R7
1	1	3	18H~1FH	R0~R7

2.3.2 控制器

控制器是微处理器 CPU 的大脑中枢。它包括定时控制逻辑、指令寄存器 IR、指令译码器 ID、程序计数器 PC、堆栈指针 SP 和数据指针寄存器 DPTR 等控制部件。它的功能是根据程序计数器 PC 的内容取指令，然后进行指令译码，并严格按照定时控制电路依据指令译码的内容产生相应的控制信号，协调各部分的工作，完成指令所规定的操作。下面介绍控制器中主要部件的功能。

1．指令寄存器 IR 和指令译码器 ID

指令寄存器 IR 是存放指令代码的地方。当执行指令时，CPU 把从程序存储器中读取的指令代码送入指令寄存器，然后经指令译码器译码后由定时控制电路发出相应的控制信号，最终完成指令所规定的操作。

2．程序计数器 PC

程序计数器 PC 的功能与普通微机相同，它用来存放 CPU 执行的下一条指令的地址。当一条指令按照 PC 所指的地址从程序存储器中取出后，PC 会自动加 1，指向下一条指令。程序计数器 PC 是一个 16 位的寄存器，可寻址 64KB 的程序存储器空间。

3．堆栈指针 SP

堆栈是为子程序调用和中断处理而设的。为了实现子程序调用及返回，保护中断的断点及现场和中断的正确返回，以及子程序嵌套和多重中断，需将断点和现场的数据压栈保存，执行完子程序或中断程序后还需恢复现场及断点，也就是将压栈的数据弹出，即压栈的数据采取"先进后出"的原则，最先进栈的数据最后弹出，以此类推。MCS-51 在片内 RAM 区开辟了一个堆栈，栈区可在片内 RAM 中移动，栈底可用软件设置。而堆栈指针 SP 的作用是用来指示堆栈所处的位置。栈为"空"时，SP 指向栈底，当有数据压入栈时，SP 的值也随之变化，压入压栈数据前，先修改 SP 值，即 SP+1→SP，再压入数据。机器复位后，SP 的内容为 07H，因此，压栈的第一个数据在 08H 单元中。

4．数据指针寄存器 DPTR

数据指针寄存器 DPTR 是一个 16 位的专用寄存器，也可以作为两个 8 位寄存器 DPH 和 DPL。DPH 为 DPTR 的高位字节，DPL 为 DPTR 的低位字节。DPTR 主要用作外部数据存储器的地址指针，可对 64KB 的外部数据存储器进行间接寻址。

工作寄存器和特殊功能寄存器是 MCS-51 单片机不可缺少的组成部分，下面介绍 MCS-51 的工作寄存器和特殊功能寄存器。

2.3.3　工作寄存器和特殊功能寄存器

1. 工作寄存器

MCS-51 有 32 个工作寄存器，分为 4 个区（或组），每个区有 8 个寄存器 R0、R1、R2、R3、R4、R5、R6 和 R7。每一时刻只有一个区工作。由程序状态标志寄存器 PSW 中的 RS1、RS0 的值来决定当前的工作区：

当　　　　　　　　RS1RS0=00 时，0 区为工作区；

　　　　　　　　　RS1RS0=01 时，1 区为工作区；

　　　　　　　　　RS1RS0=10 时，2 区为工作区；

　　　　　　　　　RS1RS0=11 时，3 区为工作区。

这 32 个工作寄存器不但有名称和区号，而且还有地址。00H～1FH 共 32 个存储单元。

　　　　　　00H～07H 为 0 区，分别对应 R0～R7；

　　　　　　08H～0FH 为 1 区，分别对应 R0～R7；

　　　　　　10H～17H 为 2 区，分别对应 R0～R7；

　　　　　　18H～1FH 为 3 区，分别对应 R0～R7。

这 32 个存储单元为内部数据存储器（即片内 RAM）的 00H～1FH 存储空间，这与普通微机中的通用寄存器基本相同，所不同的是，普通微机的通用寄存器，不占有 RAM 空间，因此只有名称，没有对应的地址；而 MCS-51 单片机的工作寄存器 R0～R7 既可以用名称也可以用它的地址来表示。其中 R0、R1 寄存器除做工作寄存器外还常做间址寻址的地址指针。

2. 特殊功能寄存器 SFR（又称专用寄存器）

除程序计数器 PC 外，MCS-51 单片机还有 21 个特殊功能寄存器，它们除有各自的名称之外，还有唯一的地址，离散地分布在片内 RAM 中的 80～FFH 共 128 个存储单元中。在这 128 个存储单元构成的 SFR 块中，未被占用的单元不可使用。这 21 个特殊功能寄存器如表 2-3 所示。

表 2-3　特殊功能寄存器 SFR

特殊功能寄存器	功能名称	地址	复位后初态
B	寄存器	F0H	00H
A	累加器	E0H	00H
PSW	程序状态标志位	D0H	00H
IP	中断优先级控制寄存器	B8H	XXX00000B
P3	P3 口数据寄存器	B0H	FFH
IE	中断允许控制寄存器	A8H	0XX00000B
P2	P2 口数据寄存器	A0H	FFH
SBUF	串行口发送／接收缓冲器	99H	不定
SCON	串行口控制寄存器	98H	00H
P1	P1 口数据寄存器	90H	FFH
TL1	T1 计数器低 8 位	8BH	00H
TL0	T0 计数器低 8 位	8AH	00H

续表

特殊功能寄存器	功 能 名 称	地　址	复位后初态
TH1	T1 计数器高 8 位	8DH	00H
TH0	T0 计数器高 8 位	8CH	00H
TMOD	定时/计数器方式控制寄存器	89H	00H
TCON	定时器控制寄存器	88H	00H
PCON	电源控制寄存器	87H	00H
DPL	地址控制寄存器低 8 位	82H	00H
DPH	地址控制寄存器高 8 位	83H	00H
SP	堆栈指针寄存器	81H	07H
P0	P0 口数据寄存器	80H	FFH

在这 21 个特殊功能寄存器中，11 个寄存器具有位寻址功能，即寄存器中的每位都具有位地址，可以按位寻址。11 个寄存器的位地址如图 2-8 所示。

	(MSB)							(LSB)	
F0H	F7	F6	F5	F4	F3	F2	F1	F0	B
E0H	E7	E6	E5	E4	E3	E2	E1	E0	A
D0H	D7	D6	D5	D4	D3	D2	D1	D0	PSW
				PS	PT1	PX1	PT0	PX0	
B8H	——	——	——	BC	BB	BA	B9	B8	1P
B0H	B7	B6	B5	B4	B3	B2	B1	B0	P3
	EA			ES	ET1	EX1	ET0	EX0	
A8H	AF	——	——	AC	AB	AA	A9	A8	1E
A0H	A7	A6	A5	A4	A3	A2	A1	A0	P2
	SM0	SM1	SM2	REN	TB8	RB8	T1	R1	
98H	9F	9E	9D	9C	9B	9A	99	98	SCON
90H	97	96	95	94	93	92	91	90	P1
	TF1	TR1	TF0	TR0	IE1	IT1	IE1	IT0	
88H	8F	8E	8D	8C	8B	8A	89	88	TCON
80H	87	86	85	84	83	82	81	80	P0

图 2-8　SFR 中具有位寻址功能寄存器的位地址

在以上 21 个特殊功能寄存器中，我们已简单介绍了累加器 A、寄存器 B、程序状态标志寄存器 PSW、堆栈指针寄存器 SP 和数据指针寄存器 DPTR，其余的特殊功能寄存器在以后的章节中将陆续介绍。

2.4　MCS-51 单片机存储器的结构

存储器是存放程序和数据的部件。有些计算机将程序和数据共存于一个存储器中，进行统一编址；而有些计算机则是将程序和数据分别存放于不同的存储器中，一个为程序存储器，另一个为数据存储器，从而对它们进行单独编址。通常通用计算机都采用前者，而 MCS-51 单片机则采用后者。

MCS-51 单片机有 4 个物理存储器：内部程序存储器、外部程序存储器、内部数据存储器和外部数据存储器。由于内部程序存储器和外部程序存储器进行了统一编址，所以，对用户来讲，只有 3 个逻辑存储器：片内外统一编址的 64KB 的程序存储器、128B 的内部数据存储器和 64KB 的外部数据存储器。因为 MCS-51 存储器采用单独编址，所以这 3 个存储器地址有重叠部分，因此在访问它们时，所采用的指令形式不同。MCS-51 的存储器配置如图 2-9 所示。

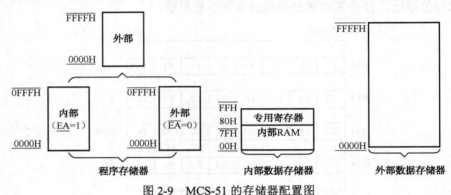

图 2-9　MCS-51 的存储器配置图

2.4.1　程序存储器空间

程序存储器（即 ROM）用来存放编好的程序和表格常数。这里所说的程序是用户使用单片机为解决某个特定的任务而编制的程序。这样将程序一次性地永久存放到 ROM 中，不仅省去了每次开机后的程序的重新装入，还可以有效地防止因掉电或其他干扰而引起的程序丢失问题。这是单片机与通用计算机不同的一个显著特点，也是单片机工作可靠性高的关键所在。

8051 单片机内部有 4KB 的掩膜 ROM，8751 单片机内部有 4KB 的 EPROM，而 8031 单片机内部没有程序存储器，必须外接程序存储器。作为 8051 的延伸，现在推出的 89C51 单片机有 4KB 的闪存（Flash Memory）。MCS-51 系列单片机外接的外部程序存储器与内部程序存储器统一编址，当引脚 $\overline{EA}$=1 接高电平时，内部 4KB 的 ROM 地址为 0000H～0FFFH，外部程序存储器地址为 1000H～FFFFH；当引脚 EA=0 接低电平时，内部 ROM 不起作用，外部 ROM 的地址为 0000H～FFFFH。因 8031 无内部程序存储器，故使用时必须将 EA 接低电平。

2.4.2　数据存储器空间

MCS-51 系列单片机数据存储器分内部数据存储器（即片内 RAM）和外部数据存储器（即片外 RAM）。

1．内部数据存储器

MCS-51 系列单片机有 128B 的内部数据存储器。此存储器共分为 3 部分：工作寄存器区、位寻址区和数据缓冲区，如图 2-10 所示。

7FH		
30H	数据缓冲区	
2FH	位寻址区	
20H		
1F	R7	寄存器3区
18H	R0	
17H	R7	寄存器2区
10H	R0	
0FH	R7	寄存器1区
08H	R0	
07H	R7	寄存器0区
00H	R0	

图 2-10　内部数据存储器

（1）工作寄存器区。4 个工作寄存器区占用内部数据存储器的 00H～1FH 共 32 个存储单元，每区 8 个寄存器为 R0～R7，详细内容上节已经叙述，此处不再重复。

（2）位寻址区。内部数据存储器的 20H～2FH 存储单元为位寻址区。利用位寻址区不但可以进行位操作，而且可以进行各种布尔运算。

位寻址区占用 20H～2FH 共 16 个存储单元，128 位（16×8=128），这 128 位的位地址为 00H～7FH，其中，每位占用 1 个位地址。128 位的位地址分配情况如表 2-4 所示。

表 2-4　128 位的位地址单元分配表

字 节 地 址	D7～D0							
2FH	7F	7E	7D	7C	7B	7A	79	78
2EH	77	76	75	74	73	72	71	70
2DH	6F	6E	6D	6C	6B	6A	69	68
2CH	67	66	65	64	63	62	62	60
2BH	5F	5E	5D	5C	5B	5A	59	58
2AH	57	56	55	54	53	52	51	50
29H	4F	4E	4D	4C	4B	4A	49	48
28H	47	46	45	44	43	42	41	40
27H	3F	3E	3D	3C	3B	3A	39	38
26H	37	36	35	34	33	32	31	30
25H	2F	2E	2D	2C	2B	2A	29	28
24H	27	26	25	24	23	22	21	20

续表

字 节 地 址	D7～D0							
23H	1F	1E	1D	1C	1B	1A	19	18
22H	17	16	15	14	13	12	11	10
21H	0F	0E	0D	0C	0B	0A	09	08
20H	07	06	05	04	03	02	01	00

（3）数据缓冲区。数据缓冲区用来存放数据和作为堆栈区。

内部数据存储器的 30H～7FH 共 80 个存储单元构成数据缓冲区。

2．外部数据存储器

由于 MCS-51 系列单片机内部数据存储器只有 128B，往往不够用，这就需要扩展外部数据存储器。外部数据存储器最多可扩至 64KB，16 位数据指针寄存器 DPTR 作为间接寻址的寄存器的地址指针，其寻址范围为 64KB。当外扩的数据存储器小于 256B 时，可用 R0、R1 作为间接寻址寄存器的地址指针。

内部数据存储器和外部数据存储器没有采用统一编址，而采用的是独立编址，它们的地址有重叠。尽管地址有重叠，但访问内部数据存储器和外部数据存储器所用的指令形式不同。访问内部数据存储器用 MOV 指令，访问外部数据存储器用 MOVX 指令。因此，保证了对内部、外部数据存储器的正确访问。

2.5　时钟电路与时序

2.5.1　时钟电路

时钟是单片机能协调工作的时间基准。时钟电路有两种形式，一种是内部方式时钟电路；另一种是外部方式时钟电路。

1．内部方式时钟电路

内部方式时钟电路由内部振荡器产生的振荡信号接至内部时钟电路，由内部时钟电路产生的二分频信号构成了单片机的时钟，并向 CPU 提供 P1 和 P2 两相时钟信号。

内部振荡器由内部反相放大器通过引脚 XTAL1 和 XTAL2 与外接的晶体以及电容 C1 和 C2 构成并联谐振电路，产生晶体振荡信号，此晶振信号接至内部的时钟电路，如图 2-11（a）所示。

图中的晶振频率可在 2～12MHz 之间。外接晶体时，电容 C1 和 C2 通常选 30pF。对外接电容值没有严格要求，但电容的大小会影响振荡频率、振荡器的稳定性和起振的速度。在设计印制电路板时，应使晶体和电容尽可能与单片机靠近，以保证稳定可靠。

2．外部方式时钟电路

外部方式时钟电路是由外部振荡器产生振荡信号，通过电平转换接至 MCS-51 单片机的 XTAL2 引脚，由 XTAL2 直接与内部方式时钟电路相接，而 XTAL1 引脚接低电平，如图 2-11（b）所示。

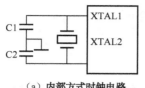 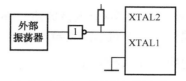

（a）内部方式时钟电路   （b）外部振荡器（外部方式时钟电路）

图 2-11 单片机时钟电路

2.5.2 机器周期、指令周期与指令时序

CPU 的控制器实质上是一个复杂的同步时序电路，所有操作都是在时钟信号的控制下进行的，每执行一条指令，控制器都要发出一系列相应的控制信号，而这些控制信号在时间上的相互关系就是 CPU 的时序。

CPU 发出的时序控制信号分为两类。一类是控制单片机内部各部分协调工作的时序控制信号；另一类是单片机对外部接口电路、外部 RAM 和 ROM 的时序控制信号。后者构成单片机的外部控制总线。前一类控制信号属于内部控制信号，用户不直接接触这些信号，只做一般性的了解即可；后一类控制信号是在组成一个系统时常常直接使用的控制信号（即外部控制总线），用户必须详细了解。

谈到 CPU 的时序，经常接触到振荡周期、时钟周期、机器周期和指令周期等基本概念，下面对它们进行介绍。

1．基本概念

1）振荡周期

振荡周期指为单片机提供定时信号的振荡源的周期，即晶体振荡器直接产生的振荡信号的周期。

2）时钟周期

时钟周期是振荡周期的两倍，是对振荡频率 2 分频的信号。时钟周期又称状态周期，用 S 表示。一个时钟周期分为 P1 和 P2 两个节拍。P1 节拍完成算术逻辑操作，P2 节拍完成内部寄存器间数据的传递。

3）机器周期

一个机器周期由 S1～S6 共 6 个时钟周期组成。如果把一条指令的执行过程划分为几个基本操作，则完成一个基本操作所需的时间称为机器周期。

4）指令周期

指令周期是执行一条指令所需的全部时间。MCS-51 单片机的指令周期通常由 1～4 个机器周期组成。

下面举例说明 MCS-51 单片机执行一条指令所需的时间。

【例 2-1】 已知晶振频率为 6MHz、12MHz，试分别计算它们的机器周期和指令周期。

解：当晶振频率为 6MHz 时，

机器周期=时钟周期×6=振荡周期×2×6=（1/6μs）×2×6=2μs

指令周期=1～4 个机器周期=2～8μs

当晶振频率为 12MHz 时，

机器周期=时钟周期×6=振荡周期×2×6=（1/12μs）×2×6=1μs

指令周期=1～4 个机器周期=1～4μs

2．几种典型的取指/执行时序

单片机在程序的控制下，一步一步地完成程序中规定的任务。而程序是由一条条指令组成的，执行程序就意味着执行指令。要弄清程序的执行过程，不妨了解指令的执行过程。执行一条指令包括将指令从 ROM 中取出，然后执行。从时序的概念来讲，就是取指时序和执行时序。

尽管 MCS-51 单片机有 111 条指令，但从取指/执行时序的角度来分析，只存在几种形式的时序关系。下面介绍 MCS-51 几种典型的取指/执行时序，如图 2-12 所示。

- OSC：振荡器信号。
- S1～S6：机器周期的 6 个 S 状态。
- ALE：单片机的输出信号。每个机器周期有两次 ALE 有效，第一次发生在 S1P2 和 S2P1 期间；第二次发生在 S4P2 和 S5P1 期间。信号的有效宽度为一个 S 状态。每次 ALE 有效时，CPU 就进行一次取指操作，即在一个机器周期内，进行两次取指操作。

1）单字节单周期指令

单字节单周期指令其指令的长度为一个字节，指令的执行时间为一个机器周期。

单字节单周期指令在机器周期的 S1 状态即第一次 ALE 有效时执行取指操作，读取操作码，在 S4 状态即第二次 ALE 有效时还要读取下一个操作码，因为是单字节指令，所以第二次读取的操作码被丢掉，且程序计数 PC 不加 1。在 S6P2 结束时完成此指令的全部操作，如图 2-12（a）所示。

2）双字节单周期指令

双字节单周期指令其指令的长度为两个字节，指令的执行时间为一个机器周期。

双字节单周期指令与单字节单周期指令的区别是在一个机器周期内，双字节单周期指令在一个周期内的两次读取操作均有效。二者相同之处是均在一个周期内完成指令的全部操作，如图 2-12（b）所示。

3）单字节双周期指令

单字节双周期指令其指令的长度为一个字节，指令的执行时间为两个机器周期。

单字节双周期指令与单字节单周期指令的区别是执行时间增加了一个机器周期。而第一个机器周期的 S4 状态和第二个机器周期的 S1、S2 状态的读取操作均被丢掉，且程序计数器均不增量。在第二个机器周期的 S6P2 状态完成指令的全部操作，如图 2-12（c）所示。

4）访问外部数据存储器指令 MOVX 时序

MOVX 是一条单字节双周期指令。它与一般单字节双周期指令的时序有些不同，它在第一个机器周期的 S1 状态读取操作码，在 S4 状态读取的下一个操作码被丢掉，在 S5 状态开始送出片外数据存储器的地址后，进行读/写数据。此时 $\overline{ALE}$ 无信号输出，因此在第二个机器周期的 S1、S4 状态不产生取指操作；在第二个机器周期的 S6P2 状态完成指令的全部操作，如图 2-12（d）所示。

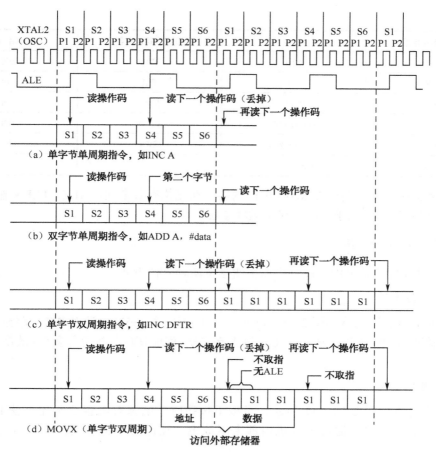

图 2-12　MCS-51 单片机取指/执行时序图

2.6　复位和复位电路

2.6.1　复位

在单片机应用系统中，系统开始运行和重新启动靠复位电路来实现，这种复位工作方式，叫复位方式。

当单片机的 RST 引脚为高电平时，单片机进入复位状态，即回到初始状态。单片机复位后，程序计数器 PC 的值为 0000H，故复位后的程序入口地址为 0000H。而特殊功能寄存器复位后的状态如表 2-5 所示。

表 2-5　复位后 SFR 中各寄存器的状态

特殊功能寄存器	初 始 状 态	特殊功能寄存器	初 始 状 态
ACC	00H	TMOD	00H
PC	0000H	TCON	00H
PSW	00H	TL0	00H

续表

特殊功能寄存器	初 始 状 态	特殊功能寄存器	初 始 状 态
SP	07H	TH0	00H
DPTR	0000	TL1	00H
P0～P3	0FFH	TH1	00H
IP	xx000000B	SCON	00H
IE	0x000000B	SBUF	不定
PCON	0xxx0000B		

单片机复位后，不影响内部 RAM 中的内容，在复位有效期间，ALE、PSEN 输出高电平。只要 RESET 引脚保持高电平，单片机将循环复位。

2.6.2　复位电路

MCS-51 单片机通常采用上电复位和按钮复位两种复位方式。

1）上电复位电路

最简单的上电复位电路如图 2-13（a）所示。上电瞬时，+5V 电源对 RC 电路充电，在 RST 引脚出现正脉冲。只要 RST 引脚保持 $10\mu s$ 以上高电平，就能使单片机可靠复位，故常选 $C=10\mu F$，$R=8.2k\Omega$。

2）按钮复位电路

按钮复位电路如图 2-13（b）所示。当按下按钮时，电源对电容 C 充电，使 RST 端为高电平；松开按钮后，电容通过单片机内部电阻放电，逐渐使 RST 恢复低电平，完成复位过程。

3）上电及按钮复位电路

在单片机构成的系统中，一般既有上电复位电路，又有按钮复位电路，如图 2-13（c）所示。一般取 $R_1=200\Omega$，$R_2=1k\Omega$，$C=22\mu F$。

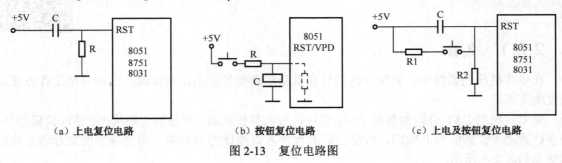

（a）上电复位电路　　　　　　　　（b）按钮复位电路　　　　　　　（c）上电及按钮复位电路

图 2-13　复位电路图

4）实用上电及按钮复位电路

在上面介绍的复位电路中，干扰容易窜入复位端，引起内部某些寄存器错误复位。为了保证复位电路可靠工作，常在 RC 电路之后加史密特电路，再与 RST 端相接，如图 2-14 所示。在实际的应用系统中，有些外围芯片也需要复位。如果这些复位端的复位电平与单片机复位电平要求一致，可以直接与之相连。

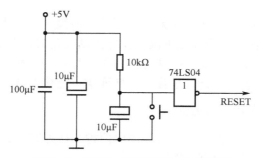

图 2-14　实用上电及外部复位电路图

2.7　单片机的工作方式

2.7.1　程序执行方式

程序执行方式是单片机的基本工作方式，通常可分为连续执行方式和单步执行方式。

1. 连续执行方式

连续执行方式是 MCS-51 单片机的正常工作方式，单片机在这种方式下按照程序一步一步地完成程序所规定的任务。在此种方式下，CPU 自始至终在不停地工作。

程序的运行直接受程序计数器 PC 指挥。当单片机加电开始工作时，PC 的值为 0000H，这意味着单片机从 0000H 开始执行程序。0000H 中存放的是一条跳转指令，跳到程序的入口地址，再一条接一条地执行程序中的指令，直至程序结束。

2. 单步执行方式

单步执行方式是为用户调试程序而设立的一种工作方式。在单片机开发系统的控制面板上，设有一个单步执行按键。每按一次单步执行按键，单片机就执行一条指令，而且仅仅执行一条。这样一条条地执行下去，就可发现程序中的错误，并将其定位在具体的语句上，方便修改。

2.7.2　节电工作方式

在很多情况下，单片机工作在供电困难的场合，如野外、井下、空中、无人值守的监测站和气象监测站等，要求系统尽可能减少耗电。这就需要选择低功耗的单片机以及低功耗的外围芯片。另外，单片机还具有节电工作方式。

在 MCS-51 单片机中，有 HMOS 和 CHMOS 两种制造工艺芯片。HMOS 芯片运行功耗大，不宜使用在低功耗应用系统中，但它有一种掉电保护功能。节电工作方式是针对 CHMOS 制造工艺芯片而言的，如 80C31BH、80C51BH 和 80C71BH 等。

1. HMOS 单片机的掉电工作方式

HMOS 单片机在正常运行时，内部 RAM 由主电源 V_{CC} 供电。若 RST/VPD 端接有备用电源，则当 V_{CC} 掉电时，此备用电源可维持内部 RAM 中的数据不丢失。

当 V_{CC} 掉电时，掉电检测电路检测到掉电信号，通过 INT0 或 INT1 向 CPU 发出掉电中断请求。CPU 响应中断请求后，执行掉电中断服务程序，该程序把一些必须保护的信息转到内部 RAM 中。这部分工作必须在主电源掉至下限工作电压以前完成。当备用电源 RST/VPD 引脚端的电压超过 V_{CC} 时，内部 RAM 将改用备用电源供电。当主电源恢复时，VPD 仍需维持一段时间。等单片机完成复位后，备用电源才能撤出，转而 V_{CC} 继续供电。

2．CHMOS 单片机的节电工作方式

CHMOS 单片机的节电工作方式有等待和掉电两种工作方式。这两种工作方式都是由 SFR 中的电源控制寄存器 PCON 中相应位设定的。

1）电源控制寄存器 PCON

SFR 中的电源控制寄存器 PCON 各位定义如下：

PCON	(87H)	D7	D6	D5	D4	D3	D2	D1	D0
		SMOD	—	—	—	GF1	GF0	PD	IDL

- IDL（D0）：等待方式控制位。当 IDL=1 时，单片机进入等待工作方式。
- PD（D1）：掉电方式控制位。当 PD=1 时，单片机进入掉电工作方式。

若 PD 和 IDL 同时为"1"，则进入掉电工作方式；若 PD 和 IDL 都为"0"，单片机处于正常运行状态，即工作于程序执行方式。

- GF0（D2）：通用标志位。用户可通过指令改变它们的状态。
- GF1（D3）：通用标志位。用户可通过指令改变它们的状态。
- SMOD（D7）：串行口波特率倍增位。

2）等待工作方式

将 PCON 中的 IDL 位置 1，单片机进入等待工作方式，如图 2-15 所示。

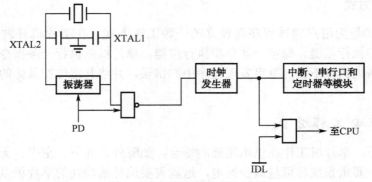

图 2-15　节电方式控制电路图

此时，IDL=0，封锁了送入 CPU 的时钟，CPU 停止工作，进入等待状态。而时钟信号仍继续供给中断系统、串行口和定时器。此时，中断系统、串行口和定时器仍保持工作状态。CPU 的状态被全部保留下来，程序计数器 PC、全部特殊功能寄存器 SFR 和内部 RAM 中的内容保持不变，ALE、$\overline{PSEN}$ 均为高电平。此时，单片机功耗比程序执行方式时大大降低。因此，在程序执行进程中，当 CPU 在原地踏步或在执行不必要的程序时，应让它进入等待工作状态，一旦需要继续工作，就让它退出等待工作方式。

退出等待工作方式有两种方法：

　　第一种方法是中断退出。在等待工作方式下，由于中断系统仍在工作，因此，在任何被允许的中断请求有效时，都可使单片机退出等待工作方式（对 IDL 自动清零），并执行其中断服务程序。中断服务程序执行完后，返回主程序（返回到设置等待工作方式指令的下一条指令），继续执行主程序。

　　第二种方法是硬件复位退出。此时按一下复位按钮，或在 RST 引脚上送一个脉宽大于两个机器周期的脉冲，此时，PCON 中的 IDL 被硬件清零，CPU 重新开始执行用户程序。PCON 中的通用标志位 GF0 和 GF1 可用来指示中断是在正常运行期间，还是在等待工作方式期间发生的。GF0 和 GF1 可通过软件进行置位、清零。

　　3）掉电工作方式

　　将寄存器 PCON 中的 PD 置位，单片机便进入掉电工作方式。进入掉电工作方式后，片内振荡器停止工作。此时，CPU、中断系统、串行口和定时器都停止工作，只有片内 RAM 和特殊功能寄存器 SFR 中的数据被保存起来。ALE 和 SPEN 均为低电平。此时主电源 V_{CC} 的功耗降至最小。需要强调的是：当单片机进入掉电工作方式时，必须使外围器件和设备均处于禁止状态。如果必要，应断开这些电路电源，以使整个系统的功耗降到最小。要退出掉电工作方式，只能用硬件复位。复位后，SFR 中的内容将重新定义，但不改变片内 RAM 中的内容。

习　　题

1．简述 MCS-51 单片机硬件功能部件组成。
2．MCS-51 单片机的 RAM 分为几部分？各有什么特点和功能？
3．程序状态字 PSW 的作用是什么？常用标识有哪些位？作用是什么？
4．单片机中的机器周期、时钟周期、指令周期有什么关系？
5．复位电路的功能是什么？
6．单片机有几种工作方式？

第 3 章

MCS-51 单片机的指令系统

本章知识点：
- MCS-51 单片机的指令格式
- MCS-51 单片机指令系统的寻址方式
- MCS-51 单片机的指令系统

基本要求：
- 掌握 MCS-51 单片机指令的格式及寻址方式
- 掌握 MCS-51 单片机的指令系统

能力培养目标：

通过本章的学习，掌握 MCS-51 单片机的指令系统，掌握单片机 111 条指令，学习单片机的寻址方式，提高汇编语言的编程能力，加深对单片机内部结构、运行方式及软件功能的理解。

使用单片机之前，要先对其进行编程，并将程序固化到芯片内，然后才能使用。要对单片机进行编程，首先要熟悉单片机的指令系统。单片机的指令系统是单片机能够识别并执行的所有指令的集合。不同的单片机，指令系统各不相同。本章讲述 MCS-51 系列单片机的指令系统。

3.1 指令格式

MCS-51 单片机能够识别并执行的指令共有 111 条，它们构成了 MCS-51 单片机的指令系统。

MCS-51 单片机汇编语言指令由操作码和操作数两部分组成。

指令格式为：操作码　[操作数]

操作码：规定了指令所实现的操作功能。

操作数：规定了参与操作的数据的来源。操作数常常由目的操作数和源操作数组成。在某些指令中，操作数仅有一个（如指令 INC R0 只有一个操作数）或没有（空操作指令 NOP 没有操作数）。

源操作数：指令执行操作过程中所需的数据。

目的操作数：指令执行操作的结果存放地址。

在介绍指令系统时，指令中的操作数部分常常使用一些符号，这些符号的含义如下：

- Rn：表示当前工作寄存器 R0～R7 中的一个。
- @Ri：表示寄存器间接寻址，常常作为间接寻址的地址指针。其中 Ri 代表 R0 和 R1 寄存器中的一个。

- direct：表示内部数据存储器单元的地址及特殊功能寄存器 SFR 的地址，对 SFR 而言，既可使用它的物理地址，也可直接使用它的名字。
- #data：表示 8 位立即数，即 8 位常数，取值范围为#00H～#0FFH。
- #data16：表示 16 位立即数，即 16 位常数，取值范围为#0000H～#0FFFFH。
- addr16：表示 16 位地址。
- addr11：表示 11 位地址。
- rel：用补码形式表示的地址偏移量，取值范围为-128～+127。
- Bit：表示内部 RAM 和 SFR 中的具有位寻址功能的位地址。SFR 中的位地址可以直接出现在指令中。为了阅读方便，往往也可用 SFR 的名字和所在的数位表示。例如，表示 PSW 中奇偶校验位，可写成 D0H，也可写成 PSW.0 的形式出现在指令中。
- @：表示间接寻址寄存器或基址寄存器的前缀符号。
- $：表示当前指令的地址。

3.2　指令系统的寻址方式

指令由操作码和操作数组成，操作码规定了指令的操作性质，如加、减、乘、除运算，而参与这些操作的数便是操作数。这些操作数存放在什么地方，以什么方式寻找它们，操作完成后的结果又以什么方式存放起来，存放何处，从这个角度来看，单片机执行程序实际上是一个不断寻找操作数并进行操作的过程。因此，把寻找操作数的方法定义为指令的寻址方式。

不同类型的单片机，寻址方式不尽相同。寻址方式越多，单片机的功能越强，灵活性越大，能更有效地处理各种数据。

1. 立即寻址

立即寻址是将操作数直接存放在指令中，作为指令的一部分存放在代码段里。立即寻址中的数称为立即数。

例如：MOV　A，#30H

此指令的功能是将立即数 30H 送入累加器 A 中：

（A）←30H

MCS-51 单片机有 8 位立即数和 16 位立即数，其中只有 MOV　DPTR，#date16 指令的立即数为 16 位，这条指令如 MOV　DPTR，#1000H。

2. 直接寻址

直接寻址是将操作数的地址直接存放在指令中。这种寻址方式的操作数只能存放在内部数据存储器和特殊功能寄存器中。

例如：MOV　A，30H

此指令的功能是将内部数据存储器 30H 单元中的内容送入累加器 A 中：

（A）←（30H）

又如：MOV　A，P1

此指令是将 SFR 中 P1 口寄存器的内容送入累加器 A 中。需要说明的是，访问 SFR 只能使用直接寻址方式。

3．寄存器寻址

此处的寄存器指工作寄存器 R0～R7、累加器 A、通用寄存器 B、数据指针寄存器 DPTR 和位累加器 C（即进位位 C）。

寄存器寻址是指将操作数存放在以上所说的寄存器中，并且寻址时的寄存器已隐含在指令的操作码中。

例如：MOV　A，R0

此指令的功能是将 R0 中的内容送入累加器 A 中：

（A）←（R0）

4．寄存器间接寻址

寄存器间址是指操作数存放在以寄存器内容为地址的单元中。寄存器中的内容不再是操作数，而是存放操作数的地址。此时，操作数不能从寄存器中直接得到，而只能通过寄存器间接得到。

例如：MOV　A，@R0

此指令的功能是以 R0 中的内容为地址，将此地址中的内容传送到累加器 A 中：

（A）←（（R0））

采用寄存器间接寻址时，只可访问内部数据存储器和外部数据存储器。访问内部寄存器时，只可以用 R0、R1 作为间址寄存器；访问外部数据存储器时，常使用数据指针寄存器 DPTR 作为间址寄存器。

5．变址寻址

变址寻址是指操作数存放在变址寄存器和基址寄存器的内容相加形成的数为地址的单元中。其中累加器 A 作为变址寄存器，程序计数器 PC 或数据指针寄存器 DPTR 作为基址寄存器。

例如：MOVC　A，@A+DPTR

此指令的功能是将累加器 A 中的内容与数据指针寄存器 DPTR 中的内容相加，将相加的结果作为地址，并将该地址的内容送入 A 中：

（A）←（（A）+（DPTR））

6．相对寻址

相对寻址是将程序计数器 PC 的当前值与指令第二字节给出的偏移量相加，从而形成转移的目标地址。这个偏移量是相对 PC 当前值而言的，故称为相对寻址。偏移量的取值范围在-128～+127 之间。

例如：JZ　61H

此指令的功能是当累加器 A=0 时，程序跳至当前的 PC 值加偏移量后所指定的存储单元处执行程序，否则程序顺序执行。

(A)=0：（PC）←（PC）+2+61H（JZ　rel 为双字节指令）

(A)≠0：（PC）←（PC）+2

在编程时，相对寻址中的偏移量往往用符号代替，此符号就是要跳转到目标地址的那条指令的标号。这样，可使编程人员省去用补码计算偏移量的麻烦，但必须保证程序的跳转范围在

−128～+127B 之间，超出此范围程序将会出错。

7. 位寻址

位寻址是指对片内 RAM 20H～2FH 中的 128 个位地址，以及 SFR 中的 11 个可进行位寻址的寄存器中的位地址寻址。这种寻址方式与直接寻址方式的执行过程相似，所不同的是指令中的地址是位地址而不是存储器单元地址。

如何区分指令中是位地址还是存储器单元地址呢？主要由另一个操作数来区分，使用时应特别注意。例如：位寻址指令 MOV C, 20H 是将 RAM 中位寻址区 20H 位地址中的内容送给位累加器 C；字节地址寻址指令 MOV A, 20H 是将内部 RAM 中 20H 单元中的内容送给累加器 A。

位寻址方式是 MCS-51 单片机的特有功能。利用位寻址指令可使单片机方便地进行位逻辑运算，给控制系统带来诸多方便。

3.3　指令系统分类介绍

本节按指令的功能对 MCS-51 单片机的指令进行分类介绍。在介绍指令时，既列出了汇编语言指令，也列出了与之对应的机器语言指令，从而可更好地了解汇编语言指令与机器语言指令的一一对应关系。另外，还列出了每条指令的寻址方式。

3.3.1　数据传送类指令

数据传送类指令是程序中使用最多的指令，它主要用于数据及数据块的传送、保存以及交换。MCS-51 单片机提供了丰富的数据传送类指令，是数量最多的一类指令。数据传送类指令是将源操作数简单地传给目的操作数，而源操作数的内容不变，也不影响 PSW 中的标志位。传送指令又分为内部传送指令、外部传送指令、查表指令、交换指令和堆栈操作指令。

1. 内部传送指令（16 条）

内部传送是指在单片机芯片内的寄存器和存储器之间进行的数据传送。为了便于学习和记忆，把内部传送指令按传送的目的单元进行分类介绍。

1）将数据传送到累加器 A 的指令（4 条）

```
MOV   A, Rn
MOV   A, direct
MOV   A, @Ri
MOV   A, #data
```

这 4 条指令都是将操作数传送到累加器 A，源操作数分别来自寄存器 Rn、内部 RAM 单元和特殊功能寄存器、寄存器间接寻址的内部 RAM 单元，以及程序存储器。

指令中 Rn 表示工作寄存器 R0～R7，Ri 表示间接寻址寄存器 R0 或 R1。

以上 4 条指令对应的机器语言指令、指令功能和寻址方式如表 3-1 所示。

表 3-1　汇编语言指令和机器语言指令对照表（1）

汇编语言指令	机器语言指令	指 令 功 能	目的操作数寻址方式	源操作数寻址方式
MOV　A, Rn	1110 1rrr	A←(Rn)	寄存器寻址	寄存器寻址

汇编语言指令	机器语言指令	指 令 功 能	目的操作数寻址方式	源操作数寻址方式
MOV A，direct	1110 0101 direct	A←(direct)	寄存器寻址	直接寻址
MOV A，@Ri	1110 011i	A←((Ri))	寄存器寻址	寄存器间接寻址
MOV A，#data	0111 0100 data	A←data	寄存器寻址	立即寻址

注：机器指令中的低 3 位 rrr 表示 000~111，对应 R0~R7，i 表示 0~1，对应 R0~R1。

2）将数据传送到工作寄存器 Rn 的指令（3 条）

    MOV   Rn，A
    MOV   Rn，direct
    MOV   Rn，#data

这 3 条指令都是将操作数传送到工作寄存器 Rn 的指令，源操作数分别来自累加器 A、内部 RAM 和寄存器 SFR，以及程序存储器。它们采用的寻址方式分别是寄存器寻址、直接寻址和立即寻址。以上 3 条指令对应的机器语言指令、指令功能和寻址方式如表 3-2 所示。

表 3-2 汇编语言指令和机器语言指令对照表（2）

汇编语言指令	机器语言指令	指 令 功 能	目的操作数寻址方式	源操作数寻址方式
MOV Rn，A	1111 1rrr	Rn←(Rn)	寄存器寻址	寄存器寻址
MOV Rn，direct	1010 1rrr direct	Rn←(direct)	寄存器寻址	直接寻址
MOV Rn，#data	0111 1rrr data	Rn←data	寄存器寻址	立即寻址

3）将 8 位数据直接传送到直接地址（内部 RAM 单元或 SFR 寄存器）指令（5 条）

    MOV   direct，A
    MOV   direct，Rn
    MOV   direct1，direct2
    MOV   direct，@Ri
    MOV   direct，#data

这 5 条指令都是将操作数传送到直接地址，即内部 RAM 单元或 SFR 寄存器中的指令。源操作数分别来自累加器 A、寄存器 Rn、直接地址（即内部 RAM 和 SFR）、间址寄存器 Ri 及程序存储器。它们采用的寻址方式分别是寄存器寻址、直接寻址、寄存器间接寻址和立即寻址。以上 5 条指令对应的机器语言指令、指令功能和寻址方式如表 3-3 所示。

表 3-3 汇编语言指令和机器语言指令对照表（3）

汇编语言指令	机器语言指令	指 令 功 能	目的操作数寻址方式	源操作数寻址方式
MOV direct，A	1111 0101 direct	direct←(A)	直接寻址	寄存器寻址

续表

汇编语言指令	机器语言指令	指 令 功 能	目的操作数寻址方式	源操作数寻址方式
MOV　direct，Rn	1000 01rr direct	direct←(Rn)	直接寻址	寄存器寻址
MOV　direct1，direct2	1000 0101 direct2 direct1	direct←(direct)	直接寻址	直接寻址
MOV　direct，@Ri	1000 011i direct	direct←((Ri))	直接寻址	寄存器间接寻址
MOV　direct，#data	0111 0101 direct data	direct←data	直接寻址	立即寻址

如下语句实现将 8 位数据直接传送到直接地址：

```
MOV 20H,A
MOV 20H,R1
MOV 20H,30H
MOV 20H,@R1
MOV 0A0H,#34H
MOV P2, #34H
```

4）将 8 位数据传送到以间接寄存器寻址的 RAM 单元的指令（3 条）

```
MOV  @Ri, A
MOV  @Ri, direct
MOV  @Ri, #data
```

这 3 条指令都是将操作数传送到以 Ri 为间接地址的内部数据存储器单元中。源操作数分别来自累加器 A、直接地址（即内部 RAM 和 SFR）及程序存储器。它们采用的寻址方式分别是寄存器寻址、直接寻址和立即寻址。以上 3 条指令对应的机器语言指令、指令功能和寻址方式如表 3-4 所示。

表 3-4　汇编语言指令和机器语言指令对照表（4）

汇编语言指令	机器语言指令	指 令 功 能	目的操作数寻址方式	源操作数寻址方式
MOV　@Ri, A	1111 011i	(Ri)←(A)	寄存器间接寻址	寄存器寻址
MOV　@Ri, direct	1010 011i direct	(Ri)←direct	寄存器间接寻址	直接寻址
MOV　@Ri, #data	0111 011i	(Ri)←data	寄存器间接寻址	立即寻址

【例 3-1】　分析程序的运行结果。设内部 RAM 中，60H 单元的内容为 30H，试分析运行下面程序后各有关单元的内容。

```
MOV  50H, #60H；将立即数 60H 送入 50H 单元
MOV  R0, #50H；将立即数 50H 送寄存器 R0
MOV  A, @R0；将 50H 单元的内容送入累加器 A
```

MOV   R1，A；将 A 的内容送入 R1

MOV   40H，@R1；将 60H 送入 40H 单元

MOV   50H，60H；将 60H 单元的内容送入 50H 单元

程序运行结果是：(A)=60H，(R0)=50H，(R1)=60H，(40H)=30H，(50H)=30H，(60H)=30H。

5）16 位数据传送指令（1 条）

MOV   DPTR，#data16

这条指令是将 16 位立即数送入寄存器 DPTR 中。其中，高 8 位数据送入 DPH 中，低 8 位数据送入 DPL 中。此指令对应的机器语言指令、指令功能和寻址方式如表 3-5 所示。

表 3-5　汇编语言指令和机器语言指令对照表（5）

汇编语言指令	机器语言指令	指 令 功 能	目的操作数寻址方式	源操作数寻址方式
MOV DPTR，#data16	10010000 data 15~8 data 7~0	DPTR←data16	寄存器寻址	立即寻址

2．外部传送指令（4 条）

当 CPU 与外部数据存储器之间进行数据传送时，所用的指令为外部传送指令。CPU 与外部数据存储器间进行数据传送都是通过累加器 A 来完成的。访问外部存储器均采用寄存器间接寻址方式，而间接寻址的寄存器为 R0、R1 和 DPTR。其中，R0、R1 为 8 位寄存器，间接寻址范围为 256B，只有在外部 RAM≤256B 时使用。当外部 RAM>256B 时，用 16 位的数据统计寄存器 DPTR 作为间接寻址寄存器，它的寻址范围为 64KB 地址空间。访问外部存储器有两种操作：一种是读操作，另一种是写操作。下面的前两条指令为读操作指令，即把外部 RAM 中的内容读入累加器 A 中；后两条指令为写操作指令，即把 A 中的内容写入外部数据存储器中。4 条外部传送指令为：

MOVX   A，@Ri

MOVX   A，@DPTR

MOVX   @Ri，A

MOVX   @DPTR，A

以上 4 条指令对应的机器语言指令、指令功能和寻址方式如表 3-6 所示。

表 3-6　汇编语言指令和机器语言指令对照表（6）

汇编语言指令	机器语言指令	指 令 功 能	目的操作数寻址方式	源操作数寻址方式
MOVX A，@Ri	1110 001i	A←((Ri))	寄存器寻址	寄存器间接寻址
MOVX A，@DPTR	1110 0000	A←((DPTR))	寄存器寻址	寄存器间接寻址
MOVX @Ri，A	1111 001i	(Ri)←(A)	寄存器间接寻址	寄存器寻址
MOVX @DPTR，A	1111 0000	(DPTR)←(A)	寄存器间接寻址	寄存器寻址

【例 3-2】　（1）将内部 30H 单元的内容送入外部数据存储器 1000H 单元。

（2）将外部数据存储器 1200H 单元的内容送入内部数据存储器 40H 单元。

（1）编程如下。

```
MOV   DPTR，#1000H
MOV   A，30H
MOVX  @DPTR，A
```

（2）编程如下。

```
MOV   DPTR，#1200H
MOVX  A，@DPTR
MOV   40H，A
```

3．查表指令（2 条）

程序存储器除了存放程序外，还可存放表格常数。找出表格中所需的常数，所用的指令为查表指令。MCS-51 单片机有两条查表指令，它们是：

```
MOVC  A，@A+DPTR
MOVC  A，@A+PC
```

第一条指令为远查表指令，可在 64KB 的程序存储器空间寻址。基地址寄存器为 DPTR，因此，表格可在整个程序存储器的任何位置存放。

第二条指令为近查表指令，查表范围为查表指令后 256B 的地址空间。此指令的基地址寄存器为 PC，查表的地址为（A）＋（PC），其中（PC）为程序计数器的当前内容，即查表指令的地址再加 1。

以上两条指令对应的机器语言指令、指令功能和寻址方式如表 3-7 所示。

表 3-7　汇编语言指令和机器语言指令对照表（7）

汇编语言指令	机器语言指令	指 令 功 能	目的操作数寻址方式	源操作数寻址方式
MOVC A，@A+DPTR	1001 0011	A←((A)+(DPTR))	寄存器寻址	变址寻址
MOVC A，@A+PC	1000 0011	PC←(PC)+1 A←((A)+(PC))	寄存器寻址	变址寻址

4．交换指令（5 条）

1）半字节交换指令

```
SWAP  A
XCHD  A，@Ri
```

第一条指令为累加器低 4 位与高 4 位交换指令；第二条指令为内部 RAM 单元低 4 位内容与累加器低 4 位内容交换指令。这两条指令均为半字节交换指令。它们对应的机器语言指令、指令功能和寻址方式如表 3-8 所示。

表 3-8　汇编语言指令和机器语言指令对照表（8）

汇编语言指令	机器语言指令	指 令 功 能	目的操作数寻址方式	源操作数寻址方式
SWAP　A	1100 0100	$(A)_{3\sim0}\leftrightarrow(A)_{7\sim4}$	寄存器寻址（仅一个操作数）	
XCHD A，@Ri	1101 011i	$(A)_{3\sim0}\leftrightarrow((Ri))_{3\sim0}$	寄存器寻址	寄存器间接寻址

2）字节交换指令

```
XCH    A，Rn
XCH    A，direct
XCH    A，@Ri
```

这 3 条指令均为字节交换指令，交换的内容为源字节单元的内容与目的单元的内容，如表 3-9 所示。

表 3-9 汇编语言指令和机器语言指令对照表（9）

汇编语言指令	机器语言指令	指 令 功 能	目的操作数寻址方式	源操作数寻址方式
XCH A，Rn	1100 1rrr	(A)↔(Rn)	寄存器寻址	寄存器寻址
XCH A，direct	1100 0101 direct	(A)↔(direct)	寄存器寻址	直接寻址
XCH A，@Ri	1100 011i	(A)↔((Ri))	寄存器寻址	间接寻址

5．堆栈操作指令

堆栈是为执行中断程序、子程序调用、参数传递而设的。执行这些程序前，需要保护断点、保护现场，可将断点和现场待保护的数据压入栈内保存起来；执行完程序后，从栈内弹出这些数据，恢复现场并返回。保存数据为入栈，弹出数据为出栈。入栈和出栈的指令共两条：

```
PUSH   direct
POP    direct
```

第一条指令为入栈指令，将直接地址中的内容压入堆栈。具体操作为：先将堆栈指针寄存器 SP 的内容加 1，然后将数据压入堆栈。

第二条指令为出栈指令，将当前堆栈指针寄存器 SP 所指示单元的内容弹出，传送到指令指定的直接地址单元中，然后修改 SP 的内容，使 SP 的内容减 1。

这两条指令对应的机器语言指令、指令功能和寻址方式如表 3-10 所示。

表 3-10 汇编语言指令和机器语言指令对照表（10）

汇编语言指令	机器语言指令	指 令 功 能	操作数寻址方式
PUSH direct	1100 0000 direct	SP←(SP)+1 (SP)←(direct)	直接寻址方式
POP direct	1101 0000 direct	(direct)←((SP)) SP←(SP)−1	直接寻址方式

所有数据传送类指令如表 3-11 所示。

表 3-11 数据传送类指令一览表

汇编语言指令	功 能 说 明	字 节 数	振 荡 周 期
MOV A，Rn	寄存器内容传送到累加器	1	12
MOV A，direct	直接寻址字节传送到累加器	2	12
MOV A，@Ri	间接 RAM 传送到累加器	1	12
MOV A，#data	立即数传送到累加器	2	12

续表

汇编语言指令	功能说明	字节数	振荡周期
MOV　Rn, A	累加器内容传送到工作寄存器	1	12
MOV　Rn, direct	直接寻址字节传送到工作寄存器	2	24
MOV　Rn, #data	立即数传送到工作寄存器	2	12
MOV　direct, A	累加器内容传送到直接寻址字节	2	12
MOV　direct, Rn	工作寄存器内容传送到直接寻址字节	2	24
MOV　direct, direct	直接寻址字节传送到直接寻址字节	3	24
MOV　direct，@Ri	间接 RAM 传送到直接寻址字节	2	24
MOV　direct, #data	立即数传送到直接寻址字节	3	24
MOV　@Ri, A	累加器传送到间接寻址 RAM	1	12
MOV　Ri，direct	直接寻址字节传送到间接寻址 RAM	2	24
MOV　@Ri, #data	立即数传送到间接寻址 RAM	2	12
MOV　DPTR, #data16	16 位常数传送到地址寄存器	3	24
MOVX　A, @Ri	外部 RAM（8 位地址）传送到累加器	1	24
MOVX　A, @DPTR	外部 RAM（16 位地址）传送到累加器	1	24
MOVX　@Ri, A	累加器传送到外部 RAM（8 位地址）	1	24
MOVX　@DPTR, A	累加器传送到外部 RAM（16 位地址）	1	24
MOVC　A, @A+DPTR	程序存储器字节传送到累加器	1	24
MOVC　A, @A+PC	程序存储器字节传送到累加器	1	24
SWAP　A	累加器内半字节交换	1	12
XCHD　A, @Ri	间接寻址 RAM 和累加器低半字节交换	1	12
XCHD　A, Rn	寄存器和累加器交换	1	12
XCHD　A, direct	直接寻址字节和累加器交换	2	12
XCHD　A, @Rn	间接寻址 RAM 和累加器交换	1	12
PUSH　direct	直接寻址字节压入栈顶	2	24
POP　direct	栈顶直接寻址字节	2	24

3.3.2　算术运算类指令

算术运算类指令是单片机能完成算术运算操作的指令。它包括加、减、乘、除，以及 BCD 码修正等指令。这类指令会影响程序状态标志寄存器 PSW 中的某些标志位。其中，加减指令的执行结果会影响 PSW 中的进位位 C、溢出位 OV、辅助进位位 AC 和奇偶校验位 P。乘除指令的执行结果会影响 PSW 中的进位位 C、溢出位 OV 和奇偶校验位 P。加 1、减 1 指令的执行结果不影响 PSW 中的标志位。

1. 加法指令（4 条）

```
ADD　A，Rn
ADD　A，direct
ADD　A，@Ri
ADD　A，#data
```

加法指令是将源操作数的内容与累加器 A 相加，结果存入累加器 A 中。而源操作数分别通过寄存器寻址、直接寻址、寄存器间接寻址和立即寻址而得到。这 4 条指令对应的机器语言指令、指令功能和寻址方式如表 3-12 所示。

表 3-12　汇编语言指令和机器语言指令对照表（11）

汇编语言指令	机器语言指令	指 令 功 能	目的操作数寻址方式	源操作数寻址方式
ADD　A，Rn	0010 1iii	A←(A)+(Rn)	寄存器寻址	寄存器寻址
ADD　A，direct	0010 0101 direct	A←(A)+(direct)	寄存器寻址	直接寻址
ADD　A，@Ri	0010 011i	A←(A)+ ((Ri))	寄存器寻址	寄存器间接寻址
ADD　A，#data	0010 0100 data	A←(A)+data	寄存器寻址	立即寻址

2．带进位位的加法指令（4 条）

```
ADDC    A，Rn
ADDC    A，direct
ADDC    A，@Ri
ADDC    A，#data
```

带进位位的加法指令是将源操作数的内容与累加器 A 相加，再加上进位位 C 的内容，将结果存放在累加器 A 中。带进位位的加法指令主要应用于多字节数的加法运算。使用此指令进行单字节或多字节的最低 8 位数的加法运算时，应先将进位位 C 清零。这 4 条指令对应的机器语言指令、指令功能和寻址方式如表 3-13 所示。

表 3-13　汇编语言指令和机器语言指令对照表（12）

汇编语言指令	机器语言指令	指 令 功 能	目的操作数寻址方式	源操作数寻址方式
ADDC　A，Rn	0011 1iii	A←(A)+(Rn) +(C)	寄存器寻址	寄存器寻址
ADDC　A，direct	0011 0101 direct	A←(A)+(direct) +(C)	寄存器寻址	直接寻址
ADDC　A，@Ri	0011 011i	A←(A)+ ((Ri)) +(C)	寄存器寻址	寄存器间接寻址
ADDC　A，#data	0011 0100 data	A←(A)+data +(C)	寄存器寻址	立即寻址

加法运算的结果会影响 PSW 中的某些标志位：
● 当加法运算结果的最高位有进位时，进位位 C=1，否则 C=0；
● 当加法运算的低 4 位向高 4 位有进位时，辅助进位位 AC=1，否则 AC=0；
● 在加法运算过程中，位 6 和位 7 不同时产生进位时，则有溢出，溢出标志位 OV=1；
● 当累加器 A 中有奇数个"1"时，奇偶校验位 P=1，当累加器 A 中有偶数个"1"时，P=0。

【例 3-3】　设 1067H 存在 R1R0 中，30A0H 存在 R3R2 中，计算 R1R0+R3R2，结果存在 R5R4 中。

```
MOV A,R0
ADD A,R2
MOV R4，A
MOV A,R1
ADDC A,R3
MOV R5，A
```

3．带借位的减法指令（4 条）

```
SUBB   A，Rn
SUBB   A，direct
SUBB   A，@Ri
SUBB   A，#data
```

带借位的减法指令是将累加器 A 中的内容减去源操作数的内容,再减去进位位 C 的内容(C 中保留着低位字节向高位字节的借位),其结果存放在累加器 A 中。此指令主要用于多字节数的减法运算。使用此指令进行单字节或多字节的最低字节的减法运算时,应先将进位位 C 清零。这 4 条指令对应的机器语言指令、指令功能和寻址方式如表 3-14 所示。

表 3-14　汇编语言指令和机器语言指令对照表（13）

汇编语言指令	机器语言指令	指 令 功 能	目的操作数寻址方式	源操作数寻址方式
SUBB　A，Rn	1001 1iii	A←(A) − (Rn) − (C)	寄存器寻址	寄存器寻址
SUBB　A，direct	1001 0101 direct	A←(A) − (direct) − (C)	寄存器寻址	直接寻址
SUBB　A，@Ri	1001 011i	A←(A) − ((Ri)) − (C)	寄存器寻址	寄存器 间接寻址
SUBB　A，#data	1001 0100 data	A←(A) −data − (C)	寄存器寻址	立即寻址

减法指令同样会影响 PSW 中的标志位：
- 当减法运算结果的最高位有借位时，进位位 C 自动置"1"，否则自动清零；
- 当减法运算的低 4 位向高 4 位有借位时，辅助进位位 AC 自动置"1"，否则自动清零；
- 在减法运算过程中，位 6 和位 7 不同时产生借位时，溢出标志位 OV 自动置"1"，否则自动清零（单字节数超过-128～+127 为溢出）；
- 当累加器 A 中有奇数个"1"时，奇偶校验位 P 自动置"1"，否则 P 自动清零。

4．BCD 码修正指令（1 条）

```
DA   A
```

BCD 码修正指令用来对 BCD 码的加法运算结果进行修正。它紧跟在加法指令 ADD 和 ADDC 指令之后。

在单片机中，直接参加运算的数都是二进制数，但人们习惯使用十进制数，为了符合人们的习惯，单片机中用 BCD 码表示十进制数。4 位 BCD 码与 1 位十进制数 0～9 的对应关系如下：

十进制数	BCD 码
0	0000
1	0001

2	0010
3	0011
4	0100
5	0101
6	0110
7	0111
8	1000
9	1001

尽管 BCD 码与十进制数 0～9 有一一对应关系，但是，单片机执行 BCD 码表示的十进制加法运算时，它还是按二进制加法进行运算的。这样的运算结果必须进行修正。单片机通过指令 DA A 来自动完成修正。做 BCD 码加法运算时，必须在 ADD 或 ADDC 指令之后紧跟 DA A 指令，以实现自动修正。自动修正的过程如下：

● 当运算结果的（A0～3）>9 或（AC）=1 时，（A0～3）+6→（A0～3）；

● 当运算结果的（A4～7）>9 或（CY）=1 时，（A4～7）+6→（A4～7）。

注意：DA A 指令不能对 BCD 码的减法运算进行修正，不能在减法指令后面使用。

【例 3-4】 设有两个 4 位 BCD 码，分别存放在内部数据存储器的 30H、31H、40H 和 41H 单元中，试编写程序求这两个数之和，并将结果存放到 50H、51H 单元中。

编程如下。

```
CLR  C
MOV  A，30H
ADD  A，40H
DA  A
MOV  50H，A
MOV  A，31H
ADDC  A，41H
DA  A
MOV  51H，A
END
```

5. 加 1 指令（5 条）

```
INC  A
INC  Rn
INC  direct
INC  @Ri
INC  DPTR
```

这组加 1 指令是将指定单元的内容加 1，结果仍送回该单元中，以实现对该单元中数据加 1 的目的。该组指令使用的寻址方式有寄存器寻址、直接寻址和寄存器间接寻址。此组指令的运算结果不影响 PSW 中的任何标志位。这 5 条指令对应的机器语言指令、指令功能和寻址方式如表 3-15 所示。

表 3-15 汇编语言指令和机器语言指令对照表（14）

汇编语言指令	机器语言指令	指 令 功 能	目的操作数寻址方式
INC A	0000 0100	A←(A)+1	寄存器寻址

续表

汇编语言指令	机器语言指令	指 令 功 能	目的操作数寻址方式
INC　Rn	0000 1rrr	Rn←(Rn)+1	寄存器寻址
INC　direct	0000 0101	direct←(direct)+1	直接寻址
	direct		
INC　@Ri	0000 011i	Ri←((Ri))+1	寄存器间接寻址
INC　DPTR	1010 0011	DPTR←(DPTR)+1	寄存器寻址

【例 3-5】　A=12H，R0=33H，(21H)=32H，(34H)=22H，DPTR=1234H。连续执行下面指令，写出每条指令执行后的结果。

```
INC   A  ;  A=13H
INC   R0 ;  R0=34H
INC   21H;  (21H)=33H
INC   @R0;  (34H)=23H
INC   DPTR;  DPTR=1235H
```

6．减 1 指令（4 条）

```
DEC   A
DEC   Rn
DEC   direct
DEC   @Ri
```

这组减 1 指令是把指令所指单元的内容减 1，结果仍送回该单元中，以实现对该单元中数据减 1 的目的。该组指令使用的寻址方式有寄存器寻址、直接寻址和寄存器间接寻址。

此组指令的运算结果不影响 PSW 中的任何标志位。这 4 条指令对应的机器语言指令、指令功能和寻址方式如表 3-16 所示。

表 3-16　汇编语言指令和机器语言指令对照表（15）

汇编语言指令	机器语言指令	指 令 功 能	操作数寻址方式
DEC　A	0010 0100	A←(A)−1	寄存器寻址
DEC　Rn	0001 1rrr	Rn←(Rn)−1	寄存器寻址
DEC　direct	0010 0101	direct←(direct)−1	直接寻址
	direct		
DEC　@Ri	0001 011i	Ri←((Ri))−1	寄存器间接寻址

7．乘除指令（2 条）

乘除指令是 MCS-51 指令系统中执行时间最长的两条指令，占用 4 个机器周期。利用乘除指令将使单片机的运算功能大大增强。

乘法指令：

```
MUL   AB
```

乘法指令的功能是将累加器 A 和寄存器 B 中的 8 位无符号整数相乘，得到的乘积为 16 位。其中，积的高 8 位存于 B 中，积的低 8 位存于 A 中。运算结果影响 PSW 中的 Cy、OV 和 P。

如果积大于255，则溢出标志位 OV 置"1"，否则 OV 清零；P 仍由累加器 A 中 1 的奇偶性决定；进位标志位 Cy 总是为"0"。

除法指令：

DIV　AB

除法指令的功能是将累加器 A 中的 8 位无符号整数除以寄存器 B 中的 8 位无符号整数，得到的商的整数部分存于 A 中，余数部分存于 B 中。此指令对标志位的影响是：对 Cy 和 P 标志位的影响与乘法指令相同；溢出标志位 OV=0；当除数为零时，结果产生溢出，此时 OV=1。

这两条指令对应的机器语言指令、指令功能和寻址方式如表 3-17 所示。

表 3-17　汇编语言指令和机器语言指令对照表（16）

汇编语言指令	机器语言指令	指令功能	操作数寻址方式
MUL　AB	1010 0100	BA←(A)×(B)	寄存器寻址
DIV　AB	1000 0100	(A)/(B)	寄存器寻址

所有算术运算类指令如表 3-18 所示。

表 3-18　算术运算类指令一览表

汇编语言指令	功 能 说 明	字 节 数	振 荡 周 期
ADD　A，Rn	寄存器内容加到累加器	1	12
ADD　A，direct	直接寻址字节内容加到累加器	2	12
ADD　A，@Ri	间接寻址 RAM 加到累加器	1	12
ADD　A，#data	立即数加到累加器	2	12
ADDC　A，Rn	寄存器加到累加器（带进位）	1	12
ADDC　A，direct	直接寻址字节加到累加器（带进位）	2	12
ADDC　A，@Ri	间接寻址 RAM 加到累加器（带进位）	1	12
ADDC　A，#data	立即数加到累加器（带进位）	2	12
SUBB　A，Rn	累加器内容减去寄存器内容（带借位）	1	12
SUBB　A，direct	累加器内容减去直接寻址内容（带借位）	2	12
SUBB　A，@Ri	累加器内容减去间接寻址 RAM（带借位）	1	12
SUBB　A，#data	累加器减去立即数（带借位）	2	12
DA　A	累加器十进制调整	1	12
INC　A	累加器加 1	1	12
INC　Rn	寄存器加 1	1	12
INC　direct	直接寻址字节加 1	2	12
INC　@Ri	间接寻址 RAM 加 1	1	12
INC　DPTR	地址寄存器加 1	1	24
DEC　A	累加器减 1	1	12
DEC　Rn	寄存器减 1	1	12
DEC　direct	直接寻址地址字节减 1	2	12
DEC　@Ri	间接寻址 RAM 减 1	1	12

汇编语言指令	功 能 说 明	字 节 数	振荡周期
MUL　AB	累加器 A 和寄存器 B 相乘	1	48
DIV　AB	累加器 A 除以寄存器 B	1	48

3.3.3　逻辑操作类指令

逻辑操作类指令包括逻辑与、逻辑或、逻辑异或、循环移位、清零与取反共 24 条指令。这些指令中的操作数都是 8 位的，它们的寻址方式有寄存器寻址、直接寻址、寄存器间接寻址以及立即寻址。这些指令在执行时不影响标志位。

1. 逻辑与运算指令（6 条）

```
ANL　A，Rn
ANL　A，direct
ANL　A，@Ri
ANL　A，#data
ANL　direct，A
ANL　direct，#data
```

逻辑与运算指令是将源操作单元的内容与目的操作单元的内容相与运算后，将结果存放在目的操作单元中，而源操作单元中的内容不变。源操作数可以通过寄存器寻址、直接寻址、寄存器间接寻址、立即寻址的方式获得。目的操作数可以是累加器 A 中的内容，也可以是直接地址所表示的单元内容。

这 6 条指令对应的机器语言指令、指令功能和寻址方式如表 3-19 所示。

表 3-19　汇编语言指令和机器语言指令对照表（17）

汇编语言指令	机器语言指令	指 令 功 能	目的操作数寻址方式	源操作数寻址方式
ANL A，Rn	0101 1rrr	A←(A)∧(Rn)	寄存器寻址	寄存器寻址
ANL A，direct	0101 0101 direct	A←(A)∧(direct)	寄存器寻址	直接寻址
ANL A，@Ri	0101 011i	A←(A)∧(Ri)	寄存器寻址	寄存器间接寻址
ANL A，#data	0101 0010 data	A←(A)∧(data)	寄存器寻址	立即寻址
ANL direct，A	0101 0010 direct	direct←(direct)∧(A)	直接寻址	寄存器寻址
ANL direct，#data	0101 0011 direct data	direct←(direct)∧(data)	直接寻址	立即寻址

【例 3-6】　将累加器 A 中的压缩 BCD 码变成非压缩的 BCD 码，存入 40H、41H 单元中。编程如下。

```
MOV　30H，A          ；保存 A 中的内容
ANL　A，#00001111B   ；清高 4 位，保留低 4 位
```

```
MOV   40H，A                ；低位 BCD 码放入 40H 中
MOV   A，30H                ；取原数据
ANL   A，#11110000B         ；保留高 4 位，清低 4 位
SWAP  A
MOV   41H，A
END
```

2．逻辑或运算指令（6 条）

```
ORL   A，Rn
ORL   A，direct
ORL   A，@Ri
ORL   A，#data
ORL   direct，A
ORL   direct，#data
```

逻辑或运算指令是将源操作单元的内容与目的操作单元的内容相或运算后，将结果存放在目的操作单元中，而源操作单元的内容不变。

这 6 条指令对应的机器语言指令、指令功能和寻址方式如表 3-20 所示。

表 3-20   汇编语言指令和机器语言指令对照表（18）

汇编语言指令	机器语言指令	指 令 功 能	目的操作数寻址方式	源操作数寻址方式
ORL A，Rn	0100 1rrr	A←(A)∨(Rn)	寄存器寻址	寄存器寻址
ORL A，direct	0100 0101 direct	A←(A)∨(direct)	寄存器寻址	直接寻址
ORL A，@Ri	0100 011i	A←(A)∨(Ri)	寄存器寻址	寄存器间接寻址
ORL A，#data	0100 0010 data	A←(A)∨(data)	寄存器寻址	立即寻址
ORL direct，A	0100 0010 direct	direct←(direct)∨(A)	直接寻址	寄存器寻址
ORL direct，#data	0100 0011 direct data	direct←(direct)∨(data)	直接寻址	立即寻址

【例 3-7】 将累加器 A 中的高 4 位由 P1 口的高 4 位输出，P1 口的低 4 位不变。
编程如下。

```
ANL   A，#11110000B
MOV   40H，A
MOV   A，P1
ANL   A，#00001111B
ORL   A，40H
MOV   P1，A
END
```

3. 逻辑异或运算指令（6 条）

```
XRL   A，Rn
XRL   A，direct
XRL   A，@Ri
XRL   A，#data
XRL   direct，A
XRL   direct，#data
```

逻辑异或运算指令是将源操作单元的内容与目的操作单元的内容进行异或运算后，将运算结果存放在目的运算单元中，而源操作单元的内容不变。

这 6 条指令对应的机器语言指令、指令功能和寻址方式如表 3-21 所示。

表 3-21　汇编语言指令和机器语言指令对照表（19）

汇编语言指令	机器语言指令	指 令 功 能	目的操作数寻址方式	源操作数寻址方式
XRL　A，Rn	0110 1rrr	$A \leftarrow (A)\{\vee\}(Rn)$	寄存器寻址	寄存器寻址
XRL　A，direct	0110 0101 direct	$A \leftarrow (A)\{\vee\}(direct)$	寄存器寻址	直接寻址
XRL　A，@Ri	0110 011i	$A \leftarrow (A)\{\vee\}(Ri)$	寄存器寻址	寄存器间接寻址
XRL　A，#data	0110 0010 data	$A \leftarrow (A)\{\vee\}(data)$	寄存器寻址	立即寻址
XRL　direct，A	0110 0010 direct	$direct \leftarrow (direct)\{\vee\}(A)$	直接寻址	寄存器寻址
XRL　direct，#data	0110 0011 direct data	$direct \leftarrow (direct)\{\vee\}(data)$	直接寻址	立即寻址

4. 循环移位指令（4 条）

```
RL   A
RR   A
RLC  A
RRC  A
```

前两条指令分别将累加器 A 的内容循环左移或右移一位，这两条指令是不带进位位 Cy 的循环移位指令。后两条指令分别将累加器 A 的内容连同进位位 Cy 一起循环左移或右移一位，这两条指令是带进位位 Cy 的循环移位指令。

这 4 条指令对应的机器语言指令、指令功能和寻址方式如表 3-22 所示。

表 3-22　汇编语言指令和机器语言指令对照表（20）

汇编语言指令	机器语言指令	指 令 功 能	操作数寻址方式
RL　A	0010 0011	$a_{n-1} \leftarrow (a_n)$　(n=0~6) $a_0 \leftarrow (a_7)$	寄存器寻址

汇编语言指令	机器语言指令	指 令 功 能	操作数寻址方式
RR　A	0000 0011	$a_n \leftarrow (a_{n+1})$　$(n=0\sim6)$ $a_7 \leftarrow (a_0)$	寄存器寻址
RLC　A	0011 0011	$a_n \leftarrow (a_{n+1})$　$(n=0\sim6)$ $a_0 \leftarrow (Cy)$,　$Cy \leftarrow (a_7)$	寄存器寻址
RRC　A	0001 0011	$a_n \leftarrow (a_{n+1})$　$(n=0\sim6)$ $a_7 \leftarrow (Cy)$,　$Cy \leftarrow (a_0)$	寄存器寻址

【例 3-8】 编程将寄存器 R6R5 中的双字节数 X 左移一位。

编程如下。

```
CLR   C
MOV   A，R5
RLC   A
MOV   R5，A
MOV   A，R6
RLC   A
MOV   R6，A
```

5．清零与取反指令（2 条）

```
CLR   A
CPL   A
```

第一条指令对累加器 A 进行清零操作。

第二条指令将累加器 A 中的内容取反，取反后仍存放在累加器 A 中。

这两条指令对应的机器语言指令、指令功能和寻址方式如表 3-23 所示。

表 3-23　汇编语言指令和机器语言指令对照表（21）

汇编语言指令	机器语言指令	指 令 功 能	操作数寻址方式
CLR　A	1110 0100	$A \leftarrow 00H$	寄存器寻址
CPL　A	1111 0100	$A \leftarrow (\bar{A})$	寄存器寻址

所有逻辑运算类指令如表 3-24 所示。

表 3-24　逻辑运算类指令一览表

汇编语言指令	功 能 说 明	字 节 数	振 荡 周 期
ANL　A, Rn	寄存器 "与" 到累加器	1	12
ANL　A, direct	直接寻址字节 "与" 到累加器	2	12
ANL　A, @Ri	间接寻址 RAM "与" 到累加器	1	12
ANL　A, #data	立即数 "与" 到累加器	2	12
ANL　direct, A	累加器 "与" 到直接寻址字节	2	12
ANL　direct, #data	立即数 "与" 到直接寻址字节	3	24
ORL　A, Rn	寄存器 "或" 到累加器	1	12
ORL　A, direct	直接寻址字节 "或" 到累加器	2	12

汇编语言指令	功 能 说 明	字 节 数	振荡周期
ORL　A，@Ri	间接寻址 RAM "或" 到累加器	1	12
ORL　A，#data	立即数 "或" 到累加器	2	12
ORL　direct，A	累加器 "或" 到直接寻址字节	2	12
ORL　direct，#data	立即数 "或" 到直接寻址字节	3	24
XRL　A，Rn	寄存器 "异或" 到累加器	1	12
XRL　A，direct	直接寻址字节 "异或" 到累加器	2	12
XRL　A，@Ri	间接寻址 RAM "异或" 到累加器	1	12
XRL　A，#data	立即数 "异或" 到累加器	2	12
XRL　direct，A	累加器 "异或" 到直接寻址字节	2	24
XRL　direct，#data	立即数 "异或" 到直接寻址字节	3	12
RL　A	累加器循环左移	1	12
RR　A	累加器循环右移	1	12
RLC　A	经过进位位的累加器循环左移	1	12
RRC　A	经过进位位的累加器循环右移	1	12
CLR　A	累加器清零	1	12
CPL　A	累加器取反		12

3.3.4　控制转移类指令

控制转移类指令用于控制程序的执行方向。这类指令通过修改 PC 的内容来控制程序走向。MCS-51 单片机具有丰富的控制转移类指令，包括无条件转移指令、条件转移指令、比较转移指令、循环转移指令、子程序调用与返回指令和空操作指令。

1. 无条件转移指令（4 条）

```
LJMP    addr16
AJMP    addr11
SJMP    rel
JMP    @A+DPTR
```

当执行到无条件转移指令时，程序会无条件跳转到指令所指定的地址处，从该处再继续执行程序。

1）LJMP　addr16 长转移指令

此指令是以 16 位地址为转移的目标地址。它将 16 位目标地址装入程序计数器 PC，使程序执行此指令后，无条件转移到 addr16 处执行。长转移指令也可以在 64KB 范围内转移。

2）AJMP　addr11 绝对转移指令

11 位地址 addr11 中的高三位 a10～a8 与操作码 00001 一起组成指令的第一字节，低 8 位 a7～a0 组成指令的第二字节。

执行此指令后，指令中的 11 位地址装入程序计数器 PC 中的 PC10～0，PC 的 5 位地址 PC15～11 不变。因此，使用 11 位无条件转移指令的目标地址，与当时的 PC 内容同在一个 2KB

地址空间。换句话说，当转移的目标地址与当时 PC 不在同一个 2KB 地址空间时，无法使用 11 位地址的无条件转移指令。

3）SJMP rel 相对转移指令

8 位地址 rel 是相对当前 PC 的跳转偏移量，其取值范围在 $-128 \sim +127$ 之间，并且以补码的形式存在。正数表示程序向后跳转，负数表示程序向前跳转。在编写汇编语言程序时，往往用符号代替相对地址。

4）JMP @A+DPTR 间接转移指令

转移的目标地址由地址寄存器 DPTR 和累加器 A 的内容相加形成。该指令执行后不改变 DPTR 和 A 中的值，也不影响 PSW 中的任何标志位。此指令常常用于有多个分支的程序，多条转移指令连续存放。DPTR 存放目标地址的首地址。在程序运行时动态决定累加器 A 中的内容，以确定该时刻跳转的目的地址，去执行相应的分支程序。

这 4 条指令对应的机器语言指令、指令功能如表 3-25 所示。

表 3-25 汇编语言指令和机器语言指令对照表（22）

汇编语言指令	机器语言指令	指令功能
LJMP addr16	0000 0010	PC←addr15~0
	addr15~8	
	addr7~0	
AJMP addr11	$a_{10}a_9a_8$00001	PC←(PC)+2
	$a_7a_6a_5a_4a_3a_2a_1a_0$	PC10~0←addr 11
SJMP rel	1000 0000	PC←(PC)+2
	rel	
JMP @A+DPTR	0111 0011	PC←(PC)+rel

【例 3-9】 使用间接转移指令实现多分支转移（即散转）。

若累加器 A 中存放着控制程序转向的值：

当（A）=0 时，执行 KEY0 分支程序；

当（A）=1 时，执行 KEY1 分支程序；

当（A）=2 时，执行 KEY2 分支程序；

当（A）=3 时，执行 KEY3 分支程序。

编程如下。

```
TABLE:  CLR   C                    ;清进位位
        RLC   A                    ;累加器内容乘以 2
        MOV   DPTR ，#TABLE
        JMP   @A+DPTR
TABLE:  AJMP  KEY0
        AJMP  KEY1
        AJMP  KEY2
        AJMP  KEY3
```

2．条件转移指令（2 条）

　　JZ　rel
　　JNZ　rel

1）JZ　rel 累加器为零转移指令

　　rel 为转移的相对地址，取值范围为-128～+127，以补码形式表示。执行此指令时，首先对累加器 A 的内容进行判断。当累加器 A 的内容为零时，转至相对当前 PC 为 rel 的目标地址，否则程序顺序执行。

2）JNZ　rel 累加器非零转移指令

　　当累加器 A 的内容不为零时转移，否则程序顺序执行。

　　这两条指令对应的机器语言指令、指令功能如表 3-26 所示。

表 3-26　汇编语言指令和机器语言指令对照表（23）

汇编语言指令	机器语言指令	指 令 功 能
JZ　rel	0110 0000	若(A)=0，则 PC←(PC)+2+rel
	rel	若(A)≠0，则 PC←(PC)+2
JNZ　rel	0111 0000	若(A)≠0，则 PC←(PC)+2+rel
	rel	若(A)=0，则 PC←(PC)+2

　　【例 3-10】　把片外 RAM 的 30H 单元开始的数据块传送到片内 RAM 的 40H 开始的位置，直到出现零为止。

　　片内、片外数据传送以累加器 A 过渡。每次传送一字节，通过循环处理，直到处理至传送的内容为 0 结束。

　　程序如下。

```
        MOV    R0，#30H
        MOV    R1，#40H
LOOP:   MOVX   A，@R0
        MOV    @R1，A
        INC    R1
        INC    R0
        JNZ    LOOP
        SJMP   $
```

3．比较转移指令（4 条）

　　CJNE　A，#data，rel
　　CJNE　A，direct，rel
　　CJNE　Rn，#data，rel
　　CJNE　@Ri，#data，rel

1）CJNE　A，#data，rel

　　当（A）≠data 时，程序转移至相对当时 PC 内容 rel 处；

　　当（A）=data 时，程序顺序执行。

2）CJNE　A，direct，rel

当(A)≠(direct)时，程序转移至相对当时 PC 内容 rel 处；

当(A)=(direct)时，程序顺序执行。

3）CJNE　Rn，#data，rel

当（Rn）≠data 时，程序转移至相对当时 PC 内容 rel 处；

当（Rn）=data 时，程序顺序执行。

4）CJNE　@Ri，#data，rel

当（(Ri)）≠data 时，程序转移至相对当时 PC 内容 rel 处的目标地址；

当（(Ri)）=data 时，程序顺序执行。

执行完这 4 条指令后，当第一个操作数小于第二个操作数时，Cy=0，否则 Cy=1。

这 4 条指令对应的机器语言指令、指令功能如表 3-27 所示。

表 3-27　汇编语言指令和机器语言指令对照表（24）

汇编语言指令	机器语言指令	指 令 功 能
CJNE　A，#data，rel	1011 0100	若 data<(A)，则 PC←(PC)+3+rel，且 Cy←0
	data	若 data>(A)，则 PC←(PC)+3+rel，且 Cy←1
	rel	若 data=(A)，则 PC←(PC)+3
CJNE　A，direct，rel	1011 0101	若 (direct)<(A)，则 PC←(PC)+3+rel，且 Cy←0
	direct	若 (direct)>(A)，则 PC←(PC)+3+rel，且 Cy←1
	rel	若 (direct)=(A)，则 PC←(PC)+3
CJNE　Rn，#data，rel	1011 1rrr	若 data<(Rn)，则 PC←(PC)+3+rel，且 Cy←0
	data	若 data>(Rn)，则 PC←(PC)+3+rel，且 Cy←1
	rel	若 data=(Rn)，则 PC←(PC)+3
CJNE　@Ri，#data，rel	1011 011i	若 data<((Ri))，则 PC←(PC)+3+rel，且 Cy←0
	data	若 data>((Ri))，则 PC←(PC)+3+rel，且 Cy←1
	rel	若 data=((Ri))，则 PC←(PC)+3

4．循环转移指令（2 条）

DJNZ　Rn，rel

DJNZ　direct，rel

1）DJNZ　Rn，rel 寄存器 Rn 减 1 不为 0 转移指令

执行此指令时，首先将寄存器 Rn 中的内容减 1，然后，判断 Rn 中的内容是否为零，如果不为零，程序转移至相对地址 rel 处；如果 Rn 中的内容为 0，则程序顺序执行。此指令用在循环程序中，循环次数存放在寄存器 Rn 中。

2）DJNZ　direct，rel 直接地址内容减 1 不为 0 转移指令

此指令与上条指令相似，只是循环次数存放在直接地址中。

这两条指令对应的机器语言指令、指令功能如表 3-28 所示。

表 3-28　汇编语言指令和机器语言指令对照表（25）

汇编语言指令	机器语言指令	指 令 功 能
DJNZ　Rn，rel	1101 1rrr	Rn←(Rn)−1
	rel	若 Rn=0，则 PC←(PC)+2
		若 Rn≠0，则 PC←(PC)+2+rel
DJNZ　direct，rel	1101 0101	direct←(direct)−1
	direct	若(direct)=0，则 PC←(PC)+3
	rel	若(direct)≠0，则 PC←(PC)+3+rel

【例 3-11】　统计片内 RAM 中 30H 单元开始的 20 个数据中 0 的个数，放于 R7 中。

用 R2 作为循环变量，最开始置初值为 20；用 R7 作为计数器，最开始置初值为 0；用 R0 作为指针访问片内 RAM 单元，最开始置初值为 30H；用 DJNZ 指令对 R2 减 1 转移进行循环控制，在循环体中用指针 R0 依次取出片内 RAM 中的数据，判断，如为 0，则 R7 中的内容加 1。

程序如下。

```
        MOV    R0, #30H
        MOV    R2, #20
        MOV    R7, #0
LOOP:   MOV    A, @R0
        CJNE   A, #0, NEXT
        INC    R7
NEXT:   INC    R0
        DJNZ   R2, LOOP
```

5. 子程序调用与返回指令（4 条）

```
ACALL   addr11
LCALL   addr16
RET
RETI
```

1）ACALL　addr11 11 位地址绝对子程序调用指令

程序执行此指令时，先将此指令的下一条指令的地址压栈保护，再将 addr11 装入程序计数器 PC 的低 11 位，然后按 PC 指定的地址转去执行子程序。此时，PC 的高 5 位地址没有改变，因此，子程序的目标地址必须和调用子程序前的 PC 内容在同一个 2KB 字节范围内。

2）LCALL　addr16 16 位地址绝对子程序调用指令

此条指令与上条指令的执行过程相同，所不同的是目标地址为 16 位。子程序的入口地址在指令中直接给出，空间范围为 64KB。

3）RET 子程序返回指令

RET 指令实现由子程序返回主程序。当执行该指令时，机器自动将调用子程序时压栈的下一条指令的地址从堆栈中弹出，赋给 PC。

4）RETI 中断返回指令

此指令的操作与 RET 指令相似，它不仅能使中断服务程序返回，而且同时释放中断逻辑。

这 4 条指令对应的机器语言指令、指令功能如表 3-29 所示。

表 3-29 汇编语言指令和机器语言指令对照表（26）

汇编语言指令	机器语言指令	指 令 功 能
ACALL addr11	$a_{10}a_9a_8 10001$	$PC \leftarrow (PC)+2$，$SP \leftarrow (SP)+1$
		$(SP) \leftarrow (PC)_{7\sim0}$，$SP \leftarrow (SP)+1$
	$a_7a_6a_5a_4a_3a_2a_1a_0$	$(SP) \leftarrow (PC)_{15\sim8}$，$PC10\sim0 \leftarrow addr11$
LCALL addr16	0001 0010	$PC \leftarrow (PC)+3$，$SP \leftarrow (SP)+1$
	$addr15\sim8$	$(SP) \leftarrow (PC)_{7\sim0}$，$SP \leftarrow (SP)+1$
	$addr7\sim0$	$(SP) \leftarrow (PC)_{15\sim8}$，$PC15\sim0 \leftarrow addr16$
RET	0010 0010	$PC_{15\sim8} \leftarrow ((SP))$，$SP \leftarrow (SP)-1$
		$PC_{7\sim0} \leftarrow ((SP))$，$SP \leftarrow (SP)-1$
RETI	0011 0010	$PC_{15\sim8} \leftarrow ((SP))$，$SP \leftarrow (SP)-1$
		$PC_{7\sim0} \leftarrow ((SP))$，$SP \leftarrow (SP)-1$

6. 空操作指令（1 条）

NOP $PC \leftarrow (PC)+1$

MCS-51 单片机指令系统有一条空操作指令。这条指令除了使 PC 内容加 1 外，不产生任何操作结果，常常用于产生一个机器周期的延时。

所有控制转移类指令如表 3-30 所示。

表 3-30 控制转移类指令一览表

汇编语言指令	功 能 说 明	字 节 数	振 荡 周 期
LJMP addr16	长转移	3	24
AJMP addr11	绝对转移	2	24
SJMP rel	短转移（相对转移）	2	24
JMP @A+DPTR	相对 DPTR 的间接转移	1	24
JZ rel	累加器为零则转移	2	24
JNZ rel	累加器为非零则转移	2	24
CJNE A, direct, rel	比较直接寻址字节和 A 不相等则转移	3	24
CJNE A, #data, rel	比较立即数和 A 不相等则转移	3	24
CJNE Rn, #data, rel	比较立即数和寄存器不相等则转移	3	24
CJNE @Ri, #data, rel	比较立即数和间接寻址 RAM 不相等则转移	3	24
DJNZ Rn, rel	寄存器减 1 不为零则转移	2	24
DJNZ direct, rel	直接寻址字节减 1 不为零则转移	3	24
ACALL addr11	绝对调用子程序	2	24
LCALL addr16	长调用子程序	3	24
RET	从子程序返回	1	24
RETI	从中断返回	1	24
NOP	空操作	1	12

3.3.5　位操作类指令

MCS-51 单片机内的位累加器 Cy、内部数据存储器中的 128 位位地址、11 个有位寻址功能的特殊功能寄存器，以及 17 条位操作指令，构成了一个布尔处理机。布尔处理机可以完成位传送、位逻辑运算和位条件转移等操作。

17 条位操作指令均以位为操作对象。在汇编语言中，位地址的表达方式有以下 4 种。

（1）直接地址方式，如 90。

（2）利用特殊功能寄存器名的位地址方式，如 P1.0。

（3）利用特殊功能寄存器的位名称方式，如 TE0。

（4）用户使用伪指令事先定义过的符号地址。

1. 位数据传送指令（2 条）

```
MOV  C, bit
MOV  bit, C
```

第一条指令是将位地址中的内容传送至位累加器 Cy（即进位标志位 Cy）。

第二条指令是将位累加器 Cy 中的内容传送至位地址中。

这两条指令对应的机器语言指令、指令功能和寻址方式如表 3-31 所示。

表 3-31　汇编语言指令和机器语言指令对照表（27）

汇编语言指令	机器语言指令	指 令 功 能	目的操作数寻址方式	源操作数寻址方式
MOV C, bit	1010 0010	C←(bit)	寄存器寻址	直接寻址
	bit			
MOV bit, C	1001 0010	bit←(C)	直接寻址	寄存器寻址
	bit			

【例 3-12】　把片内 RAM 中位寻址区的 20H 位的内容传送到 30H 位。

程序如下。

```
MOV  C, 20H
MOV  30H, C
```

2. 位逻辑操作指令（6 条）

```
ANL  C, bit
ANL  C, /bit
ORL  C, bit
ORL  C, /bit
CPL  C
CPL  bit
```

前两条指令是位逻辑与指令。第一条指令将位地址中的内容与位累加器 Cy 中的内容相与，结果存放在 Cy 中。第二条指令将位地址中的内容取反，与 Cy 中的内容相与，结果存放在 Cy 中。

第三、四条指令是位逻辑或指令。第三条指令将位地址中的内容与位累加器 Cy 中的内容相或，结果存放在 Cy 中。第四条指令将位地址中的内容取反，与 Cy 中的内容相或，结果存放在 Cy 中。

最后两条指令是位逻辑取反指令，分别对 Cy 及直接位地址中的内容进行取反操作运算，结果存放在 Cy 中。

【例 3-13】 利用位逻辑运算指令编程，实现如图 3-1 所示硬件逻辑电路的功能。

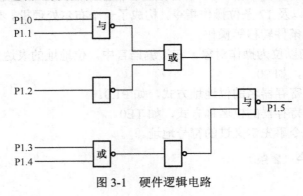

图 3-1　硬件逻辑电路

程序如下。

```
MOV  C，P1.0
ANL  C，P1.1
CPL  C
ORL  C，/P1.2
MOV  0F0H，C
MOV  C，P1.3
ORL  C，P1.4
ANL  C，0F0H
CPL  C
MOV  P1.5，C
```

这 6 条指令对应的机器语言指令、指令功能和寻址方式如表 3-32 所示。

表 3-32　汇编语言指令和机器语言指令对照表（28）

汇编语言指令	机器语言指令	指 令 功 能	目的操作数寻址方式	源操作数寻址方式
ANL C，bit	1000 0010 bit	C←(C)∧(bit)	寄存器寻址	直接寻址
ANL C，/bit	1011 0000 bit	C←(C)∧($\overline{bit}$)	寄存器寻址	直接寻址
ORL C，bit	0111 0010 bit	C←(C)∨(bit)	寄存器寻址	直接寻址
ORL C，/bit	1010 0000 bit	C←(C)∨($\overline{bit}$)	寄存器寻址	直接寻址
CPL C	1011 0010	C←($\overline{C}$)	寄存器寻址	
CPL bit	1011 0010 bit	C←($\overline{bit}$)	直接寻址	

3. 位状态控制指令（4 条）

```
CLR    C
CLR    bit
SETB   C
SETB   bit
```

前两条指令为位清零指令，分别对 Cy 和直接位地址进行清零操作。后两条指令为位置 1 指令，分别对 Cy 和直接位地址进行置 1 操作。

这 4 条指令对应的机器语言指令、指令功能和寻址方式如表 3-33 所示。

表 3-33　汇编语言指令和机器语言指令对照表（29）

汇编语言指令	机器语言指令	指 令 功 能	操作数寻址方式
CLR C	1100 0011	C←0	寄存器寻址
CLR bit	1100 0010	bit←0	直接寻址
	bit		
SETB C	1101 0011	C←1	寄存器寻址
SETB bit	1101 0010	bit←1	直接寻址
	bit		

4. 位条件转移指令（5 条）

```
JC    rel
JNC   rel
JB    bit，rel
JNB   bit，rel
JBC   bit，rel
```

1）JC rel 进位标志位 Cy 为 1 转移指令

当进位标志位 Cy =1 时，转移至相对当前 PC 内容为 rel 的目标地址处执行程序；当 Cy =0 时，程序顺序执行。

2）JNC rel 进位标志位 Cy 为 0 转移指令

当进位标志位 Cy=0 时，转移至相对当前 PC 内容为 rel 的目标地址处执行程序；当 Cy=1 时，程序顺序执行。

3）JB bit，rel 直接寻址位的内容为 1 转移指令

当直接寻址位中的内容为 1 时，转移至相对当前 PC 内容为 rel 的目标地址处执行程序；当直接寻址位中的内容为 0 时，程序顺序执行。

4）JNB bit，rel 直接寻址位的内容为 0 转移指令

当直接寻址位中的内容为 0 时，转移至相对当前 PC 内容为 rel 的目标地址处执行程序；当直接寻址位中的内容为 1 时，程序顺序执行。

5）JBC bit，rel 直接寻址位的内容为 1 转移，并将该位清零指令

当直接寻址位的内容为 1 时，转移至相对当前 PC 内容为 rel 的目标地址处执行程序，并将该位的内容清零；

当直接寻址位的内容为0时，程序顺序执行。

如果需要对片内定时/计数器的溢出标志位 TF0（TF1）进行检测，以控制程序流向，采用 JBC TF0 rel L 比采用 JB TF0 rel 更合适。因为 JBC 指令不仅能完成对 TF0（TF1）状态的检测，同时当满足转移条件即 TF0（TF1）=1 时，能自动将其清零。用 JB 指令就要再加一条 CLR TF0（TF1）指令来清零。有关定时/计数器的内容请参阅第 6 章。

以上每条位条件转移指令中的 rel，为补码形式的位二进制数。

这 5 条指令对应的机器语言指令、指令功能如表 3-34 所示。

表 3-34 汇编语言指令和机器语言指令对照表（30）

汇编语言指令	机器语言指令	指 令 功 能
JC rel	0100 0000	若(C)=1，则 PC←(PC)+2+rel
	rel	若(C)=0，则 PC←(PC)+2
JNC rel	0101 0000	若(C)=0，则 PC←(PC)+2+rel
	rel	若(C)=1，则 PC←(PC)+2
JB bit，rel	0010 0000	若(bit)=1，则 PC←(PC)+3+rel
	bit	若(bit)=0，则 PC←(PC)+3
	rel	
JNB bit，rel	0011 0000	若(bit)=0，则 PC←(PC)+3+rel
	bit	若(bit)=1，则 PC←(PC)+3
	rel	
JBC bit，rel	0001 0000	若(bit)=0，则 PC←(PC)+3
	bit	若(bit)=1，则 PC←(PC)+3+rel，且 bit←0
	rel	

【例 3-14】 用 MCS-51 单片机实现 $Y=X0 \cdot X1+X2 \cdot X3 \cdot X4+X5 \cdot X6$ 逻辑运算的功能。

编程说明：为了使逻辑运算问题适合 MCS-51 单片机处理，首先选择 P1 口中的 P1.0～P1.6 作为输入变量，P1.7 作为输出变量。

若 P1.0=X0，P1.1=X1，P1.2=X2，P1.3=X3，P1.4=X4，P1.5=X5，P1.6=X6，Y=P1.7，则编程如下。

```
MOV   C，P1.0        ;读入变量 X0
ANL   C，P1.1
MOL   30H，C         ;保存中间结果
MOV   C，P1.2
ANL   C，P1.3
ANL   C，/P1.4
ORL   C，30H
MOV   30H，C         ;保存中间结果
MOV   C，P1.5
ANL   C，/P1.6
ORL   C，30H
MOV   P1.7，C        ;输出运算结果
END
```

【例 3-15】　从片外 RAM 中 30H 单元开始有 100 个数据，统计当中正数、0 和负数的个数，分别放于 R5、R6、R7 中。

设用 R2 作为计数器，用 DJNZ 指令对 R2 减 1 转移进行循环控制，在循环体外设置 R0 指针，指向片外 RAM 30H 单元，对 R5、R6、R7 清零，在循环体中用指针 R0 依次取出片外 RAM 中的 100 个数据，判断：

如大于 0，则 R5 中的内容加 1；

如等于 0，则 R6 中的内容加 1；

如小于 0，则 R7 中的内容加 1。

程序如下。

```
            MOV     R2，#100
            MOV     R0，#30H
            MOV     R5，#0
            MOV     R6，#0
            MOV     R7，#0
    LOOP：MOVX    A，@R0
              CJNE    A，#0，NEXT1
            INC     R6
            SJMP    NEXT3
    NEXT1：CLR     C
            SUBB    A，#0
            JNC     NEXT2
            INC     R5
            SJMP    NEXT3
    NEXT2：INC     R7
    NEXT3：INC     R0
            DJNZ    R2，LOOP
            SJMP    $
```

所有位操作类指令如表 3-35 所示。

表 3-35　位操作类指令一览表

汇编语言指令	功 能 说 明	字 节 数	振 荡 周 期
MOV C，bit	直接位地址的内容送到位累加器	2	12
MOV bit，C	位累加器的内容送到直接位地址	2	12
ANL C，bit	位地址内容"与"到位累加器	2	12
ANL C，/bit	位地址内容取反"与"到位累加器	2	12
ORL C，bit	位地址内容"或"到位累加器	2	12
ORL C，/bit	位地址内容取反"或"到位累加器	2	12
CPL C	位累加器取反	1	12
CPL bit	位地址内容取反	2	12
CLR C	位累加器清零	1	12
CLR bit	位地址内容清零	2	12
SETB C	位累加器置位	1	12
SETB bit	位地址内容置位	2	12

续表

汇编语言指令	功能说明	字 节 数	振荡周期
JC rel	位累加器为 1 转移	2	12
JNC rel	位累加器为 0 转移	2	12
JB bit，rel	位地址内容为 1 转移	3	24
JNB bit，rel	位地址内容为 0 转移	3	24
JBC bit，rel	位地址内容为 1 转移并清零位地址	3	24

习　题

1．汇编语言源程序的格式及含义是什么？

2．什么叫伪指令？伪指令与指令有什么区别？

3．8051 单片机共有几种寻址方式？它们的区别是什么？

4．访问外部数据存储器应采用什么方式？访问外部数据存储器应采用什么寻址方式？查表应使用什么寻址方式？

5．说明下列指令中各个操作数的寻址方式。

（1）ADD A，30H

（2）MOV 30H，20H

（3）MOV A，@R0

（4）MOVX A，@R1

（5）SJMP $

（6）MOV R0，#20H

（7）ORL C，00H

（8）MOV DPTR，#2000H

（9）MOVC A，@A+PC

（10）ANL 20H，#30H

（11）ANL C，30H

（12）CPL C

（13）CPL A

（14）CPL 20H

（15）ADD A，@R1

（16）MOVC A，@A+DPTR

（17）DJNZ R0, rel

（18）SETB 00H

6．给出每条指令执行后的结果。

```
MOV 23H，#30H
MOV 12H，#34H
MOV R0，#23H
MOV R7，12H
MOV R1，#12H
```

MOV A，@R0
MOV 34H，@R1
MOV DPTR，#6712H
MOV 12H，DPH
MOV R0，DPL
MOV A，@R0

7．写出下列程序的运行结果。

（1）MOV SP，#40H

MOV A，#20H

MOV B，#30H

PUSH A

PUSH B

POP A

POP B

(SP)=? (A)=? (B)=?

（2）MOV SP，#40H

MOV A，#20H

MOV B，#30H

PUSH A

PUSH B

POP B

POP A

(SP)=? (A)=? (B)=?

（3）MOV R0，#7EH

MOV DPTR．#10FEH

MOV 7EH，#0AAH

MOV 7FH．#0BBH

INC @R0

INC R0

INC @R0

INC R0

(7EH)=? (7FH)=? （R0）=? ((R0))=? (DPTR)=?

（4）MOV R0，#00H

MOV A，#20H

MOV B，#0FFH

MOV 20H，#0F0H

XCH A，R0

XCH A，B

XCH A，@R0

(A)=? (B)=? (20H)=? (R0)=?

8. 设 A=0FH，R0=30H，内部 RAM 的（30H）=0AH，（31H）=0BH，（32H）=0CH，请指出在执行下列程序段后上述各单元内容的变化。

```
MOV A，@R0
MOV @R0，32H
MOV 32H，A
MOV R0，#31H
MOV A，@R0
```

9. 请用数据传送指令实现下列要求的数据传送。

（1）R0 的内容输出到 R1。

（2）内部 RAM 20H 单元的内容传送到 A 中。

（3）外部 RAM 30H 单元的内容传送到 R0 中。

（4）外部 RAM 30H 单元的内容传送到内部 RAM 20H 单元中。

10. 什么是堆栈？在 MCS-51 单片机的指令系统中，有关堆栈操作的指令有哪些？

11. 写出 ACALL 和 LCALL 指令的共同点和区别。

12. RET 和 RETI 指令主要有哪些区别？

13. NOP 指令的用途是什么？

14. 说明程序执行过程中，SP 的内容及堆栈中内容的改变过程。

```
MOV   SP，#30H
MOV   A，#20H
MOV   B，#30H
PUSH  A
PUSH  B
…
POP   A
POP   B
```

第4章

MCS-51 单片机汇编语言程序设计

本章知识点：
- 单片机汇编语言的格式
- 单片机汇编语言中的伪指令语句
- 单片机汇编语言编程步骤
- 常用的汇编语言程序设计结构

基本要求：
- 理解单片机汇编语言程序设计的过程
- 掌握单片机的伪指令
- 掌握单片机汇编语言常用的设计结构

能力培养目标：

通过本章的学习，掌握单片机汇编语言程序设计与编程能力，学习单片机常用的汇编语言程序结构，理解单片机程序的运行原理，提高单片机汇编语言的编程能力，并通过实例培养动手能力和工程实践能力。

4.1 汇编语言程序设计概述

4.1.1 汇编语言语句和格式

1. 汇编语言

单片机只能识别用二进制表示的指令，即机器指令或机器码。机器码非常不好记，容易出错，给编程带来了很大难度。为了解决这一问题，人们创造了一种用英文字母表示的助记符，用来反映指令的功能和主要特征，以此来代替机器指令，这就是汇编语言。汇编语言比机器语言好记，不易出错，并且和机器语言有一一对应的关系。这种对应关系，在前两节的指令系统中已经表述得非常清楚了。用汇编语言编写的程序称为汇编语言程序。汇编语言程序必须翻译成机器码才能执行。将汇编语言程序翻译成机器码的过程称为汇编。不同计算机的汇编语言不尽相同，这里介绍 MCS-51 单片机的汇编语言。

2. 汇编语言的语句格式

汇编语言由汇编语句组成，这些语句在书写上有一定的规定和格式要求。我们必须严格按照汇编语言的语句格式编写程序。

一条汇编语言的语句包括 4 部分内容：标号、操作码、操作数和注释。其格式为：

标号：操作码　操作数；注释

1）标号

标号位于语句的开始，由 1 ~ 8 个字母和数字组成，它代表该语句的地址。标号必须由字母打头，以冒号结尾，标号不能使用指令助记符、伪指令或寄存器名。标号不是语句的必要组成部分，只在需要时才使用。

2）操作码

操作码是指令的助记符，表示语句的性质，不可省略，它是语句的核心部分。

3）操作数

操作数与操作码之间用空格分开。操作数一般有目的操作数和源操作数，操作数之间用逗号分开。操作数可以是立即数，也可以是地址，但必须满足寻址方式的规定。对于 MCS-51 单片机的 111 条汇编语言指令，大多数指令有两个操作数，但有的指令只有一个操作数，如 CLR A。空操作指令 NOP 无操作数。操作数中的常数可以是二进制数、八进制数、十进制数、十六进制数和字符串常数。二进制数以 B 结尾；八进制数以 Q 结尾；十进制数以 D 结尾，也可省略；十六进制数以 H 结尾；字符串用单引号 ' ' 引用。

4）注释

注释是用户为方便阅读程序而加的说明，可有可无。注释与操作数之间用分号；隔开。

例如：

```
LOOP: MOV    A ,#20H   ;  (A)←20H
```

4.1.2　汇编语言程序的设计步骤

程序是指令的有序集合。一个好的程序不仅应该完成规定的任务，而且应该层次清晰，易于阅读，尽可能少占内存，并且执行时间应尽可能短，以满足解决实际问题的需要。但也不要一味地追求少占内存，缩短执行时间。这样做可能会使程序的易读性变差。随着大规模和超大规模集成电路的发展，芯片的内存容量在不断增加，计算机执行指令的平均时间在大大缩短。因此，程序的长短和执行时间不再显得那么重要，而程序的易读性和程序的开发周期显得越来越重要。

程序设计一般分为以下几个步骤。

1. 分析任务，确定算法或解题思路

这一步是能否编制出高质量程序的关键，因此，不要一拿到任务就急于编写程序，而应该仔细地分析任务，找出合理的算法和解决思路。

2. 根据算法和解决思路画出程序流程图

流程图给出了程序结构，直观地表示程序的执行过程。它将复杂的程序分成若干较简单的部分，为编程带来方便。流程图还充分表达了程序设计思路，将问题与程序联系起来，有助于阅读程序。对于初学者来说，画流程图特别有助于程序设计，并可减少出错。画流程图时，并不一定要一气呵成，对于较复杂的问题，可以从粗到细，把算法和思路逐步细化。

流程图由以下一些框图和流程线组合而成。

（1）开始框和结束框 [　　　　]：表示程序的开始或结束。

（2）处理框 [　　　　]：表示某种处理过程、完成一定功能。

（3）判断框 ◇ 或 ⬡：根据不同的判断结果，执行不同的分支程序。

（4）流向线↓、→：表示程序执行的前进方向。

（5）连接圈 ©：用于连接出现在不同位置的框图。欲将不同位置的框图连接在一起，位于不同框图的圈内应标注相同的字母。

3．根据流程图编写程序

根据流程图中细化的各部分功能编写出具体的程序，然后，由流程图各部分之间的关系整理出全部程序。

4．上机调试程序

任何程序都必须上机调试，才能验证其是否正确。在调试过程中，应该善于利用计算机提供的调试工具（如 DEBUG）。调试工具会提供很大的帮助。

4.1.3　伪指令

伪指令是仅在汇编时起作用、机器执行时不起作用的指令。伪指令只提供汇编控制信息，如规定程序存放的首地址，为源程序预留存储区，以及规定汇编语言程序何时结束等。伪指令没有相对应的机器码，不是 CPU 能执行的指令，在机器执行时不产生机器动作。下面介绍常用的伪指令。

1．定位伪指令

格式：

```
ORG  n
```

ORG 规定紧接其后的程序或数据块的起始地址。ORG n 规定其后的程序或数据块从地址 n 开始存放。n 可以是十进制常数，也可以是十六进制常数（一般使用十六进制常数）。

例如，下面的程序从 1000H 开始存放。

```
        ORG   1000H
        MOV   R2, #08H
        MOV   R0, 30H
        MOV   R1, 40H
LOOP:   MOV   A, @R0
        MOV   @R1, A
        INC   R0
        INC   R1
        DJNZ  R2, LOOP
```

2．定义字节伪指令

格式：

标号：DB　X1, X2, …, Xn

此伪指令的功能是把 Xi 存入从标号开始的连续单元中。此伪指令常用来建立常数表，其中 Xi 为 8 位数据或 ASCII 码，表示 ASCII 码时应使用单引号''。当 Xi 为数值常数时，取值范围为 00～FFH；为字符串常数时，其长度不应超过 80 个字符。

例如：ORG　1000H

　　　DB　20H, 21H, 22H

此时（1000H）=20H，（1001H）=21H，（1002H）=22H

例如：ORG　2000H

　　　DB　'03'

此时 （2000H）=30H

　　　（2001H）=33H

DB '03' 伪指令中的 '03' 为字符串常数，其中 '0' 表示 ASCII 码的 '0'，'3' 表示 ASCII 码的 '3'。

3. 定义双字节伪指令

格式：

　　标号：DW　X1, X2, …, Xn

此伪指令的功能是把 Xi 存入从标号开始的连续单元中。其中 Xi 为 16 位数值常数，16 位数据占两个存储单元，先存高 8 位，再存低 8 位。

例如：ORG　2100H

　　　DW　1226H, 0562H

此时 （2100H）=12H，（2101H）=26H，（2102H）=05H，（2103H）=62H

4. 预留存储区伪指令

格式：

　　DS　n

此伪指令的功能是从标号指定单元开始，预留 n 个单元的存储区。

例如：ORG　2200H

STOR: DS　06H

　　　DB　21H, 22H

上述伪指令从 2200H 单元开始，连续预留 6 个单元，然后从 2206H 单元开始按 DB 命令给内存单元赋值，即（2206H）=21H，（2207H）=22H。

5. 赋值伪指令

格式：

　　字符名称 x　EQU　n

此伪指令的功能是将数据或地址 n 赋给字符名称，使 x 与 n 等值。其中 n 可以是单字节数据，也可以是双字节数据，还可以是工作寄存器及直接地址。

例如： LG　EQU　10H　　；LG 与 10H 等值

```
DE  EQU  R0   ；DE 与 R0 的内容等值
MOV  A,LG    ；A←10H
MOV  R1,DE   ；R1←（R0）
```

使用赋值伪指令给程序的编制、调试、修改带来方便。如果在程序中要多次使用某一数据，可以使用 EQU 指令将该数据赋给一个字符名。一旦此数据发生变化，只要改变 EQU 指令中的数据即可。若不使用 EQU 指令，则要对所有涉及这一数据的指令进行修改。使用 EQU 指令，必须先赋值后使用。

6. 结束汇编伪指令

格式：

```
END
```

此伪指令的功能是指示源程序到此结束，常将其放在汇编语言源程序的末尾。

4.1.4　常用的程序设计结构

1. 顺序结构程序设计

顺序结构程序是一种最简单、最基本的程序。它按照程序编写的顺序依次执行。任何复杂的程序都含有较大成分的顺序结构程序。

【例 4-1】 将两位压缩 BCD 码转换成二进制数。

编程思路：（a1a0）BCD=a1×10+a0

编程说明：待转换的两位压缩 BCD 码存放于 R2 中，转换结果存回 R2。

程序流程图如图 4-1 所示。

编程如下。

```
        ORG 0000H
        AJMP START
        ORG 0100H
START:  MOV   A,R2
        ANL   A,#0F0H    ；取高位 BCD 码
        SWAP  A
        MOV   B,#0AH
        MVL   AB
        MOV   R3,A
        MOV   A,R2
        ANL   A,#0FH     ；取低位 BCD 码
        ADD   A,R3
        MOV   R2,A
        END
```

图 4-1　两位压缩 BCD 码转换成二进制数流程图

【例 4-2】请编写能把 20H 单元内两个 BCD 数变成相应的 ASCII 码并放置 21H（高位 BCD 数的 ASCII 码）和 22H（低位 BCD 数的 ASCII 码）单元的程序。

编程如下。

```
ORG 0000H
```

```
        AJMP START
        ORG 0100H
START:MOV R0, #22H        ; R0←22H
      MOV @R0, #00H       ; 22H 单元清零
      MOV A, 20H          ; 20H 中 BCD 数送 A
      XCHD  A,@R0         ; 低位 BCD 数至 22H
      ORL   22H,#30H      ; 完成低位 BCD 数转换
      SWAP  A             ; 高位 BCD 数送低 4 位
      ORL   A,#30H        ; 完成高位 BCD 数转换
      MOV   21H,A         ; 存入 21H 单元
      SJMP  $             ; 结束
      END
```

2．分支程序设计

在解决实际问题时，常常需要根据不同的条件去执行不同的处理程序，这样程序便产生了分支，这种结构的程序称为分支程序。分支程序的结构如图 4-2 所示。

把图 4-2 的分支结构编写成分支程序，可用条件转移指令、比较转移指令和位转移指令，这些指令均可实现程序的分支。下面通过两个例子来说明分支程序的编写。

图 4-2　分支程序结构图

【例 4-3】　求符号函数的值。

$$Y = \begin{cases} 1 & \text{当} X > 0 \\ 0 & \text{当} X = 0 \\ -1 & \text{当} X < 0 \end{cases}$$

编程说明：设变量 X 存放在 40H 单元中，函数 Y 存放在 41H 单元中。此程序为 3 个分支程序。

程序流程如图 4-3 所示。

编程如下。

```
        ORG 0000H
        AJMP START
        ORG 0100H
START: MOV  A, 40H
       JZ  COMP
       JNB  ACC.7,  POST
       MOV  A, #81H          ; 表示-1
       SJMP  COMP
POSI: MOV  A, #01H           ; 表示+1
COMP: MOV  41H, A
       END
```

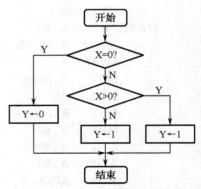

图 4-3　求符号函数值的流程图

【例 4-4】　求单字节有符号二进制数的补码。

编程思路：正数的补码是正数自身，负数的补码是负数的反码加 1。因此，编程时首先应判断待转换数的符号。数的最高位为符号位。最高位为 0 时，该数为正数；最高位为 1 时，该数为负数。

编程说明：设单字节二进制数存放在内存 30H 中，转换后的补码仍存回 30H。程序流程如图 4-4 所示。

编程如下。

```
            ORG 0000H
            AJMP CMPT
            ORG 0100H
CMPT:   MOV   A , 30H
            JNB    ACC.7 , NCH      ；（A）≥0，不需要转换
            MOV   C , ACC.7          ；保存符号
            MOV   10H , C
            CPL    A
            ADD   A , #1
            MOV   C , 10H
            MOV   ACC.7 , C          ；恢复符号
NCH:      END
```

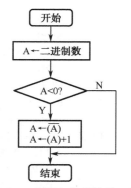

图 4-4　求单字节有符号二进制数的补码流程图

3．散转程序设计

散转程序属于分支程序的范畴，是一种并行多分支程序。它根据某种输入或运算结果，分别转向各个处理程序。散转程序常使用散转指令 JMP @A+DPTR 实现程序的跳转。其中，DPTR 常存放散转地址表的首地址，累加器 A 存放转移地址序号，这与分支程序不同。分支程序一般采用条件转移指令或比较转移指令实现程序的跳转。散转程序的基本结构如图 4-5 所示。

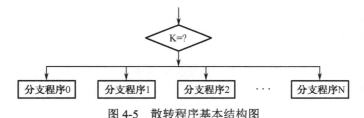

图 4-5　散转程序基本结构图

【例 4-5】　用单片机做四则运算。

编程说明：在单片机系统中，设置+、-、×、÷ 4 个运算键，这 4 个运算键的键值分别为 0、1、2、3（键值存放在寄存器 R2 中），当其中一个按键按下时，进行相应的运算。P1 口输入被加数、被减数、被乘数或被除数，以及运算结果的低 8 位或商。P3 口输入加数、减数、乘数或除数，以及结果的高 8 位或余数。键号存放在累加器 A 中。

程序流程如图 4-6 所示。

参考程序如下。

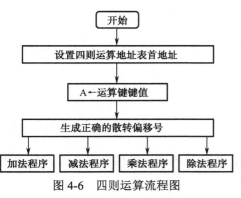

图 4-6　四则运算流程图

```
            ORG 0000H
            AJMP START
            ORG 0100H
START:   MOV   P1 , #0FFH
            MOV   P3 , #0FFH
            MOV   DPTR, #TABLE
            CLR    C
```

```
        MOV   A, R2
        SUBB  A,#04H
        JNC   ERROR
        ADD   A , #0-4H
        CLR   C
        RL    A                        ; 正确的散转偏移号，键号×2
        JMP   @A+DPTR
TABLE: AJMP   PRG0
        AJMP   PRG1
        AJMP   PRG2
        AJMP   PRG3
        END

ERROR:  （错误处理）
        RET
PRG0:  MOV   A, P1
        ADD   A, P3
        MOV   P1, A
        CLR   A
        ADDC  A, #00H                  ; 进位位放入 A 中
        MOV   P3, A
        RET
 PRG1: MOV   A, P1
        CLR   C
        SUBB  A, P3
        MOV   P1, A
        CLR   A
        RLC   A                        ; 借位放入 A 中
        MOV   P3, A
        RET
PRG2:  MOV   A, P1
        MOV   B, P3
        MUL   AB
        MOV   P1, A
        MOV   P3, B
        RET
PRG3:  MOV   A, P1
        MOV   B, P3
        DIV   AB
        MOV   P1, A
        MOV   P3, B
        RET
```

几点说明：

（1）AJMP add11 为双字节指令，因此键号先乘以 2，生成正确的散转偏移号，存入累加器 A 中，再与 DDTR 中的内容相加，生成正确的目标地址。

（2）A 中的内容乘以 2 后不能大于 255，所以，本例中最多可扩至 128 个分支程序。

（3）因为散转程序采用 AJMP add11 指令，所以分支程序必须与此指令同在 2KB 地址空间内。

4．循环程序设计

在实际编程时，常常需要多次使用一段完全相同的程序。此时，可以采用循环程序，以缩短程序，减少程序占用的内存空间。循环程序一般包括下面几个部分。

1）循环初值

循环初值是指执行循环时，各工作单元的初始值以及循环的次数。

2）循环体

需要多次重复执行的程序段称为循环体。它是循环程序的主体。

3）循环修改

执行循环程序时，每执行一次，都要对参与工作的各工作单元的地址进行修改，以指向下一个待处理的单元，这叫循环修改。

4）循环控制

循环控制部分，首先对循环次数进行修改，然后对循环结束条件进行判断。如果不满足循环结束条件，继续执行循环；如果满足循环结束条件，则退出循环，继续执行后续程序。MCS-51 单片机对循环次数的修改与循环控制部分使用指令 DJNZ　Rn，rel 或 DJNZ direct，rel。

循环程序的一般结构如图 4-7 所示。

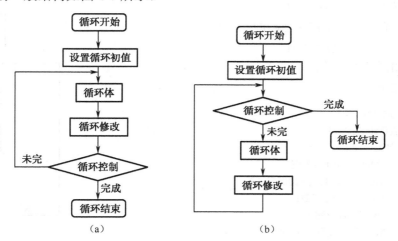

图 4-7　循环程序的一般结构图

循环程序存在两种结构：一种是图 4-7（a）所示的结构，先执行循环体和循环修改，再进行循环控制判断；另一种是图 4-7（b）所示的结构，先进行循环控制判断，再执行循环体和循环修改。

下面举例说明循环程序的应用。

【例 4-6】　已知内存单元有 16 个二进制无符号数，分别存放在 30H～3FH 单元中，试求它们的累加和，并将其存放在 R4、R5 中。

编程说明：存放 16 个二进制无符号数的首地址为 30H，此循环程序的循环次数为 16 次，和数放在 R4、R5 中。程序流程如图 4-8 所示。

参考程序如下。

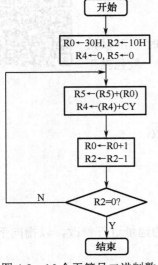

图 4-8　16 个无符号二进制数
　　　　累加程序流程图

```
        ORG 0000H
        AJMP START
        ORG 0100H
START:  MOV   R0 ,#30H
        MOV   R2 ,#10H
        MOV   R4 ,#00H
        MOV   R5 ,#00H
LOOP:   MOV   A , R5
        ADD   A ,@R0
        MOV   R5 , A
        MOV   A ,#00H
        ADDC  A , R4
        MOV   R4 , A
        INC   R0
        DJNZ  R2 , LOOP
        END
```

【例 4-7】　将内部数据存储器 30H～4FH 单元中的内容传送至外部数据存储器 2000H 开始的单元中。

编程说明：

内部数据区首址：　R0←30H

外部数据区首址：　DPTR←2000H

循环次数：　　　　R2←32H

程序流程如图 4-9 所示。

参考程序如下。

```
        ORG 0000H
        AJMP START
        ORG 0100H
START:   MOV   R0 ,#30H
         MOV   DPTR ,#2000H
         MOV   R2 ,#32H
LOOP:    MOV   A ,@R0
         MOVX  @DPTR , A
         INC   R0
         INC   DPTR
         DJNZ  R2 , LOOP
         END
```

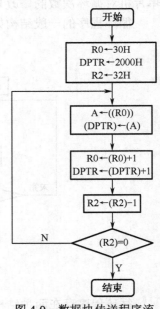

图 4-9　数据块传送程序流
　　　　程图

图 4-7 所示的循环程序结构是单重循环结构。当循环程序中还包含循环程序时，称为循环嵌套。具有循环嵌套的程序称为多重循环程序。下面以排序程序为例，介绍双重循环。

【例 4-8】　将内部数据存储器中连续存放的 N 个数据由小到大进行排列。

设数据区首地址存于寄存器 R0 中，数据个数 N 存于寄存器 R6 中。程序流程如图 4-10 所示。

参考程序如下。

```
          ORG 0000H
          AJMP START
          ORG 0100H
START: MOV    30H , R0
L1:    DEC    R6
       MOV    A , R6
       MOV    R3 , A
       MOV    R2 , A
       MOV    A , R0
       MOV    R1 , A
       INC    R1
L2:    MOV    A , @R0
       CLR    C
       SUBB   A , @R1
       JC L3
       MOV    A , @R0
       XCH    A , @R1
       MOV    @R0 , A
L3:    INC    R1
       DJNZ   R2 , L2
       INC    R0
       DJNZ   R3 , L1
       MOV    R0 , 30H
       END
```

5. 查表程序设计

在 MCS-51 指令系统中，有两条查表指令：

MOVC A , @A+DPTR
MOVC A , @A+PC

它们为查表程序设计奠定了基础。复杂的运算或转换过程，可用查表的方法设计程序，这往往可以简化程序，缩短程序的长度和程序的执行时间。查表程序广泛应用于数码显示、打印字符的转换，以及数据的补偿等复杂的运算程序中。

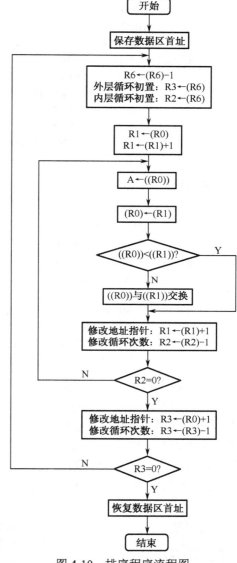

图 4-10 排序程序流程图

用查表的方法设计程序，首先应该在程序存储器中建立相应的表。例如，为 $Y=X*X$（设 $X=0\sim9$）函数建立一个表：先计算出 $X=0,1,2,\cdots,9$ 时所对应的 Y 值；将 Y 值按顺序存放在始地址为 TABLE 的程序存储器中。根据 TABLE+X 的值，就可以找到与 X 相对应的 Y 值。若将表的基地址 TABLE→DPTR，将 X 的值→A，则使用远查表指令 MOVC A, @A+DPTR 后，累加器 A 中的值就是待求的 Y 值；也可以用近查表指令 MOVC A, @A+PC 来实现。

【例 4-9】 利用查表的方法编写 $Y= X^2$（$X=0,1,2,\cdots,9$）的程序。

编程说明：设变量 X 的值存放在内存 30H 单元中，变量 Y 的值存入内存 31H 单元中。先用远查表指令 MOVC A, @A+DPTR 编写程序（见参考程序 1）；再用近查表指令 MOVC A, @A+PC 编写程序（见参考程序 2）。

参考程序 1:

```
        ORG 0000H
        AJMP START
        ORG    1000H
START:  MOV    A , 30H
        MOV    DPTR , #TABLE
        MOVC   A , @A+DPTR
        MOV    31H , A
TABLE:  DB     0 , 1 , 4 , 9 , 16
        DB     25 , 36 , 49 , 64 , 81
        END
```

参考程序 2:

```
        ORG 0000H
        AJMP START
        ORG    1000H
START:  MOV    A , 30H
        ADD    A , #02H
        MOVC   A , @A+PC
        MOV    31H , A
        DB     0 , 1 , 4 , 9 , 16
        DB     25 , 36 , 49 , 64 , 81
        END
```

参考程序 2 中，执行完第一条指令 MOV　A, 30H 后，A 中的内容为 X 的值。第二条指令 ADD　A, #02H 的作用是为了正确定位表的位置，以使第三条指令能正确地取出与 X 对应的 Y 值。表的首址与 MOVC　A, @A+PC 指令之间的指令 MOV 31H, A 占了两字节存储空间，因此，第二条指令对累加器 A 加 2。若查表指令与表之间的指令占用了 n 个存储单元，则在查表指令前，累加器 A 的内容要先加 n。

【例 4-10】　将一位十六进制数转换成相应 ASCII 码。用计算求解和查表求解进行比较。

（1）计算求解。

编程说明：设待转换的一位十六进制数存放在 40H 单元中，转换后的 ASCII 码仍存放在 40H 中。

编程思路：十六进制数 0～9 的 ASCII 码为 41H～46H，当待转换的数小于等于 9 时，加 30H，即其对应的 ASCII 码；当待转换的数大于 9 时，加 37H。程序流程如图 4-11 所示。

参考程序如下。

```
ORG 0000H
AJMP START
    ORG    0100 H
    MOV    A , 40 H
    ANL    A  , # 0F H
    CLR    C
    SUBB   A , # 0AH
    JC     NEXT
```

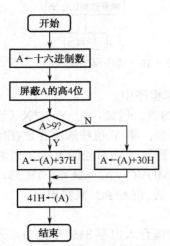

图 4-11　一位十六进制数转换成
ASCII 码程序流程图

流程图文字：
开始
A←十六进制数
屏蔽A的高4位
A>9?　N　Y
A←(A)+37H　A←(A)+30H
41H←(A)
结束

```
            ADD    A , #0AH
            ADD    A , #37H
            SJMP   SAVE
NEXT:       ADD    A , #0AH
            ADD    A , #30H
SAVE:       MOV    40H , A
            END
```

（2）查表求解。

```
            ORG 0000H
            AJMP START
            ORG 0100H
            ORG    0100H
START:      MOV  A , 40H
            ANL  A , #0FH
            ADD  A , 02H
            MOVC  A , @A+PC
            MOV   40H , A
            DB    '0', '1', '2', '3', '4', '5'
            DB    '6', '7', '8', '9', 'A', 'B'
            DB    'C', 'D', 'E', 'F'
            END
```

通过两种求解方法不难看出，此例使用查表方法可将分支结构程序变成顺序结构程序，更为简单方便。

6. 子程序设计

经常会遇到这样的情况，在程序的不同位置需要使用一段完全相同的程序。为了避免多次出现相同的程序段，可将相同的程序写成独立的程序段。在任何需要的地方调用该程序，运行完毕后，再从该程序返回到原来的程序继续运行。这样独立的程序段称为子程序。调用子程序的程序称为主程序。

使用子程序会大大简化主程序的结构，增加程序的可读性，避免重复性的工作，缩短整个程序，节省程序存储器空间。同时，子程序还增加了程序的可移植性。一些常用的程序，如代码转换程序、运算程序、外部设备的输入/输出驱动程序等，写成公用子程序可以被随时引用，为用户提供了方便。

1）子程序的调用与返回

MCS-51 单片机有 ACALL addr11 和 LCALL addr16 两条子程序调用指令；一条 RET 子程序返回指令。

（1）子程序调用。主程序在需要调用子程序时，使用 ACALL addr11 或 LCALL addr16 来完成。调用指令中的地址为子程序的入口地址，在汇编语言中通常用标号来表示。执行子程序调用指令时，单片机首先将当前的 PC 值（即调用指令的下条指令的首地址）压入堆栈保存，将子程序的入口地址送入 PC 中，然后转去执行子程序，完成主程序对子程序的调用。

（2）子程序返回。被调用的子程序执行完后，需要返回主程序。这时，子程序中的一条指令 RET（一般在子程序最后）将调用子程序时压栈的 PC 值返弹给 PC，使程序返回调用的地方，继续向下执行主程序。

2）保存与恢复寄存器内容

主程序和子程序常常要使用系统相同的资源，如寄存器。如不采取相应措施，可能会发生冲突，使系统产生错误。例如，子程序改变了主程序正在使用的寄存器的内容。为此，可在进入子程序的开始部分，把寄存器的内容保存在堆栈中，这叫保护现场；在退出子程序前，把寄存器内容恢复原状，这叫恢复现场。

```
例如：SUB1: PUSH   PSW
              PUSH   A
              PUSH   R6
                 ⋮          （此处省略了子程序的内容）
              POP   R6
              POP   A
              PUSH   PSW
```

堆栈操作遵循后进先出的原则。

保护现场和恢复现场的工作也可在主程序中完成。

3）子程序的参数传递

主程序在调用子程序时，经常需要传送一些参数，子程序运行完后也经常将一些参数回送给主程序，这叫参数传递。

（1）入口参数。在调用子程序时，主程序应先把有关参数放在某些约定的寄存器或存储单元中。子程序运行时，可以从这些约定位置得到这些参数，这叫入口参数。

（2）出口参数。子程序结束前，也应把运算结果送到约定的寄存器或数据存储单元中，返回主程序后，主程序从约定位置获得这些参数，这叫出口参数。

在编写子程序时需首先确定入口参数和出口参数的存放位置。对存放入口参数和出口参数的寄存器，不能进行现场保护，否则就破坏了应该向主程序传送的参数。参数传递可以采用累加器 A、工作寄存器和堆栈等来完成。

【例 4-11】　编程计算 $c = a^2 + b^2$。

编程说明：计算某数的平方可以用子程序来实现，两次调用该子程序并求和便得到所需结果。设 a、b 分别存于内部 RAM 的 30H、31H 单元，结果 c 存于内部 RAM 的 40H 单元。

参数传递：主程序中，将某数存放到累加器 A 中，作为子程序的入口参数；子程序中，将所求数的平方值存放在累加器 A 中，作为出口参数（即主程序的返回值）。

子程序的入口参数：A 中存放某数的值。

子程序的出口参数：A 中存放所求数的平方。

子程序如下。

```
SQR:    INC   A
        MOVC  A,@A+PC   ;查平方表
        RET
TABLE:  DB    0,1,4,9,16
        DB    25,36,49,64,81
```

主程序流程如图 4-12 所示。

主程序如下。

```
        ORG 0000H
        AJMP START
        ORG 0100H
START:  MOV   A , 30H
        ACALL  SQR        ；调查表子程序
        MOV   R1 , A       ；a² 暂存 R1 中
        MOV   A , 31H
        ACALL  SQR        ；调查表子程序
        ADD   A , R1
        MOV   40H , A
        END
```

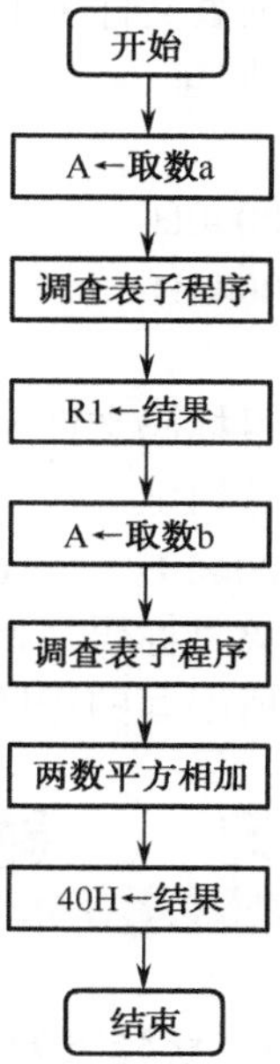

4）子程序的嵌套

在子程序中又调用其他子程序，称为子程序嵌套。MCS-51 单片机允许多重嵌套。下面列出三重嵌套子程序的结构，如图 4-13 所示。

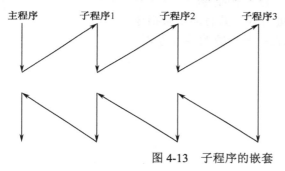

图 4-13　子程序的嵌套

图 4-12　程序流程图

4.2　汇编语言源程序的汇编

将汇编语言源程序转换为单片机能执行的机器码形式的目标程序的过程叫汇编。汇编常用的方法有两种，一是手工汇编，二是机器汇编。

手工汇编时，把程序用助记符指令写出后，通过手工方式查指令编码表，逐个把助记符指令翻译成机器码，然后把得到的机器码程序（以十六进制形式）输入到单片机开发机中，并进行调试。由于手工汇编是按绝对地址进行定位的，所以，对于偏移量的计算和程序的修改非常不便。通常只在程序较小或开发条件有限制时才使用。

机器汇编是在常用的个人计算机 PC 上，使用交叉汇编程序将汇编语言源程序转换为机器码形式的目标程序。此时汇编工作由计算机完成，生成的目标程序由 PC 传送到开发机上，经调试无误后，再固化到单片机的程序存储器 ROM 中。机器汇编与手工汇编相比具有极大的优势，所以是汇编工作的首选。

源程序经过机器汇编后，形成的若干文件中含有两个主要文件，一个是列表文件，另一个是目标码文件。因汇编软件不同，文件的格式及信息会有一些不同，但主要信息如下。

列表文件主要信息为：

地　址	目标码	汇编程序
		ORG 0040H
0040H	747F	MOV A，#7FH
0042H	7944	MOV R1，#44H
		END

目标码文件主要信息为：

首地址	末地址	目标码
0040 H	0044H	747F7944

该目标码文件由 PC 的串行口传送到开发机后，接下来的任务就是在专门的编译系统软件中对所编写的程序进行仿真调试了。

习　题

1．解释下列名词：指令，指令系统，伪指令。

2．MCS-51 单片机有哪几种寻址方式？共有多少条指令？

3．指出下列指令中源操作数和目标操作数的寻址方式。

```
MOV    A，40H
MOV    A，@R0
MOV    R1，#50H
MOV    DPTR，#1000H
MOVX   @DPTR，A
MOVC   A，@A ＋PC
ADD    A，R0
MOV    C，20H
```

4．已知内部数据存储器 40H 单元中的内容为 67H，41H 单元中的内容为 68H，试分析下段程序执行后，各有关单元中的内容。

```
MOV  A，40H
MOV  R1，A
MOV  R0，#41H
MOV  A，@R0
MOV  40H，A
MOV  R1，A
MOV  R0，#66H
```

5．试编写一段程序，将内部数据存储器 40H、41H 单元中的内容，传送到外部数据存储器 2000H、2001H 单元中。

6．已知 A=B9H，B=6AH，Cy=0，试分析执行下列指令后，标志位的内容。

```
ADD   A，B
SUBB  A，B
```

7．试编程将累加器 A 的低 4 位由 P1 口的低 4 位输出，P1 口的高 4 位保持不变。

8．试编程将 P1 口的高 3 位置位，低 5 位不变。

9．试比较指令 SJMP rel、AJMP addrll 和 LJMP addr16 的不同之处。

10．N=128 的分支程序。已知 R3 的值为 00H~7FH 中的一个，请编出根据 R3 中值转移到相应分支程序的程序。

11．已知一个补码形式的 16 位二进制数（低 8 位在 NUM 单元，高 8 位在 NUM+1 单元），试编写能求该 16 位二进制数原码的绝对值的程序。

12．已知两个带符号数分别存于 ONE 和 TWO 单元，试编程比较它们的大小，并把大数存入 MAX 单元。

13．已知内部 RAM ADDR 为起始地址的数据块内数据是无符号数，块长在 LEN 单元内。请编程求数据块中最大值并存入 MAX 单元。

14．假设外部 RAM 中有 3 个 8 位无符号数据，它们的地址分别为 7111H、5687H 和 8766H，找出它们之中最大的数放入寄存器 A 中。

15．寄存器 A 中存放了一个成绩值（0≤A≤100），编写程序，判定该成绩所属的级别，放入寄存器 B 中。判定标准为：1 级（90≤A≤100）、2 级（80≤A≤89）、3 级（70≤A≤79）、4 级（60≤A≤69）、5 级（A≤59）。

第5章

MCS-51 单片机的中断系统

本章知识点:
- MCS-51 中断系统结构
- 中断允许与中断优先级
- 响应中断请求的条件
- 中断服务子程序
- 多外部中断源系统设计

基本要求:
- 了解 MCS-51 中断系统的硬件结构和工作原理
- 掌握与中断系统有关的特殊功能寄存器及中断系统的应用特性
- 能熟练编写中断系统的初始化程序及中断服务子程序设计

能力培养目标:

通过本章的学习,使学生熟悉 MCS-51 中断系统的结构及工作原理,并能通过寄存器设置中断允许及中断优先级,培养学生编写中断系统初始化程序的能力,并能独立设计外部中断源系统。

5.1 单片机中断技术概述

在任何一款事件驱动型的 CPU 里面都应该会有中断系统,因为中断就是为响应某种事件而存在的。中断的灵活应用不仅能够实现想要的功能,而且合理的中断安排可以提高事件执行的效率,因此中断在单片机应用中的地位是非常重要的。

单片机中断(Interrupt)是硬件驱动事件,它使得 CPU 暂停当前的主程序,转而去执行一个中断服务子程序。为了更形象地理解中断,下面以学生上自习时接电话为例阐述一下中断的概念。

假如一个学生正在教室里专心致志地学习,突然手机铃声响了(显然,电话是不容错过的。电话事件就相当于产生了一个中断请求),学生听到铃声便暂停学习,拿起手机到教室外面接电话(学生响应了电话的请求,相当于 CPU 响应了一个中断,暂停正在执行的主程序,转向执行中断服务子程序)。电话讲完了,学生挂断电话,回到教室继续从刚才停下来的地方继续学习(中断服务子程序执行完成之后,CPU 又回到了刚才停下来的地方继续执行主程序)。整个过程如图 5-1 所示。

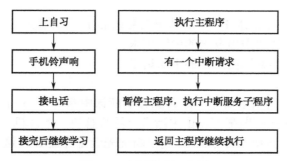

图 5-1　中断的生活实例

当然，单片机执行中断的过程要比接电话的例子复杂，但是通过这个简单的生活实例可以感性地理解什么是中断及 CPU 响应中断的过程。单片机的中断系统有 5 个中断源、2 个中断优先级，可实现两级中断服务程序嵌套。

如果单片机没有中断系统，单片机的大量时间可能会浪费在查询是否有服务请求发生的定时查询操作上。采用中断技术完全消除了单片机在查询方式中的等待现象，大大地提高了单片机的工作效率和实时性。

5.2　单片机中断系统结构及中断控制

5.2.1　中断源

中断系统结构图如图 5-2 所示。

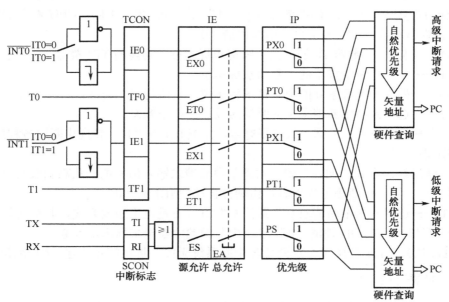

图 5-2　MCS-51 的中断系统结构图

由图 5-2 可见，MCS-51 中断系统共有 5 个中断请求源：

（1）$\overline{\text{INT0}}$——外部中断请求 0，中断请求信号由 $\overline{\text{INT0}}$ 引脚输入。

（2）$\overline{INT1}$——外部中断请求 1，中断请求信号由 $\overline{INT1}$ 引脚输入。

（3）定时/计数器 T0 计数溢出发出的中断请求。

（4）定时/计数器 T1 计数溢出发出的中断请求。

（5）串行口中断请求。

单片机如何知道有中断请求信号？是否能够响应该中断？若 5 个中断源请求信号同时到来，单片机如何响应？这些问题都可以由中断寄存器来解决。单片机中断寄存器有中断标志寄存器 TCON 和 SCON、中断使能寄存器 IE 和中断优先级寄存器 IP，这些寄存器均为 8 位。

5.2.2 中断标志寄存器

5 个中断请求源的中断请求标志分别由 TCON 和 SCON 的相应位锁存，单片机通过这些中断标志位的状态便能知道具体是哪个中断源正在申请中断。

1. TCON 寄存器

TCON 寄存器为定时/计数器的控制寄存器，字节地址为 88H，可位寻址。特殊功能寄存器 TCON 的格式如图 5-3 所示。

	D7	D6	D5	D4	D3	D2	D1	D0	
TCON	TF1	TR1	TF0	TR0	IE1	IT1	IE0	IT0	88H
位地址	8FH	—	8DH	—	8BH	8AH	89H	88H	

图 5-3　特殊功能寄存器 TCON 的格式

TCON 各标志位功能如下。

（1）TF1——定时/计数器 T1 的溢出中断请求标志位。

当 T1 计数产生溢出时，由硬件使 TF1 置"1"，向 CPU 申请中断。CPU 响应 TF1 中断时，TF1 标志由硬件自动清"0"，TF1 也可由软件清"0"。

（2）TF0——定时/计数器 T0 的溢出中断请求标志位，功能与 TF1 类似。

（3）IE1——外部中断请求 1 的中断请求标志位。

（4）IE0——外部中断请求 0 的中断请求标志位，功能与 IE1 类似。

（5）IT1——选择外部中断请求 1 为跳沿触发还是电平触发。

IT1=0，电平触发方式，引脚上低电平有效，并把 IE1 置"1"。转向中断服务程序时，由硬件自动把 IE1 清"0"。

IT1=1，跳沿触发方式，加到引脚上的外部中断请求输入信号电平从高到低的负跳变有效，并把 IE1 置"1"。转向中断服务程序时，由硬件自动把 IE1 清"0"。

（6）IT0——选择外部中断请求 0 为跳沿触发方式还是电平触发方式，其意义与 IT1 类似。

MCS-51 复位后，TCON 被清"0"，5 个中断源的中断请求标志均为 0。

TR1（D6 位）、TR0（D4 位）这两位与中断系统无关，将在第 6 章定时/计数器中介绍。

2. SCON 寄存器

SCON 寄存器为串行口控制寄存器，字节地址为 98H，可位寻址。

低二位锁存串行口的发送中断和接收中断的中断请求标志 TI 和 RI，格式如图 5-4 所示。各标志位的功能如下。

（1）TI——串行口的发送中断请求标志位。每发送完一帧串行数据后，TI 自动置"1"。TI

标志必须由软件清"0"。

	D7	D6	D5	D4	D3	D2	D1	D0	
SCON	—	—	—	—	—	—	TI	RI	98H
位地址	—	—	—	—	—	—	99H	98H	

图 5-4　SCON 寄存器中的中断请求标志位

（2）RI——串行口接收中断请求标志位。串行口接收完一个串行数据帧，硬件自动使 RI 中断请求标志置"1"。必须在中断服务程序中用指令对 RI 清"0"。

5.2.3　中断使能寄存器 IE

MCS-51 对各中断源的使能或屏蔽是由中断使能寄存器 IE 控制的。IE 字节地址为 A8H，可位寻址，格式如图 5-5 所示。

	D7	D6	D5	D4	D3	D2	D1	D0	
IE	EA	—	—	ES	ET1	EX1	ET0	EX0	A8H
位地址	AFH	—	—	ACH	ABH	AAH	A9H	A8H	

图 5-5　中断使能寄存器 IE 的格式

IE 对中断的使能和屏蔽实现两级控制。一个总的使能中断控制位 EA（IE.7 位），EA=0 时，所有的中断请求被屏蔽；EA=1 时，使能中断，但 5 个中断源的中断请求是否允许，还要由 IE 中的低 5 位所对应的 5 个中断请求允许控制位的状态来决定（见图 5-5）。举个简单的例子，教室里的电源开关往往设置一个总闸（相当于总的使能中断控制位 EA）和一些分开关（相当于各个中断请求允许控制位），若要开灯（单片机响应各中断源请求），必须拉总闸（EA=1），各个分开关才能起作用。IE 中各位功能如表 5-1 所示。

表 5-1　IE 寄存器各位功能说明

位	名　称	说　明
7	EA	中断允许总开关控制位。 EA=0，所有的中断请求被屏蔽。 EA=1，所有的中断请求被开放
6、5	—	保留位
4	ES	串行口中断允许位。 ES=0，禁止串行口中断。 ES=1，允许串行口中断
3	ET1	定时/计数器 T1 的溢出中断允许位。 ET1=0，禁止 T1 溢出中断。 ET1=1，允许 T1 溢出中断
2	EX1	外部中断 1 中断允许位。 EX1=0，禁止外部中断 1 中断。 EX1=1，允许外部中断 1 中断
1	ET0	定时/计数器 T0 的溢出中断允许位。 ET0=0，禁止 T0 溢出中断。 ET0=1，允许 T0 溢出中断

续表

位	名　称	说　明
0	EX0	外部中断 0 中断允许位。 EX0=0，禁止外部中断 0 中断。 EX0=1，允许外部中断 0 中断

MCS-51 复位以后，IE 被清"0"，所有中断请求被禁止。IE 中与各个中断源相应的位可用指令置"1"或清"0"。若使某一个中断源被允许中断，除了 IE 相应的位被置"1"外，还必须使 EA 位置"1"。改变 IE 的内容，可由位操作指令来实现（即 SETB bit；CLR bit），也可用字节操作指令实现。

【例 5-1】 若允许两个外部中断，禁止其他中断源的中断请求，请编写设置 IE 的相应程序段。

（1）用位操作指令。

```
CLR    ES      ; 禁止串行口中断
CLR    ET0     ; 禁止定时/计数器 T0 中断
CLR    ET1     ; 禁止定时/计数器 T1 中断
SETB EX0       ; 允许外部中断 0 中断
SETB EX1       ; 允许外部中断 1 中断
SETB EA        ; 总中断开关位开放
```

（2）用字节操作指令。

```
MOV    IE, #85H
```

上述两段程序对 IE 的设置是相同的。

5.2.4 中断优先级寄存器 IP

MCS-51 的中断请求源有两个中断优先级，由软件可设置为高优先级中断或低优先级中断，可实现两级中断嵌套。举个生活实例，假如有一名医生但是有两个病人急诊，一个性命攸关，另一个普通感冒，此时医生会先救治性命攸关的病人，因为性命攸关者比感冒病人紧急得多。单片机的 CPU 就好比是这个医生，不同的中断就像是一个个急诊者，中断优先级就好比病情的紧急性。当几个中断同时向 CPU 发出中断请求时，CPU 会根据这些中断的优先级来安排处理的顺序，优先级高的先处理，优先级低的后处理。还有一种情况，若一名医生正在诊治一名普通病人，这时有一个性命攸关者急需救治，此时医生会怎么做呢？当然应该暂停普通病人的诊治，转而去救治性命攸关者，救治完后，回来继续诊治普通病人。犹如单片机的 CPU 正在处理一个低优先级的中断，此时有一个高优先级的中断信号到来，CPU 会暂停处理该低优先级中断，转而去处理高优先级的中断，处理完高优先级中断后返回继续处理低优先级中断。也就是说，MCS-51 正在执行低优先级中断的服务程序时，可被高优先级中断请求所中断，待高优先级中断处理完毕后，再返回低优先级中断服务程序。两级中断嵌套的过程如图 5-6 所示。

各中断源的中断优先级关系，可归纳为两条基本规则：

（1）低优先级可被高优先级中断，高优先级不能被低优先级中断。如果某一中断源被设置为高优先级中断，则不能被任何其他的中断源的中断请求所中断。

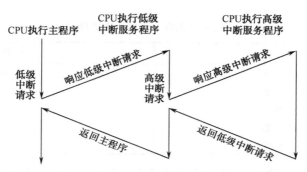

图 5-6　两级中断嵌套的过程

（2）任何一种中断一旦得到响应，不会再被它的同级中断源所中断。

中断优先级寄存器 IP，其字节地址为 B8H，可位寻址。只要用程序改变其内容，即可进行各中断源中断优先级的设置。IP 寄存器的格式如图 5-7 所示。

	D7	D6	D5	D4	D3	D2	D1	D0	
IP	—	—	—	PS	PT1	PX1	PT0	PX0	B8H
位地址	—	—	—	BCH	BBH	BAH	B9H	B8H	

图 5-7　IP 寄存器的格式

中断优先级寄存器 IP 各位的含义如表 5-2 所示。

表 5-2　IP 寄存器各位功能说明

位	名　称	说　明
7、6、5	—	保留位
4	PS	串行口中断优先级控制位。 1：高优先级。 0：低优先级
3	PT1	定时器 T1 中断优先级控制位。 1：高优先级。 0：低优先级
2	PX1	外部中断 1 中断优先级控制位。 1：高优先级。 0：低优先级
1	PT0	定时器 T0 中断优先级控制位。 1：高优先级。 0：低优先级
0	PX0	外部中断 0 中断优先级控制位。 1：高优先级。 0：低优先级

中断优先级控制寄存器 IP 用位操作指令或字节操作指令可更新 IP 的内容，以改变中断优先级。MCS-51 复位以后，IP 的内容为 0，各个中断源均为低优先级中断。在同时收到几个同优先级的中断请求时，哪一个中断请求能优先得到响应，取决于内部的查询顺序。其查询顺序见表 5-3。

表 5-3　同级中断的查询顺序

中　断　源	中　断　级　别
外部中断 0	最高
T0 溢出中断	
外部中断 1	↓
T1 溢出中断	
串行口中断	最低

由此可见，各中断源在同一个优先级的条件下，外部中断 0 的中断优先权最高，串行口中断优先权最低。

【例 5-2】　IP 寄存器初始化，MCS-51 的两个定时/计数器为高优先级，其他中断请求为低优先级。

（1）用位操作指令。

```
SETB    PT0        ；定时/计数器 T0 为高优先级
SETB    PT1        ；定时/计数器 T1 为高优先级
CLR     PS         ；串行口设置为低优先级
CLR     PX0        ；外部中断 0 设置为低优先级
CLR     PX1        ；外部中断 1 设置为低优先级
```

（2）用字节操作指令。

```
MOV     IP，#0AH
```

5.3　中断响应及中断处理过程

5.3.1　中断响应

中断请求被响应，必须满足以下必要条件。

（1）总中断允许开关接通，即 IE 寄存器中的中断总允许位 EA=1。

（2）该中断源发出中断请求，即对应的中断请求标志为"1"。

（3）该中断源的中断允许位置 1，即该中断被允许。

（4）无同级或更高级别的中断正在被服务。

当 CPU 查询到有效的中断请求时，在满足上述条件的情况下，紧接着就响应该中断。

中断响应的过程：

首先由硬件自动生成一条长调用指令"LCALL addr16"。addr16 就是程序存储区中相应的中断入口地址。

例如，对于外部中断 0 的响应，硬件自动生成的长调用指令为

```
LCALL      0003H
```

然后将程序计数器 PC 的内容压入堆栈以保护断点，再将中断入口地址装入 PC，使程序转向响应中断请求的中断入口地址。

各中断源服务程序的入口地址如表 5-4 所示。

表 5-4　中断入口地址表

中　断　源	中断入口地址
外部中断 0	0003H
定时/计数器 T0	000BH
外部中断 1	0013H
定时/计数器 T1	001BH
串行口中断	0023H

两个中断入口间只相隔 8B，难以安放一个完整的中断服务程序。因此，通常在中断入口地址处放置一条无条件转移指令，使程序执行转向中断服务程序入口。

5.3.2　中断处理

中断响应是有条件的，当遇到下列三种情况之一时，中断响应被封锁。

（1）CPU 正在处理同级或更高优先级的中断。

（2）所查询的机器周期不是当前正在执行指令的最后一个机器周期。只有在当前指令执行完毕后，才能进行中断响应，以确保当前指令执行的完整性。

（3）正在执行的指令是 RETI 或是访问 IE 或 IP 的指令。因为按照 MCS-51 中断系统的规定，在执行完这些指令后，需要再执行完一条指令，才能响应新的中断请求。

如果存在上述三种情况之一，CPU 将丢弃中断查询结果，不能对中断进行响应。如果中断标志有效时没有响应，中断之后将不再保持该标志，每次查询周期都会更新中断标志。 当中断服务程序执行到 RETI 指令时通知处理器中断程序已执行完毕，然后从堆栈弹出两个字节（程序中断处的地址）重新装入 PC，继续执行被中断的程序。

5.3.3　中断返回

中断返回指令：　RETI= RET 指令 + 通知 CPU 中断服务已结束。

注意：RET 指令也可以返回被中断的程序，但这样会使中断系统认为中断仍在执行，后面的中断再也无法响应。

5.3.4　中断服务程序

中断系统的运行必须与中断服务子程序配合才能正确使用。设计中断服务子程序需要首先明确以下几个问题。

1．中断服务子程序设计的任务

任务有下列 4 条。

（1）设置中断允许控制寄存器 IE，允许相应的中断请求源中断。

（2）设置中断优先级寄存器 IP，确定所使用的中断源的优先级。

（3）若是外部中断源，还要设置中断请求的触发方式，决定采用电平触发方式还是跳沿触发方式。

（4）编写中断服务子程序，处理中断请求。

前 3 条一般放在主程序的初始化程序段中。

【例 5-3】　假设允许外部中断 1 中断，设定为高级中断，采用跳沿触发方式，其他中断源为低级中断。初始化程序如下。

```
SETB    EA      ; EA 位置 1，总中断开关位开放
SETB    EX1     ; EX1 位置 1，允许外部中断 1 产生中断
SETB    PX0     ; PX0 位置 1，外部中断 0 为高优先级中断
SETB    IT0     ; IT0 位置 1，外部中断 0 为跳沿触发方式
```

2．采用中断时的主程序结构

程序必须先从主程序起始地址 0000H 执行。所以，在 0000H 起始地址的几个字节中，用无条件转移指令，跳向主程序。

另外，各中断入口地址之间依次相差 8B，中断服务子程序稍长就超过 8B，这样中断服务子程序就占用了其他的中断入口地址，影响其他中断源的中断处理。为此，一般在进入中断后，用一条无条件转移指令，把中断服务子程序跳转到远离其他中断入口的入口地址处。

常用的主程序结构如下。

```
ORG  0000H
LJMP    MAIN
ORG     X1X2X3X4H    ; X1X2X3X4H 为某中断源的中断入口地址
LJMP    INT          ; INT 为某中断源的中断入口标号
...
ORG     Y1Y2Y3Y4H    ; Y1Y2Y3Y4H 为主程序入口地址
MAIN：  主程序
INT：   中断服务子程序
```

注意：如果有多个中断源，就有多个"ORG　X1X2X3X4H"的入口地址，多个"中断入口地址"必须依次由小到大排列，否则会发生地址重叠情况。主程序 MAIN 的起始地址 Y1Y2Y3Y4H 根据具体情况来安排，但必须大于串口的中断入口地址 0023H。

3．中断服务子程序的流程

中断服务子程序的基本流程如图 5-8 所示。下面对有关中断服务子程序执行过程中的一些问题进行说明。

1）现场保护和现场恢复

现场是指单片机中某些寄存器和存储器单元中的数据或状态。为使中断服务子程序的执行不破坏这些数据或状态，要送入堆栈保存起来，这就是现场保护。

现场保护一定要位于中断处理程序的前面。中断处理结束后，在返回主程序前，则需要把保存的现场内容从堆栈中弹出恢复原有内容，这就是现场恢复。

现场恢复一定要位于中断处理的后面。

MCS-51 的堆栈操作指令："PUSH　direct"和"POP　direct"，是供现场保护和现场恢复使用的。要保护哪些内容，应根据具体情况来定。

2）关中断和开中断

现场保护前和现场恢复前关中断，是为防止此时有高一级的中断

中断服务子程序入口

关中断

现场保护

开中断

中断处理

关中断

现场恢复

开中断

中断返回

图 5-8　中断服务子程序的
基本流程

进入，避免现场被破坏。

在现场保护和现场恢复之后的开中断是为下一次的中断做好准备，也为了允许有更高级的中断进入。这样，中断处理可以被打断，但原来的现场保护和现场恢复不允许更改，除了现场保护和现场恢复的片刻外，仍然保持着中断嵌套的功能。

但有时候，一个重要的中断必须执行完毕，不允许被其他的中断嵌套。可在现场保护前先关闭总中断开关位，待中断处理完毕后再开总中断开关位。这样，需把图 5-8 中的"中断处理"步骤前后的"开中断"和"关中断" 去掉。

3）中断处理

应用设计者根据任务的具体要求，来编写中断处理部分的程序。

4）中断返回

中断服务子程序最后一条指令必须是返回指令 RETI。CPU 执行完这条指令后，把响应中断时所置 1 的不可寻址的优先级状态触发器清 0，然后从堆栈中弹出栈顶上的两个字节的断点地址送到程序计数器 PC，弹出的第一个字节送入 PCH，弹出的第二个字节送入 PCL，从断点处重新执行主程序。

【例 5-4】 根据图 5-8 所示流程，编写中断服务程序。设现场保护只将 PSW 寄存器和累加器 A 的内容压入堆栈中保护。一个典型的中断服务子程序如下。

```
INT：CLR      EA         ；CPU 关中断
     PUSH     PSW        ；现场保护
     PUSH     Acc
     SETB     EA         ；总中断允许
     中断处理段
     CLR      EA         ；关中断
     POP      Acc        ；现场恢复
     POP      PSW
     SETB     EA         ；总中断允许
     RETI                ；中断返回，恢复断点
```

上述程序几点说明：

（1）本例的现场保护假设仅仅涉及 PSW 和 A 的内容，如有其他需要保护的内容，只需在相应位置再加几条 PUSH 和 POP 指令即可。注意，堆栈的操作是先进后出。

（2）"中断处理程序段"，设计者应根据中断任务的具体要求，来编写中断处理程序。

（3）如果不允许被其他的中断所中断，可将"中断处理程序段"前后的"SETB　EA"和"CLR　EA"两条指令去掉。

（4）最后一条指令必须是返回指令 RETI，不可缺少，CPU 执行完这条指令后，返回断点处，重新执行被中断的主程序。

5.4　多外部中断源系统设计

实际的应用中，两个外部中断请求源往往不够用，需对外部中断源进行扩充，如图 5-9 所示。系统有 6 个外部中断请求源 INTR0～INTR5，高电平有效。

最高级的请求源 INTR0 直接接到 MCS-51 的一个外部中断请求输入端 $\overline{INT0}$，其余 5 个请求源 INTR1～INTR5 通过各自的 OC 门（集电极开路门）连到 MCS-51 的另一个外中断源输入端 $\overline{INT1}$，同时还连到 P1 口的 P1.4～P1.0 脚，供 MCS-51 查询。电路如图 5-9 所示，除了 INTR0 优先权级别最高外，其余 4 个外部中断源的中断优先权取决于查询顺序。

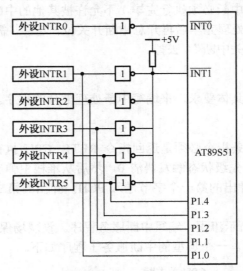

图 5-9　中断和查询相结合的多外部中断请求源系统

假设图 5-9 中的 5 个外设中有一个外设提出高电平有效的中断请求信号，则中断请求通过 5 个集电极开路 OC 门的输出公共点，即 $\overline{INT1}$ 脚的电平就会变低。究竟是哪个外设提出的请求，要通过程序查询 P1.4～P1.0 引脚上的逻辑电平来确定。

本例假设某一时刻只能有一个外设提出中断请求，并设 INTR1～INTR5 这 5 个中断请求源的高电平可由相应的中断服务子程序清"0"，则中断服务子程序如下。

```
ORG 0013H               ; INT1 的中断入口
LJMP INT1
...
ORG   0100H
INT1: PUSH   PSW         ; 保护现场
      PUSH   Acc
      JB   P1.0, INTR1   ; 如 P1.0 为高，则 INTR1 有请求，跳 INTR1 处理
      JB   P1.1, INTR2   ; 如 P1.1 为高，则 INTR2 有请求，跳 INTR2 处理
      JB   P1.2, INTR3   ; 如 P1.2 为高，则 INTR3 有请求，跳 INTR3 处理
      JB   P1.3, INTR4   ; 如 P1.3 为高，则 INTR4 有请求，跳 INTR4 处理
      JB   P1.4, INTR5   ; 如 P1.4 为高，则 INTR5 有请求，跳 INTR5 处理
INTIR: POP   Acc         ; 恢复现场
       POP   PSW
       RETI              ; 中断返回
INTR1: INTR1 的中断处理子程序
       AJMP    INTIR     ; INTR1 处理完，跳 INTIR 处执行
INTR2: INTR2 的中断处理子程序
       AJMP    INTIR     ; INTR2 处理完，跳 INTIR 处执行
INTR3: INTR3 的中断处理子程序
```

```
        AJMP    INTIR           ；INTR3 处理完，跳 INTIR 处执行
INTR4: INTR4 的中断处理子程序
        AJMP    INTIR           ；INTR4 处理完，跳 INTIR 处执行
INTR5：INTR5 中断处理子程序
    AJMP    INTIR               ；INTR5 处理完，跳 INTIR 处执行
```

查询法扩展外部中断源比较简单，但是扩展的外部中断源个数较多时，查询时间稍长。

习　题

1．什么是中断？MCS-51 中断是几级中断？

2．MCS-51 单片机有哪几个中断源？各自对应的中断入口地址是什么？

3．中断入口地址与中断服务子程序入口地址有区别吗？

4．试编写一段中断初始化程序，使之允许 T0、T1 中断，且使串口中断为高优先级中断。

5．CPU 响应中断的条件有哪些？

第6章

MCS-51 单片机的定时/计数器

本章知识点：
● 定时/计数器结构
● 定时/计数器工作方式

基本要求：
● 理解定时/计数器的结构与功能
● 掌握定时/计数器的两种工作模式和 4 种工作方式
● 掌握两个特殊功能寄存器 TMOD 与 TCON 各位的定义及其编程

能力培养目标：

通过本章的学习，使学生对 MCS-51 定时/计数器的结构及功能有较深的理解，并能通过寄存器 TMOD 和 TCON 各位的编程设置定时/计数器的工作模式与工作方式。通过举例，培养学生思考问题、解决问题及动手和创新能力，并引导学生学以致用，与工程应用相结合，理论与实践相结合。

6.1 定时/计数器的结构

定时器是用来精确控制时间的工具。在生活中，古时用的沙漏、现在用的闹钟等都属于定时器。单片机为了能够精确地控制时间，定时器是不可缺少的。MCS-51 芯片内部具有两个 16 位的定时器。

定时/计数器的结构如图 6-1 所示，定时/计数器 T0 由特殊功能寄存器 TH0、TL0 构成，定时/计数器 T1 由特殊功能寄存器 TH1、TL1 构成。

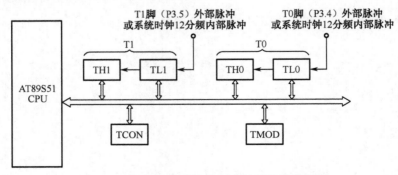

图 6-1　MCS-51 单片机的定时/计数器结构框图

定时/计数器具有两种工作模式、4 种工作方式（方式 0、方式 1、方式 2 和方式 3），属于增计数器。

TMOD 用于选择定时/计数器 T0、T1 的工作模式和工作方式。

TCON 用于控制 T0、T1 的启动和停止计数，同时包含了 T0、T1 的状态。

T0、T1 不论是工作在定时器模式还是计数器模式，都是对脉冲信号进行计数，只是计数信号的来源不同。计数器模式是对加在 T0（P3.4）和 T1（P3.5）两个引脚上的外部脉冲进行计数（见图 6-1）。定时器工作模式是对单片机的时钟振荡器信号经片内 12 分频后的内部脉冲信号计数。由于时钟频率是定值，所以可根据计数值计算出定时时间。

计数器的起始计数都是从计数器初值开始的。单片机复位时计数器的初值为 0，也可通过指令给计数器装入一个新的初值。

6.1.1　工作方式控制寄存器 TMOD

用于选择定时/计数器的工作模式和工作方式，字节地址为 89H，不能位寻址，格式如图 6-2 所示。

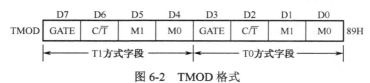

图 6-2　TMOD 格式

8 位分为两组，高 4 位控制 T1，低 4 位控制 T0。TMOD 各位的功能如表 6-1 所示。

表 6-1　TMOD 寄存器各位功能说明表

位	名　称	说　明
7 或 3	GATE	门控位。0：仅由运行控制位 TRx（x = 0,1）来控制定时/计数器运行。1：用外中断引脚（或 ）上的电平与运行控制位 TRx 共同来控制定时/计数器运行
6 或 2	C/$\overline{T}$	工作方式选择位。M1、M0 共有 4 种编码，对应于 4 种工作方式的选择。 00：方式 0，为 13 位定时/计数器； 01：方式 1，为 16 位定时/计数器； 10：方式 2，8 位的常数自动重新装载的定时/计数器； 11：方式 3，仅适用于 T0，此时 T0 分为两个 8 位计数器，T1 停止计数
5-4 或 1-0	M1、M0	计数器模式和定时器模式选择位。0：为定时器工作模式，对单片机的晶体振荡器 12 分频后的脉冲进行计数。 1：为计数器工作模式，计数器对外部输入引脚 T0（P3.4）或 T1（P3.5）的外部脉冲（负跳变）计数

6.1.2　定时/计数器控制寄存器 TCON

字节地址为 88H，可位寻址，位地址为 88H～8FH，格式如图 6-3 所示。

	D7	D6	D5	D4	D3	D2	D1	D0	
TCON	TF1	TR1	TF0	TR0	IE1	IT1	IE0	IT0	88H

图 6-3　TCON 格式

在第 5 章已介绍与外部中断有关的低 4 位。这里仅介绍与定时/计数器相关的高 4 位功能。

1) TF1、TF0——计数溢出标志位

当计数器计数溢出时，该位置"1"。使用查询方式时，此位作为状态位供 CPU 查询，但应注意查询有效后，应使用软件及时将该位清"0"。使用中断方式时，此位作为中断请求标志位，进入中断服务程序后由硬件自动清"0"。

2) TR1、TR0——计数运行控制位

TR1 位（或 TR0 位）=1，启动定时/计数器工作的必要条件。

TR1 位（或 TR0 位）=0，停止定时/计数器工作。

该位可由软件置"1"或清"0"。

6.2　定时/计数器的 4 种工作方式

4 种工作方式分别介绍如下。

6.2.1　方式 0 及应用

1. 方式 0 的工作原理

M1、M0=00 时，被设置为工作方式 0，等效逻辑结构框图如图 6-4 所示（以定时/计数器 T1 为例，TMOD.5、TMOD.4=00）。

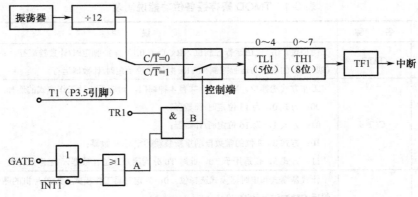

图 6-4　定时/计数器方式 0 逻辑结构框图

方式 0 是 13 位计数器，由 TLx（x=0,1）低 5 位和 THx 高 8 位构成。TLx 低 5 位溢出则向 THx 进位，THx 计数溢出则把 TCON 中的溢出标志位 TFx 置"1"。

图 6-2 中 C/$\overline{T}$ 位控制的电子开关决定了定时/计数器的两种工作模式。

（1）C/$\overline{T}$=0，电子开关打在上面位置，T1（或 T0）为定时器工作模式，把时钟振荡器 12 分频后的脉冲作为计数信号。

（2）C/$\overline{T}$=1，电子开关打在下面位置，T1（或 T0）为计数器工作模式，计数脉冲为 P3.4（或 P3.5）引脚上的外部输入脉冲，当引脚上发生负跳变时，计数器加 1。

GATE 位状态决定定时/计数器的运行控制取决于 TRx 一个条件还是 TRx 和 $\overline{INTx}$（x=0,1）引脚状态两个条件。

（1）GATE=0，A 点（见图 6-4）电位恒为 1，B 点电位仅取决于 TRx 状态。TRx=1，B 点为高电平，控制端控制电子开关闭合，允许 T1（或 T0）对脉冲计数。TRx=0，B 点为低电平，电子开关断开，禁止 T1（或 T0）计数。

（2）GATE=1，B 点电位由 $\overline{\text{INTx}}$（x=0,1）的输入电平和 TRx 的状态这两个条件来确定。当 TRx=1，且 $\overline{\text{INTx}}$=1 时，B 点才为 1，控制端控制电子开关闭合，允许 T1（或 T0）计数。故这种情况下计数器是否计数是由 TRx 和 $\overline{\text{INTx}}$ 两个条件来共同控制的。

2．方式 0 的应用

方式 0 与方式 1 基本相同，只是计数位数不同。方式 0 初值计算复杂，一般不用方式 0，而用方式 1。

6.2.2　方式 1 及应用

1．方式 1 的工作原理

当 M1、M0=01 时，定时/计数器工作于方式 1，这时定时/计数器的等效电路逻辑结构如图 6-5 所示。

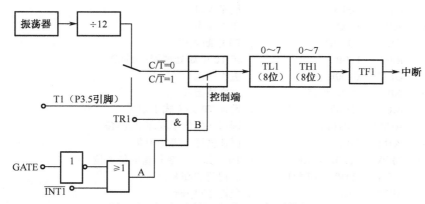

图 6-5　定时/计数器方式 1 逻辑结构框图

方式 1 和方式 0 的差别仅仅在于计数器的位数不同，方式 1 为 16 位计数器，由 THx 高 8 位和 TLx 低 8 位构成（x= 0,1），方式 0 则为 13 位计数器，有关控制状态位的含义（GATE、$C/\overline{T}$、TFx、TRx）与方式 0 相同。

2．方式 1 的应用

【例 6-1】 假设系统时钟频率采用 12MHz，在 P1.0 引脚上输出一个周期为 2ms 的方波，如图 6-6 所示。

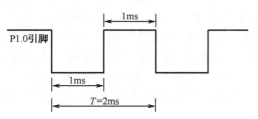

图 6-6　P1.0 引脚上输出周期为 2ms 的方波

基本思想：方波周期 T_0 确定，T_0 每隔 1ms 计数溢出 1 次，即 T_0 每隔 1ms 产生一次中断，CPU 响应中断后，在中断服务子程序中对 P1.0 取反，如图 6-6 所示。为此要做如下几步工作。

（1）计算计数初值 X。

机器周期 $=1\mu s=1\times10^{-6}s$。

设需要装 T_0 的初值为 X，则有 $(2^{16}-X)\times1\times10-6=1\times10^{-3}$，$2^{16}-X=1000$，$X=64536$。

将 X 转化为十六进制数，即 $64536=FC18H$。

T_0 的初值为 TH0 =FCH，TL0=18H。

（2）初始化程序设计。

采用定时器中断方式工作。包括定时器初始化和中断系统初始化，主要是对寄存器 IP、IE、TCON、TMOD 的相应位进行正确的设置，并将计数初值送入定时器中。

（3）程序设计。

中断服务子程序除了完成所要求的产生方波的工作之外，还要注意将计数初值重新装入定时器，为下一次产生中断做准备。

本例中，主程序用一条转至自身的短跳转指令来代替。

参考程序如下：

```
        ORG   0000H          ; 程序入口
RESET:  AJMP  MAIN           ; 转主程序
        ORG   000BH          ; T0 中断入口
        AJMP  IT0P           ; 转 T0 中断处理程序 IT0P
        ORG   0100H          ; 主程序入口
MAIN:   MOV   SP, #60H       ; 设堆栈指针
        MOV   TMOD, #01H     ; 设置 T0 为方式 1 定时
        ACALL PT0M0          ; 调用初始化子程序 PT0M0
HERE:   AJMP  HERE           ; 原地循环，等待中断
PT0M0:  MOV   TL0, #0CH      ; T0 初始化，装初值的低 8 位
        MOV   TH0, #0FEH     ; 装初值的高 8 位
        SETB  ET0            ; 允许 T0 中断
        SETB  EA             ; 总中断允许
        SETB  TR0            ; 启动 T0
        RET
IT0P:   MOV   TL0, #18H      ; 中断子程序，T0 重装初值
        MOV   TH0, #0FCH
        CPL   P1.0           ; P1.0 的状态取反
        RETI
```

程序说明：当单片机复位时，从程序入口 0000H 跳向主程序 MAIN 处执行。其中调用了 T0 初始化子程序 PT0M0。子程序返回后，程序执行 "AJMP HERE" 指令，则循环等待。当响应 T0 定时中断时，则跳向 T0 中断入口，再从 T0 中断入口跳向 IT0P 标号处执行 T0 中断服务子程序。当执行完中断返回的指令 "RETI" 后，又返回断点处继续执行循环指令 "AJMP HERE"。在实际的程序中，"AJMP HERE" 实际上是一段主程序。当下一次定时器 T0 的 1ms 定时中断发生时，再跳向 T0 中断入口，重复执行上述过程。

如 CPU 不做其他工作，也可用查询方式进行控制，程序要简单得多。

查询方式参考程序如下：

```
        MOV   TMOD, #01H   ; 设置 T0 为方式 1
```

```
LOOP:    MOV     TH0, #0FCH    ; T0 置初值
         MOV     TL0，#18H
         SETB    TR0           ; 接通 T0
LOOP1:   JNB     TF0, LOOP1    ; 查 TF0，TF0=0，T0 未溢出，TF0=1，T0 溢出
         CLR     TR0           ; T0 溢出，关断 T0
         CPL     P1.0          ; P1.0 的状态求反
         SJMP    LOOP
```

查询程序虽简单，但 CPU 必须要不断查询 TF0 标志，工作效率低。

【例 6-2】　系统时钟为 12MHz，编写定时器 T0 产生 1s 定时的程序。

基本思想：采用定时器模式。因定时时间较长，首先确定采用哪一种工作方式。时钟为 12MHz 的条件下，定时器各种工作方式最长可定时时间为：

方式 0 最长可定时 8.192ms；

方式 1 最长可定时 65.536ms；

方式 2 最长可定时 256μs。

由上可见，可选方式 1，每隔 50ms 中断一次，中断 20 次为 1s。

（1）计算计数初值 X。

因为 $(2^{16}-X) \times 1 \times 10^{-6} = 50 \times 10^{-3}$，所以 $X=15536=3CB0H$。因 $TH0=3CH$，$TL0=B0H$。

（2）20 次计数的实现。

对于中断 20 次的计数，采用 B 寄存器作为中断次数计数器。

（3）程序设计。

参考程序如下：

```
         ORG     0000H          ; 程序运行入口
RESET:   LJMP    MAIN           ; 跳向主程序入口 MAIN
         ORG     000BH          ; T0 的中断入口
         LJMP    IT0P           ; 转 T0 中断处理子程序 IT0P
         ORG     1000H          ; 主程序入口
MAIN:    MOV     SP，#60H        ; 设堆栈指针
         MOV     B，#14H         ; 设循环次数 10 次
         MOV     TMOD，#01H      ; 设置 T0 工作在方式 1 定时
         MOV     TL0，#0B0H      ; 给 T0 设初值
         MOV     TH0，#3CH
         SETB    ET0            ; 允许 T0 中断
         SETB    EA             ; 总中断允许
         SETB    TR0            ; 启动 T0
HERE:    SJMP    HERE           ; 原地循环，等待中断
IT0P:    MOV     TL0，#0B0H      ; T0 中断子程序，T0 重装初值
         MOV     TH0，#3CH
         DJNZ    B，RTURN        ; B 中断次数计数，减 1 非 0 则中断返回
         CLR     TR0            ; 1s 定时时间到，停止 T0 工作
         SETB    F0             ; 1s 定时时间到标志 F0 置 1
RTURN:   RETI
```

程序说明：不论 1s 定时时间是否已到，都返回到"SJMP　HERE"指令处。"SJMP　HERE"指令实际是一段主程序。在这段主程序中再通过对 F0 标志的判定，可知 1s 定时是否到，再进行具体处理。

6.2.3 方式 2 及应用

1．方式 2 的工作原理

方式 0 和方式 1 的最大特点是计数溢出后，计数器为全 0。因此在循环定时或循环计数应用时就存在用指令反复装入计数初值的问题。这不仅影响定时精度，也给程序设计带来麻烦。方式 2 就是针对此问题而设置的。

当 M1、M0 为 10 时，定时/计数器处于工作方式 2，这时定时/计数器的等效逻辑结构如图 6-7 所示（以定时器 T1 为例，x=1）。

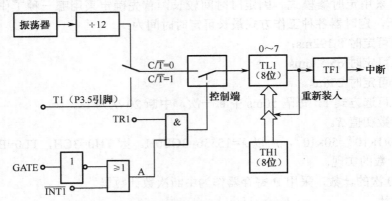

图 6-7 定时/计数器方式 2 逻辑结构框图

定时/计数器的方式 2 为自动恢复初值（初值自动装入）的 8 位定时/计数器。TLx（x=0,1）作为常数缓冲器，当 TLx 计数溢出时，在溢出标志 TFx 置"1"的同时，还自动将 THx 中的初值送至 TLx，使 TLx 从初值开始重新计数。该方式可省去用户软件中重装初值的指令执行时间，简化定时初值的计算方法，可以相当准确地确定定时时间。

2．方式 2 的应用

方式 2 是一个可以自动重新装载初值的 8 位计数/定时器，可省去重装初值指令。当某个定时/计数器不使用时，可扩展一个负跳沿触发的外中断源。

【例 6-3】 扩展一个负跳沿触发的外部中断源，把定时/计数器 T0 脚作为外部中断请求输入端，溢出标志 TF0 作为外中断请求标志。

基本思想：设为方式 2（自动装入常数方式）计数模式，TH0、TL0 初值均为 0FFH。当 T0 脚发生负跳变时，T0 计数溢出，TF0 置"1"，单片机发出中断请求。

初始化程序：

```
        ORG     0000H
        AJMP    IINT              ;跳到初始化程序
        ORG     000BH
        AJMP    IT0P              ;跳到外中断处理程序
IINT:   MOV     TMOD, #06H        ;设置 T0 为方式 2
        MOV     TL0, #0FFH        ;设 T0 初值
        MOV     TH0, #0FFH
        SETB    ET0               ;允许 T0 中断
        SETB    EA                ;总中断允许
```

```
        SETB    TR0                     ；启动 T0
        …
IT0P：外中断处理程序段
        …
```

程序说明：当连接在 P3.4（T0 脚）的外部中断请求输入脚电平发生负跳变时，TL0 加 1，产生溢出，TF0 置 "1"，向单片机发出中断请求，同时 TH0 的内容 0FFH 送 TL0，即 TL0 恢复初值 0FFH。

P3.4 脚相当于一个负跳沿触发的外中断请求源输入。对 P3.5 也可做类似的处理。

【例 6-4】　当 T0（P3.4）引脚上发生负跳变时，作为 P1.0 引脚产生方波的启动信号。开始从 P1.0 脚上输出一个周期为 1ms 的方波，如图 6-8 所示（系统时钟 6MHz）。

基本思想：T0 设为方式 1 计数，初值为 FFFFH。当外部计数输入端 T0（P3.4）发生一次负跳变时，T0 加 1 且溢出，溢出标志 TF0 置 "1"，向 CPU 发出中断请求，此时 T0 相当于一个负跳沿触发的外部中断源。

进入 T0 中断程序后，F0 标志置 "1"，说明 T0 引脚上已接收过负跳变信号。T1 定义为方式 2 定时。在 T0 引脚产生一次负跳变后，启动 T1 每 500μs 产生一次中断，在中断服务子程序中对 P1.0 求反，使 P1.0 产生周期为 1ms 的方波。由于省去重新装初值指令，所以可产生精确的定时时间。

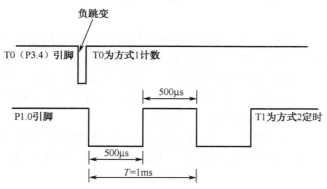

图 6-8　负跳变触发输出一个周期为 1ms 的方波

（1）计算 T1 的初值。

设 T1 的初值为 X，则

$$(28-X)\times2\times10^{-6}=5\times10^{-4}$$

$$X=6=06H$$

（2）程序设计。

参考程序：

```
        ORG     0000H       ；程序入口
RESET：LJMP     MAIN        ；跳向主程序 MAIN
        ORG     000BH       ；T0 的中断入口
        LJMP    IT0P        ；转 T0 中断服务程序
        ORG     001BH       ；T1 的中断入口
LJMP    IT1P                ；转 T1 中断服务程序
        ORG     0100H       ；主程序入口
MAIN：MOV      SP,  #60H     ；设堆栈指针
```

```
          ACALL   PT0M2        ; 调用对 T0、T1 初始化子程序
    LOOP: MOV     C, F0        ; T0 是否产生过中断，若产生过，F0 置 1
          JNC     LOOP         ; T0 未产生中断，C=0，则跳到 LOOP，等待 T0 中断
          SETB    ET1          ; 允许 T1 产生定时中断
          SETB    TR1          ; 启动 T1
    HERE: AJMP    HERE
    PT0M2: MOV    TMOD, #26H   ; 对 T0、T1 初始化，T0 方式 1 计数，T1 方式 2 定时
          MOV     TL0, #0FFH   ; T0 置初值
          MOV     TH0, #0FFH
          SETB    ET0          ; 允许 T0 中断
          MOV     TL1, #06H    ; T1 置初值
          MOV     TH1, #06H
          CLR     F0           ; 把 T0 已发生中断标志 F0 清 0
          SETB    EA           ; 总中断允许
          SETB    TR0          ; 启动 T0
          RET
    IT0P: CLR     TR0          ; T0 中断服务程序，停止 T0 计数
          SETB    F0           ; 把 T0 引脚接收过负脉冲标志 F0 置 1，即接收过负跳变
          RETI
    IT1P: CPL     P1.0         ; T1 中断服务程序，P1.0 位取反
          RETI
```

程序说明：当单片机复位时，从 0000H 跳向主程序 MAIN 处执行程序。其中调用了对 T0、T1 初始化子程序 PT0M2。子程序返回后执行标号 LOOP 处指令，循环等待 T0 引脚上负脉冲的到来。由于负脉冲到来的标志位 F0 的复位初始值为 0，所以程序就在标号 LOOP 处循环等待。

当 T0（P3.4）脚发生负跳变时，由于 T0 计数溢出，则跳向 T0 中断服务子程序。此时停止 T0 计数，并把 T0 引脚接收过负脉冲的标志 F0 置 1。

当中断返回时，由于 F0 已被置 1，则程序跳出 LOOP 处的循环等待。此时执行指令来允许 T1 中断，并启动 T1 定时，然后执行"AJMP HERE"指令，循环等待，等待 T1 的 500μs 定时中断到来。

当 T1 的 500μs 定时中断产生时，则进入 T1 的中断服务子程序 IT1P，把 P1.0 脚电平取反。由于是自动装初值，省去对 T1 重装初值指令。中断返回后，到"AJMP HERE"处等待 T1 的 500μs 定时中断。如此重复，即得到图 6-8 所示波形。

【例 6-5】 利用定时器 T1 的方式 2 计数，每计满 200 个数，将 P1.0 取反。本例是方式 2 计数模式的应用举例。

（1）选择工作方式。

外部信号由 T1（P3.5）引脚输入，每发生一次负跳变计数器便加 1，每输入 200 个脉冲，计数器将产生溢出中断，在中断服务程序中将 P1.0 取反一次。T1 工作在方式 2 的控制字 TMOD=60H。不使用 T0 时，TMOD 低 4 位任取，但不能使 T0 为方式 3，这里取全 0。

（2）计算 T1 的初值。

$X=2^8-200=56=38H$

TL1 的初值为 38H，重装初值寄存器 TH1=38H。

（3）参考程序：

```
          ORG     0000H        ; 程序运行入口
```

```
        LJMP   MAIN              ；跳向主程序 MAIN
        ORG    001BH             ；T1 中断服务程序入口
        CPL    P1.0              ；P1.0 位取反
        RETI
        ORG    0100H             ；主程序入口
MAIN:   MOV    TMOD，#60H        ；设置 T1 为方式 2 计数
        MOV    TL0，#38H         ；T0 置初值
        MOV    TH0，#38H
        SETB   TR1               ；启动 T1
HERE:   AJMP   HERE
        END
```

程序说明：由于 T1 的中断服务子程序只有两条指令，不超过 8B，所以进入 T1 中断服务程序入口后，没有选择再跳转。

6.2.4　方式 3 及应用

1. 方式 3 的工作原理

方式 3 是为了增加一个 8 位定时/计数器而设的，使 MCS-51 单片机具有 3 个定时/计数器。方式 3 只适用于 T0，T1 不能工作在方式 3。T1 处于方式 3 时相当于 TR1=0，停止计数（此时 T1 可用来作为串行口波特率产生器）。

1）工作方式 3 下的 T0

TMOD 的低 2 位为 11 时，T0 的工作方式被选为方式 3，各引脚与 T0 的逻辑关系如图 6-9 所示。

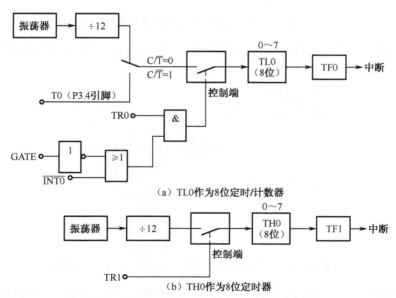

（a）TL0作为8位定时/计数器

（b）TH0作为8位定时器

图 6-9　定时/计数器 T0 方式 3 的逻辑结构框图

定时/计数器 T0 分为两个独立的 8 位计数器 TL0 和 TH0，TL0 使用 T0 的状态控制位 C/$\overline{\text{T}}$、GATE、TR0、TF0，而 TH0 被固定为一个 8 位定时器（不能作为外部计数模式），并使用定时

器 T1 的状态控制位 TR1 和 TF1，同时占用定时器 T1 的中断请求源 TF1。

2）T0 工作在方式 3 时 T1 的各种工作方式

一般情况下，当 T1 用作串行口的波特率发生器时，T0 才工作在方式 3。T0 处于工作方式 3 时，T1 可定为方式 0、方式 1 和方式 2，用来作为串行口的波特率发生器，或不需要中断的场合。

（1）T1 工作在方式 0。T1 的控制字中 M1、M0 = 00 时，T1 工作在方式 0，工作示意图如图 6-10 所示。

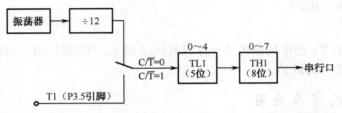

图 6-10　T0 工作在方式 3 时 T1 为方式 0 的工作示意图

（2）T1 工作在方式 1。当 T1 的控制字中 M1、M0 = 01 时，T1 工作在方式 1，工作示意图如图 6-11 所示。

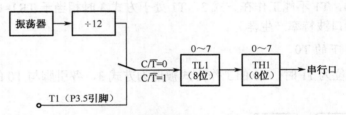

图 6-11　T0 工作在方式 3 时 T1 为方式 1 的工作示意图

（3）T1 工作在方式 2。当 T1 的控制字中 M1、M0 = 10 时，T1 的工作方式为方式 2，工作示意图如图 6-12 所示。

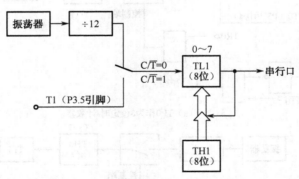

图 6-12　T0 工作在方式 3 时 T1 为方式 2 的工作示意图

（4）T1 设置在方式 3。当 T0 设置在方式 3，再把 T1 也设成方式 3，此时 T1 停止计数。

2．方式 3 的应用

方式 3 下的 T0 和 T1 大不相同。T0 工作在方式 3，TL0 和 TH0 被分成两个独立的 8 位定时/计数器。其中，TL0 可作为 8 位的定时/计数器，而 TH0 只能作为 8 位的定时器。此时 T1

只能工作在方式 0、1 或 2。

　　一般情况下，当 T1 用作串行口波特率发生器时，T0 才设置为方式 3。此时，常把定时器 T1 设置为方式 2，用作波特率发生器。

　　【例 6-6】 假设某 MCS-51 单片机应用系统的两个外部中断源已被占用，设置 T1 工作在方式 2，用作波特率发生器。现要求增加一个外部中断源，并控制 P1.0 引脚输出一个 5kHz（周期为 200μs）的方波。设时钟为 6MHz。

　　基本思想：设置 TL0 工作在方式 3 计数模式，TL0 的初值设为 0FFH，当检测到 T0 脚信号出现负跳变时，TL0 溢出，同时向 CPU 申请中断，这里 T0 脚作为一个负跳沿触发的外部中断请求输入端。在中断处理子程序中，启动 TH0，TH0 事先被设置为方式 3 的 100μs 定时，从而控制 P1.0 输出周期为 200μs 的方波信号，如图 6-13 所示。

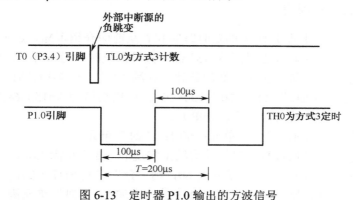

图 6-13　定时器 P1.0 输出的方波信号

　　（1）初值 X 计算。

　　TL0 的初值设为 0FFH。

　　5kHz 方波的周期为 200μs，因此 TH0 的定时时间为 100μs。初值 X 计算：

$$(2^8-X)\times2\times10^{-6}=1\times10^{-4}$$
$$X=2^8-50=206=CEH$$

　　（2）程序设计。

```
            ORG    0000H
            LJMP   MAIN
            ORG    000BH    ; TL0 中断入口，TL0 使用 T0 的中断
            LJMP   TL0INT   ; 跳向 TL0 中断服务程序，TL0 占用 T0 中断
            ORG    001BH    ; TH0 中断入口，T1 为方式 2 时，TH0 使用了 T1 的中断
            LJMP   TH0INT   ; 跳向 TH0 中断服务程序
            ORG    0100H    ; 主程序入口
    MAIN:   MOV    TMOD, #27H    ; T0 方式 3，T1 方式 2 定时作为串行口波特率发生器
            MOV    TL0, #0FFH    ; 置 TL0 初值
            MOV    TH0, #0CEH    ; 置 TH0 初值
            MOV    TL1, #datal   ; TL1 装入串口波特率常数
            MOV    TH1, #datah   ; TH1 装入串口波特率常数
            MOV    TCON, #15H    ; 允许 T0 中断
            MOV    IE, #9FH      ; 设置中断允许，总中断允许，TH0、TL0 中断允许
    HERE:   AJMP   HERE          ; 循环等待
    TL0INT: MOV    TL0, #0FFH    ; TL0 中断服务处理子程序，TL0 重新装入初值
```

```
            SETB    TR1             ；开始启动 TH0 定时
            RETI
TH0INT：    MOV     TH0, #0CEH      ；TH0 中断服务程序，TH0 重新装入初值
            CPL     P1.0            ；P1.0 位取反输出
            RETI
```

6.3 综合应用举例

介绍使用定时/计数器实现实时时钟的设计过程。

1. 实现实时时钟的基本思想

最小计时单位是秒，如何获得 1s 的定时时间呢？从前面介绍可知，定时器方式 1，外部晶振频率为 6MHz，最大定时时间也只能为 131ms。假设系统时钟为 6MHz。可将定时器的定时时间定为 100ms，中断方式进行溢出次数的累计，计满 10 次，即得秒计时。而计数 10 次可用循环程序的方法实现。因为 $(2^{16}-X)\times2\times10^{-6}=100\times10^{-3}$，所以初值为 $X=15536=3CB0H$。

片内 RAM 规定 3 个单元为秒、分、时单元：

62H："秒"单元；61H："分"单元；60H："时"单元。

从秒到分，从分到时是通过软件累加并比较来实现的。要求每满 1s，则"秒"单元 62H 中的内容加 1；"秒"单元满 60，则"分"单元 61H 中的内容加 1；"分"单元满 60，则"时"单元 60H 中的内容加 1；"时"单元满 24，则将 62H、61H、60H 的内容全部清"0"。

2. 程序设计

1）主程序设计

进行定时器 T0 初始化，并启动 T0，然后反复调用显示子程序，等待 100ms 中断到来。流程如图 6-14 所示。

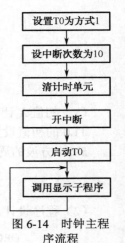

图 6-14 时钟主程序流程

2）中断服务程序的设计

实现秒、分、时的计时处理。流程如图 6-15 所示。

参考程序：

```
            ORG     0000H
            AJMP    MAIN            ；上电，跳向主程序
            ORG     000BH           ；T0 的中断入口
            AJMP    IT0P
            ORG     2000H
MAIN：      MOV     TMOD, #01H      ；设 T0 为方式 1
            MOV     20H, #0AH       ；装入中断次数
            CLR     A
            MOV     60H, A          ；"时"单元清"0"
            MOV     61H, A          ；"分"单元清"0"
            MOV     62H, A          ；"秒"单元清"0"
            SETB    ET0             ；允许 T0 申请中断
```

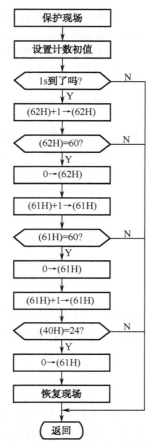

图 6-15　中断服务程序流程

	SETB	EA	;总中断允许
	MOV	TH0，#3CH	;给 T0 装入计数初值
	MOV	TL0，#0B0H	
	SETB	TR0	;启动 T0
HERE:	SJMP	HERE	;等中断（也可调用显示子程序）
IT0P:	PUSH	PSW	;T0 中断子程序入口，保护现场
	PUSH	Acc	
	MOV	TH0，#3CH	;重新装入初值
	MOV	TL0，#0B0H	
	DJNZ	20H，RETURN	;1s 时间未到，返回
	MOV	20H，#0AH	;重置中断次数
	MOV	A，#01H	;"秒"单元增 1
	ADD	A，62H	
	DA	A	;"秒"单元十进制调整
	MOV	62H，A	;"秒"的 BCD 码存回"秒"单元
	CJNE	A，#60H，RETURN	;是否到 60s，未到则返回
	MOV	62H，#00H	;计满 60s，"秒"单元清"0"
	MOV	A，#01H	;"分"单元增 1
	ADD	A，61H	
	DA	A	;"分"单元十进制调整

```
        MOV     61H，A               ；"分"的 BCD 码存回"分"单元
        CJNE    A，#60H，RETURN      ；是否到 60min，未到则返回
        MOV     61H，#00H            ；计满 60min，"分"单元清"0"
        MOV     A，#01H              ；"时"单元增 1
        ADD     A，60H
        DA      A                   ；"时"单元十进制调整
        MOV     60H，A
        CJNE    A，#24H，RETURN      ；是否到 24h，未到则返回
        MOV     60H，#00H            ；到 24h，"时"单元清"0"
RETURN：POP     Acc                 ；恢复现场
        POP     PSW
        RETI                        ；中断返回
        END
```

习　题

1. 当单片机时钟为 6MHz 和 12MHz 时，最大定时时间各为多少？

2. 已知单片机内部定时器 T0 工作在方式 1 下，从 P1.0 输出周期为 2ms 的方波脉冲信号，已知单片机晶振频率为 6MHz。

（1）计算 T0 初值。

（2）写出程序清单。

3. 若单片机晶振频率为 6MHz，要求 T1 定时 10ms，选择方式 0，装入时间初值后 T1 计数器启动。计算 T1 初值 X 并设置 TMOD、TCON 和 TH1、TL1 寄存器内容。

4. 要求 T0 计满 1000 个数申请中断。计算计数初值 X 及设置 TMOD、TCON、TH0 和 TL0 寄存器内容。

第7章

MCS-51 单片机的串行口及串行通信技术

本章知识点：
- 数据通信的基本概念
- 单片机串行口的结构
- 单片机串行口的工作方式
- 多机通信的工作原理
- 单片机串行通信的波特率
- 单片机串行通信编程

基本要求：
- 了解数据通信的基本概念
- 掌握单片机串行口的内部结构
- 掌握单片机串行口的 4 种工作方式
- 掌握单片机串行通信的波特率计算方法

能力培养目标：

通过本章的学习，掌握单片机串行口及串行通信的设计与编程能力。学习单片机串行口的内部结构，理解单片机串行通信的工作原理。学习串行口的工作方式及多机通信方法，并通过实例培养动手能力和工程实践能力。

在 MCS-51 单片机内部有一个通用异步接收/发送器（UART），这是一个全双工串行接口，能同时发送和接收数据。利用这个串行接口（以下简称串行口），可以实现单片机之间的单机通信、多机通信，以及与 PC 之间的通信。

设备之间进行的数据交换，如 CPU 与外设之间进行的数据交换，计算机之间进行的数据交换等，称为数据通信。有两种通信方式：一种是并行通信，另一种是串行通信。并行通信是多位数据同时通过多根数据线传送，其优点是传送速度快；缺点是数据有多少位，就需要用多少根传送线。并行通信适用于近距离通信。串行通信是数据通过一根数据线一位一位地传送，其优点是只需一对传输线，缺点是传输速度慢。串行通信适用于远距离通信。

7.1　数据通信的基本概念

串行通信有单工通信、半双工通信和全双工通信 3 种方式。

单工通信：数据只能单方向地从一端向另一端传送。例如，目前的有线电视节目，只能单方向传送。

半双工通信：数据可以双向传送，但任一时刻只能向一个方向传送。也就是说，半双工通信可以分时双向传送数据。例如，目前的某些对讲机，任一时刻只能一方讲，另一方听。

全双工通信：数据可同时向两个方向传送。全双工通信效率最高，适用于计算机之间的通信。

此外，通信双方要正确地进行数据传输，需要解决何时开始传输，何时结束传输，以及数据传输速率等问题，即解决数据同步问题。实现数据同步，通常有两种方式，一种是异步通信，另一种是同步通信。

1．异步通信

在异步通信中，数据一帧一帧地传送。每一帧由一个字符代码组成，一个字符代码由起始位、数据位、奇偶校验位和停止位 4 部分组成。每一帧的数据格式如图 7-1 所示。

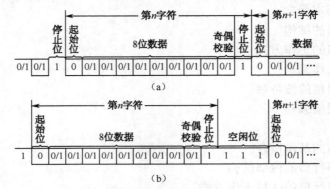

图 7-1　异步通信的一帧数据格式

一个串行帧的开始是一个起始位"0"，然后是 5～8 位数据（规定低位数据在前，高位数据在后），接着是奇偶校验位（此位可省略），最后是停止位"1"。

1）起始位

起始位"0"占用一位，用来通知接收设备，开始接收字符。通信线在不传送字符时，一直保持为"1"。接收端不断检测线路状态，当测到一个"0"电平时，就知道发来一个新字符，马上进行接收。起始位还被用作同步接收端的时钟，以保证以后的接收能正确进行。

2）数据位

数据位是要传送的数据，可以是 5 位、6 位或更多。当数据位是 5 位时，数据位为 D0～D4；当数据位是 6 位时，数据位为 D0～D5；当数据位是 8 位时，数据位为 D0～D7。

3）奇偶校验位

奇偶校验位只占一位，其数据位为 D8。当传送数据不进行奇偶校验时，可以省略此位。此位也可用于确定该帧字符所代表的信息类型，"1"表明传送的是地址帧，"0"表明传送的是数据帧。

4）停止位

停止位用来表示字符的结束，停止位可以是 1 位、1.5 位或 2 位。停止位必须是高电平。接收端接收到停止位后，就知道此字符传送完毕。

图 7-1（a）表示一个字符紧接一个字符的传送情况，图 7-1（b）表示两个字符之间有空闲

位的情况，空闲位为"1"，线路处于等待状态。空闲位是异步通信的特征之一。

2. 同步通信

在同步通信中，发送端首先发送同步字符，紧接着连续传送数据（即数据块），并由时钟来实现发送端与接收端的同步。同步传送时，字符与字符之间没有间隙，仅在数据块开始时用同步字符（SYNC）来指示，其数据格式如图 7-2 所示。

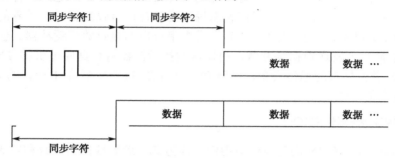

图 7-2　同步通信的数据格式

同步通信传送速度较快，但硬件结构比较复杂；异步通信的特点是硬件结构较简单，但传送速度较慢。MCS-51 单片机采用异步通信方式。

3. 波特率

波特率是数据传送的速率，指每秒传送二进制数据的位数，单位是位/秒（bps）。假设数据传送速率是 240 字符/秒，而每个字符包含 10 个数据位，则传送的波特率为

$$10×240=2400\text{bps}$$

每一位代码的传送时间 T_d 为波特率的倒数：

$$T_d=1/2400=0.4165\text{ms}$$

异步通信的波特率一般在 50～64000bps 之间。

7.2　串行口的结构

MCS-51 有一个可编程的全双工串行通信接口，可作为通用异步接收/发送器 UART，也可作为同步移位寄存器。它的帧格式有 8 位、10 位和 11 位，可以设置为固定波特率和可变波特率，给使用者带来很大的灵活性。

80C51 串行口的内部简化结构如图 7-3 所示。

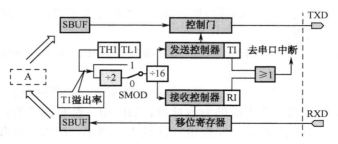

图 7-3　串行口简化结构

图中有两个物理上独立的接收、发送缓冲器 SBUF，它们占用同一地址 99H，可同时发送、接收数据。发送缓冲器只能写入，不能读出；接收缓冲器只能读出，不能写入。串行发送与接收的速率与移位时钟同步，定时器 T1 作为串行通信的波特率发生器，T1 溢出率经 2 分频（或不分频）又经 16 分频作为串行发送或接收的移位时钟。移位时钟的速率即波特率。

MCS-51 单片机串行接口内部有一个发送数据缓冲器和一个接收数据缓冲器，简称串行数据缓冲器，共用一个地址 99H；一个串行口控制寄存器 SCON，用来选择串行口工作方式、控制数据接收和发送，并标示串行口的工作状态等。当串行口接收数据时，外界的串行信号通过单片机的引脚 RXD（P3.0 串行数据接收端），进入串行口的接收数据缓冲器。当串行口发送数据时，CPU 将数据写入发送数据缓冲器，由发送数据缓冲器将数据通过引脚 TXD（P3.1 串行数据发送端），发送至外部的通信设备。特殊功能寄存器 PCON 控制串行口的波特率。PCON 中有一位是波特率倍增位。

1. 串行口控制寄存器 SCON

串行口控制寄存器 SCON 决定串行口通信工作方式，控制数据的接收和发送，并标示串行口的工作状态等，其位格式为：

SCON （98H）	D7	D6	D5	D4	D3	D2	D1	D0
	SM0	SM1	SM2	REN	TB8	RB8	T1	RI

SM0、SM1：串行口工作方式控制位，对应 4 种工作方式，如表 7-1 所示（f_{osc} 是晶振频率）。

表 7-1 串行口的工作方式

SMO	SM1	工 作 方 式	说 明	波 特 率
0	0	方式 0	同步移位寄存器	$f_{osc}/12$
0	1	方式 1	10 位移位收发器	由定时器控制
1	0	方式 2	11 位移位收发器	$f_{osc}/32$ 或 $f_{osc}/64$
1	1	方式 3	11 位移位收发器	由定时器控制

SM2：多机通信控制位，主要用于工作方式 2 和工作方式 3。若 SM2=1，则允许多机通信。多机通信规定：第 9 位数据位为 1（即 TB8=1），说明本帧数据为地址帧；第 9 位数据为 0（即 TB8=0），则本帧数据为数据帧。当从机接收到的第 9 位数据（在 RB8 中）为 1 时，数据才装入接收缓冲器 SBUF，并置 RI=1 向 CPU 申请中断；如果接收到的第 9 位数据（在 RB8 中）为 0，则不置位中断标志 RI，信息丢失。

当 SM2=0 时，则不管接收到第 9 位数据是否为 1，都产生中断标志 RI，并将接收到的数据装入 SBUF。应用这一特点可以实现多机通信。

串行口工作在方式 0 时，SM2 必须设置为 0；工作在方式 1 时，如 SM2=1，则只有接收到有效的停止位时才会激活 RI。

REN：允许接收控制位。当 REN=1 时，允许接收；当 REN=0 时，禁止接收。此位由软件置 1 或清零。

TB8：在方式 2 和方式 3 中，此位为发送数据的第 9 位，在多机通信中作为发送地址帧或数据帧的标志。TB8=1，说明该发送帧为地址帧；TB8=0，说明该发送帧为数据帧。在许多通信协议中，它可作为奇偶校验位。此位由软件置 1 或清零。在方式 0 和方式 1 中，此位未使用。

　　RB8：接收数据的第 9 位。在方式 2 和方式 3 中，接收到的第 9 位数据放在 RB8 中。它或是约定的奇/偶校验位，或是约定的地址/数据标志位。在方式 2 和方式 3 多机通信中，若 SM2=1 且 RB8=1，说明接收到的数据为地址帧。

　　TI：发送中断标志位。在一帧数据发送完时置位。TI=1，申请中断，说明发送缓冲器 SBUF 已空，CPU 可以发送下一帧数据。中断被响应后，TI 不能自动清零，必须由软件清零。

　　RI：接收中断标志位。在接收到一帧有效数据后，由硬件置位。RI=1，申请中断，表示一帧数据接收结束，并已装入接收缓冲器 SBUF 中，CPU 响应中断，取走数据。RI 不能自动清零，必须由软件清零。

　　串行口发送中断标志 TI 和接收中断标志 RI 共为一个中断源。因此，CPU 接收到中断请求后，不知道是发送中断 TI 还是接收中断 RI，必须用软件来判别。单片机复位后，控制寄存器 SCON 的各位均清零。

2．特殊功能寄存器 PCON

　　电源控制寄存器 PCON 中只有一位 SMOD 与串行口工作有关，它的位格式为：

PCON　（87H）	D7	D6	D5	D4	D3	D2	D1	D0
	SMOD				GF1	GF0	PD	IDL

　　SMOD：波特率倍增位。串行口工作在方式 1、方式 2、方式 3 时，若 SMOD=1，则波特率提高一倍；若 SMOD=0，则波特率不提高一倍。单片机复位时，SMOD=0。

7.3　串行口的 4 种工作方式

MCS-51 单片机串行口可设置 4 种工作方式，由 SCON 中的 SM0、SM1 进行定义。

7.3.1　方式 0

　　方式 0 时，串行口为同步移位寄存器的输入/输出方式。主要用于扩展并行输入或输出口。数据由 RXD（P3.0）引脚输入或输出，同步移位脉冲由 TXD（P3.1）引脚输出。发送和接收均为 8 位数据，低位在先，高位在后。波特率固定为 $f_{osc}/12$。

1．方式 0 输出

方式 0 时输出时序如图 7-4 所示。

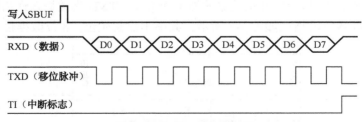

图 7-4　方式 0 时输出时序

　　对发送数据缓冲器 SBUF 写入一个数据，就启动了串行口的发送过程。内部的定时逻辑在 SBUF 写入数据之后，经过一个完整的机器周期，输出移位寄存器中输出位的内容送 RXD 引脚输出。移位脉冲由 TXD 引脚输出，它使 RXD 引脚输出的数据移入外部移位寄存器。当数据的最高位 D7 移至输出移位寄存器的输出位时，再移位一次后就完成了一字节的输出，中断标志 TI 置 1。如要再发送下一字节数据，必须用软件先将 TI 清零。

2. 方式 0 输入

方式 0 时输入时序如图 7-5 所示。

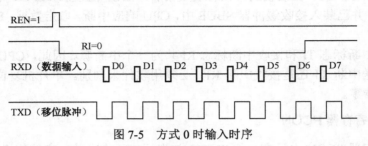

图 7-5　方式 0 时输入时序

当 SCON 中的接收允许位 REN=1，用指令使 SCON 中的 RI 为 0 时，就会启动串行口接收过程。TXD 引脚为串行输入引脚，移位脉冲由 TXD 引脚输出。当接收完一帧数据后，由硬件将输入移位寄存器中的内容写入 SBUF，中断标志 RI 置 1。如要再接收数据，必须用软件将 RI 清零。

方式 0 输出时，串行口可以外接串行输入并行输出的移位寄存器，如 74LS164、CD4094 等，其接口逻辑如图 7-6 所示。TXD 引脚输出的移位脉冲将 RXD 引脚输出的数据（低位在先）逐位移入 74LS164 或 CD4094。

方式 0 输入时，串行口外接并行输入串行输出的移位寄存器，如 74LS165，其接口逻辑如图 7-7 所示。

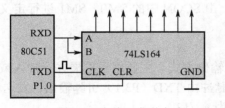

图 7-6　方式 0 发送电路

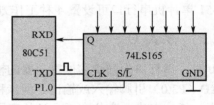

图 7-7　方式 0 接收电路

7.3.2　方式 1

串行口定义为方式 1 时，是 10 位数据的异步通信口。TXD 为数据发送引脚，RXD 为数据接收引脚，传送一帧数据的格式如图 7-8 所示。其中 1 位起始位、8 位数据位、1 位停止位。

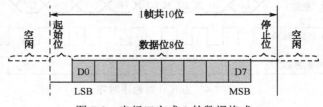

图 7-8　串行口方式 1 的数据格式

1. 方式 1 输出

当执行一条写 SBUF 的指令时，就启动了串行口发送过程。在发送移位时钟（由波特率确定）的同步下，从 TXD 引脚先送出起始位，然后是 8 位数据位，最后是停止位。一帧 10 位数据发送完后，中断标志 TI 置 1。方式 1 的发送时序如图 7-9 所示。方式 1 的波特率由定时器 T1 的溢出率决定。

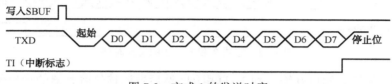

图 7-9　方式 1 的发送时序

2. 方式 1 输入

方式 1 的接收时序如图 7-10 所示。

当用软件置 REN 为 1 时，接收器以所选择波特率的 16 倍速率采样 RXD 引脚电平，检测到 RXD 引脚输入电平发生负跳变时，则说明起始位有效，将其移入输入移位寄存器，并开始接收这一帧信息的其余位。在接收过程中，数据从输入移位寄存器右边移入，起始位移至输入移位寄存器最左边时，控制电路进行最后一次移位。当 RI=0，且 SM2=0（或接收到的停止位为 1）时，将接收到的 9 位数据的前 8 位数据装入接收 SBUF，第 9 位（停止位）进入 RB8，并置 RI=1，向 CPU 请求中断。

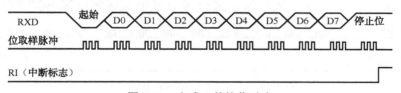

图 7-10　方式 1 的接收时序

7.3.3　方式 2 和方式 3

串行口工作于方式 2 或方式 3 时，为 11 位数据的异步通信口。TXD 为数据发送引脚，RXD 为数据接收引脚，传送一帧数据的格式如图 7-11 所示。

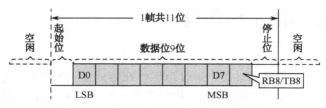

图 7-11　串行口方式 2 和 3 的数据格式

由图可见，串行口工作于方式 2 和方式 3 时起始位 1 位，数据位 9 位（含 1 位附加的第 9 位，发送时为 SCON 中的 TB8，接收时为 RB8）、停止位 1 位，一帧数据为 11 位。方式 2 的波特率固定为晶振频率的 1/64 或 1/32，方式 3 的波特率由定时器 T1 的溢出率决定。

1. 方式 2 和方式 3 输出

CPU 向 SBUF 写入数据时，就启动了串行口的发送过程。SCON 中的 TB8 写入输出移位寄存器的第 9 位，8 位数据装入 SBUF。方式 2 和方式 3 的发送时序如图 7-12 所示。

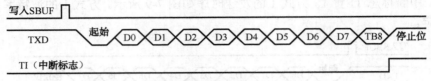

图 7-12   方式 2 和方式 3 的发送时序

发送开始时，先把起始位 0 输出到 TXD 引脚，然后发送移位寄存器的输出位（D0）到 TXD 引脚。每一个移位脉冲都使输出移位寄存器的各位右移一位，并由 TXD 引脚输出。

第一次移位时，停止位 "1" 移入输出移位寄存器的第 9 位上，以后每次移位，左边都移入 0。当停止位移至输出位时，左边其余位全为 0，检测电路检测到这一条件时，使控制电路进行最后一次移位，并置 TI=1，向 CPU 请求中断。

2. 方式 2 和方式 3 输入

软件使接收允许位 REN 为 1 后，接收器就以所选频率的 16 倍速率开始取样 RXD 引脚的电平状态，当检测到 RXD 引脚发生负跳变时，说明起始位有效，将其移入输入移位寄存器，开始接收这一帧数据。方式 2 和方式 3 的接收时序如图 7-13 所示。

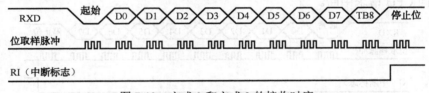

图 7-13   方式 2 和方式 3 的接收时序

接收时，数据从右边移入输入移位寄存器，在起始位 0 移到最左边时，控制电路进行最后一次移位。当 RI=0，且 SM2=0（或接收到的第 9 位数据为 1）时，接收到的数据装入接收缓冲器 SBUF 和 RB8（接收数据的第 9 位），置 RI=1，向 CPU 请求中断。如果条件不满足，则数据丢失，且不置位 RI，继续搜索 RXD 引脚的负跳变。

7.4   多机通信的工作原理

MCS-51 单片机具有多机通信功能。串行口工作在方式 2、方式 3 均可实现多机通信。串行控制寄存器 SCON 中的 SM2 和 TB8、RB8 相配合可以完成主从式多机通信。多机通信规定：第 9 位数据位为 1（即 TB8=1），说明本帧数据为地址帧；第 9 位数据为 0（即 TB8=0）时，则本帧数据为数据帧。若 SM2=1，则仅当从机接收到的第 9 位数据为 1 时，数据才装入接收缓冲器 SBUF，并置 RI=1，向 CPU 申请中断；如果接收到的第 9 位数据为 0，则不置位中断标志 RI，该帧信息丢弃。

主从式多机通信中，一台是主机，其余为从机，从机要服从主机的调度和支配。

在多机通信时，一台为主机，其他为从机，所有从机的 SM2 都必须置 1。主机首先发送一帧地址数据，中断所有从机。从机接收到地址后，判断主机发送地址是否为本机地址，若是本机地址，则将 SM2 清零，进入正式通信状态，把本机的地址发送回主机作为应答信号，然后开始接收主机发来的数据或命令信息。其他从机由于地址不符，其 SM2=1 保持不变，不与主机通信，从中断返回。

主从式多机通信遵循的通信协议为：

● 使所有从机的 SM2=1，处于只接收地址帧的状态。

● 主机向从机发送一帧地址信息，其中包括 8 位地址，且第 9 位为 1，表示发送的是地址，中断所有从机。

● 从机接收。

● 主机接收从机发回的应答地址信号后，与其发送的地址信息进行比较，如果相符，则使 TB8=0，正式发送数据；如果不符，则发送错误信息。

● 通信的各机之间必须以相同的帧格式及波特率进行通信。

7.5　波特率的计算方法

在串行通信中，收发双方对发送或接收的数据的波特率要有一个约定。MCS-51 单片机串行口有 4 种工作方式：方式 0 和方式 2 的波特率固定不变；方式 1 和方式 3 的波特率可以变化，由定时器 T1 的溢出速率决定。下面介绍串行口 4 种工作方式对应的波特率。

1. 方式 0 的波特率

采用工作方式 0 时，移位脉冲由机器周期的第 6 个状态周期 S6 给出，每个机器周期产生一个移位脉冲，发送或接收一位数据。因此，波特率是固定的，为振荡频率的 1/12，不受 PCON 寄存器中 SMOD 的影响。用公式表示为

$$工作方式 0 的波特率 = f_{osc}/12$$

2. 方式 2 的波特率

采用工作方式 2 时，移位脉冲由振荡频率 f_{osc} 的第二节拍 P2 时钟（即 $f_{osc}/2$）给出，所以，方式 2 波特率取决于 PCON 中的 SMOD 位的值，当 SMOD=0 时，波特率为 $f_{osc}/64$；当 SMOD=1 时，波特率为 $f_{osc}/32$。用公式表示为

$$工作方式 2 的波特率 = (2^{SMOD}/64) \times f_{osc}$$

3. 方式 1 和方式 3 的波特率

方式 1 和方式 3 的移位脉冲由定时器 T1 的溢出速率决定。因此，方式 1 和方式 3 的波特率由定时器 T1 的溢出速率与 SMOD 值同时决定。用公式表示为

$$方式 1、方式 3 的波特率 = (2^{SMOD}/32) \times T1 的溢出速率$$

其中，T1 的溢出速率取决于 T1 的计数速率（在定时方式时，计数速率 = $f_{osc}/12$）和 T1 的预置初值。

定时器 T1 作为波特率发生器时，通常选用定时器 T1 工作在方式 2，并使其工作在定时方式（即 C/T=0）。此时，T1 的计数速率为 $f_{osc}/12$（这时应禁止 T1 中断）。设定时器初值为 X，则每过 "256-X" 个机器周期，定时器 T1 产生一次溢出。用公式表示为

$$T1 \text{ 的溢出速率} = (f_{osc}/12) / (256-X)$$

当给出波特率后，可用下式计算出定时器 T1 工作在方式 2 的初始值为

$$X = 256 - (f_{osc} \times (SMOD+1)) / (384 \times 波特率)$$

当 T1 作为波特率发生器时，最典型的用法是使 T1 工作在自动再装入的 8 位定时器方式（即方式 2，且 TCON 的 TR1=1，以启动定时器）。这时溢出速率取决于 TH1 中的计数值。

在单片机应用中，常用的晶振频率为 12MHz 和 11.0592MHz。所以，选用的波特率也相对固定。常用的串行口波特率与各参数的关系如表 7-2 所示。

表 7-2   常用波特率与定时器 1 的参数关系

串口工作方式及波特率（bps）	f_{osc}（MHz）	SMOD	定时器 T1		
			C/T	工作方式	初值
方式 1、3 62.5K	12	1	0	2	FFH
19.2K	11.0592	1	0	2	FDH
9600	11.0592	0	0	2	FDH
4800	11.0592	0	0	2	FAH
2400	11.0592	0	0	2	F4H
1200	11.0592	0	0	2	E8H

在使用串行口之前，应对其进行初始化，主要是设置产生波特率的定时器 1、串行口控制和中断控制。具体步骤如下。

（1）确定 T1 的工作方式（编程 TMOD 寄存器）；

（2）计算 T1 的初值，装载 TH1、TL1；

（3）启动 T1（编程 TCON 中的 TR1 位）；

（4）确定串行口控制（编程 SCON 寄存器）；

（5）串行口在中断方式工作时，要进行中断设置（编程 IE、IP 寄存器）。

【例 7-1】   8051 单片机时钟振荡频率为 11.0592MHz，选用定时器 T1（方式 2）作为波特率发生器，波特率为 4800bps，求定时器 T1 的初值 X。

解：设波特率控制位 SMOD=0，则

$$X = 256 - 11.0592 \times 10^6 \times (0+1) / (384 \times 4800) = 250 = FAH$$

所以 $(TH1) = (TL1) = FAH$

系统晶振频率选用 11.0592MHz，是为了使初值为整数，从而产生精确的波特率。

7.6   串行口的编程和应用

在计算机分布式测控系统中，经常要利用串行通信方式进行数据传输。MCS-51 单片机的串行口为计算机间的通信提供了极为便利的条件。利用单片机的串行口还可以方便地扩展键盘和显示器，对于简单的应用非常便利。这里仅介绍单片机串行口在通信方面的应用，关于键盘和显示器的扩展将在下一章介绍。

7.6.1　单片机与单片机的通信

1. 点对点的通信

点对点的通信也称为双机通信，用于单片机和单片机之间交换信息，也常用于单片机与通用微机间的信息交换。

1）硬件连接

两个单片机间采用 TTL 电平直接传输信息，其传输距离一般不应超过 5m。所以实际应用中通常采用 RS-232C 标准电平进行点对点的通信连接。图 7-14 所示为两个单片机间的通信连接方法，电平转换芯片采用 MAX232A。

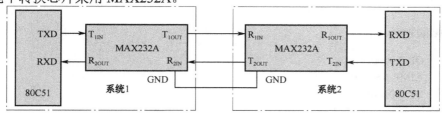

图 7-14　点对点通信接口电路

2）应用程序

程序流程如图 7-15 所示。

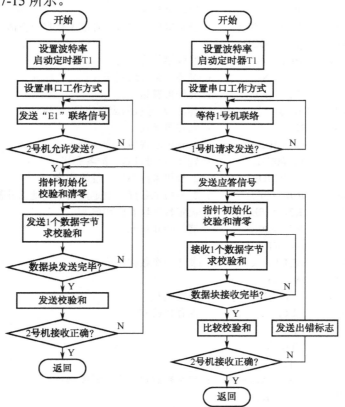

图 7-15　点对点通信的程序流程图

设 1 号机是发送方，2 号机是接收方。当 1 号机发送时，先发送一个"E1"联络信号，2 号机收到后回答一个"E2"应答信号，表示同意接收。当 1 号机收到应答信号"E2"后，开始发送数据，每发送一个数据字节都要计算"校验和"。假定数据块长度为 16B，起始地址为 40H，一个数据块发送完毕后立即发送"校验和"。2 号机接收数据并转存到数据缓冲区，起始地址也为 40H，每接收到一个数据字节便计算一次"校验和"。当收到一个数据块后，再接收 1 号机发来的"校验和"，并将它与 2 号机求出的校验和进行比较。若两者相等，说明接收正确，2 号机回答 00H；若两者不相等，说明接收不正确，2 号机回答 0FFH，请求重发。1 号机接到 00H 后结束发送。若收到的答复非零，则重新发送数据一次。双方约定采用串行口方式 1 进行通信，一帧信息为 10 位，其中有 1 个起始位、8 个数据位和 1 个停止位，波特率为 2400bps。T1 工作在定时器方式 2，振荡频率选用 11.0592MHz，查表可得 TH1=TL1=0F4H，PCON 寄存器的 SMOD 位为 0。

接收程序清单如下：

```
            ORG    0000H
            AJMP   ASTART
            ORG    0100H
ASTART:  CLR    EA
            MOV    TMOD，#20H      ; 定时器 1 置为方式 2
            MOV    TH1，#0F4H       ; 装载定时器初值，波特率为 2400bps
            MOV    TL1，#0F4H
            MOV    PCON，#00H
            SETB   TR1              ; 启动定时器
            MOV    SCON，#50H      ; 设定串口方式 1，且准备接收应答信号
ALOOP1:  MOV    A，#0E1H
            MOV    SBUF，A          ; 发联络信号
            JNB    TI，$            ; 等待一帧发送完毕
            CLR    TI               ; 允许再发送
            JNB    RI，$            ; 等待 2 号机的应答信号
            CLR    RI               ; 允许再接收
            MOV    A，SBUF          ; 2 号机应答后，读至 A
            XRL    A，#0E2H         ; 判断 2 号机是否准备完毕
            JNZ    A，LOOP1         ; 2 号机未准备好，继续联络
ALOOP2:  MOV    R0，#40H          ; 2 号机准备好，设定数据块地址指针初值
            MOV    R7，#10H          ; 设定数据块长度初值
            MOV    R6，#00H          ; 清校验和单元
ALOOP3:  MOV    A，@R0
            MOV    SBUF，A          ; 发送一个数据字节
            MOV    A，R6
            ADD    A，@R0           ; 求校验和
            MOV    R6，A            ; 保存校验和
            INC    R0
            JNB    TI，$
            CLR    TI
            DJNZ   R7，ALOOP3       ; 整个数据块是否发送完毕
            MOV    A，R6
            MOV    SBUF，A          ; 发送校验和
```

```
JNB      TI，$
CLR      TI
JNB      RI，$              ；等待 2 号机的应答信号
CLR      RI
MOV      A，SBUF           ；2 号机应答，读至 A
JNZ      A，LOOP2          ；2 号机应答"错误"，转重新发送
RET                        ；2 号机应答"正确"，返回
```

发送程序清单如下：

```
            ORG 0000H
            AJMP BSTART
            ORG 0100H
BSTART：CLR      EA
            MOV      TMOD，#20H
            MOV      TH1，#0F4H
            MOV      TL1，#0F4H
            MOV      PCON，#00H
            SETB     TR1
            MOV      SCON，#50H     ；设定串口方式 1，且准备接收
BLOOP1：JNB      RI，$          ；等待 1 号机的联络信号
            CLR      RI
            MOV      A，SBUF        ；收到 1 号机信号
            XRL      A，#0E1H       ；判断是否为 1 号机联络信号
            JNZ      B，LOOP1       ；不是 1 号机联络信号，再等待
            MOV      A，#0E2H
            MOV      SBUF，A        ；是 1 号机联络信号，发应答信号
            JNB      TI，$
            CLR      TI
            MOV      R0，#40H       ；设定数据块地址指针初值
            MOV      R7，#10H       ；设定数据块长度初值
            MOV      R6，#00H       ；清校验和单元
BLOOP2：JNB      RI，$
            CLR      RI
            MOV      A，SBUF
            MOV      @R0，A         ；接收数据转储
            INC      R0
            ADD      A，R6          ；求校验和
            MOV      R6，A
            DJNZ     R7，BLOOP2     ；判断数据块是否接收完毕
            JNB      RI，$          ；完毕，接收 1 号机发来的校验和
            CLR      RI
            MOV      A，SBUF
            XRL      A，R6          ；比较校验和
            JZ       END1           ；校验和相等，跳至发正确标志
            MOV      A，#0FFH
            MOV      SBUF，A        ；校验和不相等，发错误标志
            JNB      TI，$          ；转重新接收
            CLR      TI
```

```
END1: MOV      A, #00H
      MOV      SBUF, A
            RET
```

上述程序中收发数据采用的是查询方式，也可以采用中断方式完成，请读者自己编制。

【例7-2】 有两台 MCS-51 单片机相距很近，直接将它们的串行口相连，1#机的 TXD 接 2#机的 RXD，2#机的 TXD 接 1#机的 RXD，两机的 GND 相连。两机的晶振频率均为 11.0592MHz，通信的波特率为 4800bps。现将第一台单片机片内 RAM 40H～5FH 单元内的数据串行发送到第二台单片机片内 RAM 60H～7FH 单元中。

思路：让两台单片机的串行口均工作在方式 2，接收或发送一帧的信息为 11 位：1 位起始位、8 位数据位、第 9 位为奇偶校验位、最后一位为停止位。奇偶校验的过程为：在发送端 TB8 做奇偶校验位，在数据写入发送缓冲器之前，先将数据的奇偶校验位写入 TB8 中，作为第 9 位数据传送，此数据传送到接收方的 RB8 位上。接收方接收到一个 8 位字符后，从 SBUF 转移到累加器 A 中时，状态标志寄存器会产生已接收到数据的奇偶值，将此奇偶值与 RB8 中的奇偶值相比较，两者相符，说明接收字符正确，两者不符，说明接收字符有错，置出错标志。

发送与接收的参考程序如下：

1#单片机发送程序：

```
      ORG 1000H
TX: MOV    TMOD, #02H
    MOV    TH1, #0FAH
    MOV    TL1, #0FAH
    MOV    SCON, #80H      ; 设定工作方式 2
    MOV    PCON, #00H      ; 波特率为 f_osc/64
    SETB   TR0
    MOV    R0, #40H        ; 设发送数据的地址指针
    MOV    R2, #20H        ; 设发送数据长度
LOOP: MOV    A, @R0        ; 取发送数据送 A
    MOV    C, PSW.0
    MOV    TB8, C          ; 奇偶位送 TB8
    MOV    SBUF, A         ; 启动发送
WAIT: JBC    TI, LL1       ; 判断发送中断标志
    SJMP   WAIT
LL1: INC    R0
    DJNZ   R2, LOOP
    RET
```

2#单片机接收程序：

```
      ORG 1000H
RX: MOV    TMOD, #02H
    MOV    TH1, #0FAH
    MOV    TL1, #0FAH
    MOV    SCON, #90H      ; 设定工作方式 2，并允许接收
    MOV    PCON, #00H
    SETB   TR0
    MOV    R0, #60H
    MOV    R2, #20H
LOOP: JBC    RI, MM1       ; 等待接收数据
```

```
        SJMP    LOOP
MM1: MOV     A , SBUF        ; 读入一帧数据
     JB   PSW.0 , PP1        ; 判断接收端奇偶
     JB   RB8 , ERROR        ; 判断发送端奇偶
     SJMP    RIGHT
PP1: JNB  RB8 , ERROR        ; 接收出错
RIGHT: MOV   @R0 , A         ; 接收正确
     INC   R0
     DJNZ   R2 , LOOP
ERROR: SETB   PSW.5          ; 置出错标志
     RET
```

【例 7-3】　甲乙两机进行串行通信，将甲机片外 RAM 中 1000H 单元开始的 32 个数据发送到乙机片外 RAM 中 1000H 开始的单元中。两机的晶振频率均为 11.0592MHz，通信的波特率为 1200bps。

为了确保通信成功，通信双方约定如下：

甲机发送数据，乙机接收数据。双机开始通信时，甲机先发出呼叫信号"04H"，询问乙机是否可以接收数据。乙机收到呼叫信号后，如果同意接收则发回"00H"作为应答，否则发"FFH"表示暂不接收数据。甲机只有收到乙机回答信号"00H"后，才把片外 RAM 中的 32 个数据发送给乙机，否则继续向乙机呼叫，直到乙机同意接收。此后，甲机向乙机发送数据。发送数据时，首先发送数据字节数，紧接着发送数据，最后发送累加校验和。乙机根据收到的累加校验和判断已接收到的数据是否正确，如果接收正确，则向甲机发回信号"11H"，否则发回信号"F0H"。甲机只有接收到信号"11H"才表明完成发送任务，否则，继续呼叫，重发数据。设甲、乙机串行口均工作在方式 1，根据发送和接收的波特率，设置定时器 T1 工作在方式 2，当 SMOD=0 时，则计数初值为 E8H。甲机发送子程序流程如图 7-16 所示，乙机接收子程序流程如图 7-17 所示。

参考程序如下：

（1）甲机发送子程序：

```
        ORG 1000H
TTTT: MOV    TMOD , #20H
      MOV    TH1 , #0E8H
      MOV    TL1 , #0E8H
      SETB   TR1
      MOV    SCON , #50H
      MOV    87H , #00H
ENTER: MOV   DPH , #10H
      MOV    DPL , #00H
      MOV    R4 , #20H
      MOV    R5 , #00H
TX1:  MOV    A , #04H
      MOV    SBUF , A
WAIT1: JBC   TI , RX1
      SJMP   WAIT1
RX1: JBC    RI , NEXT1
      SJMP      RX1
```

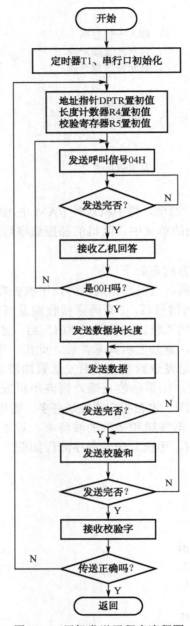

图 7-16　甲机发送子程序流程图

```
NEXT1: MOV     A , SBUF
       CJNE    A , #00H , TX1
TX2:   MOV     A , R4
       MOV     SBUF , A
       ADD     A , R5
       MOV     R5 , A
WAIT2: JBC     TI , TX3
       SJMP    WAIT2
```

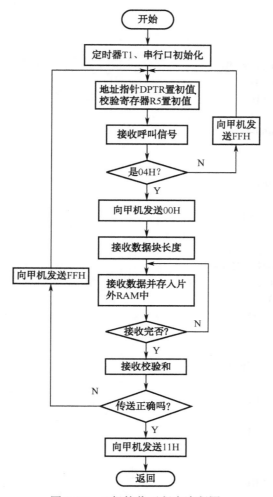

图 7-17　乙机接收子程序流程图

```
TX3 : MOVX      A  , @DPTR
       MOV      SBUF , A
       ADD      A , R5
       MOV      R5 , A
       INC      DPTR
WAIT3: JBC      TI , NEXT2
       SJMP   WAIT3
NEXT2: DJNZ   R4 , TX3
       MOV      A , R5
       MOV    SBUF , A
WAIT4: JBC      TI , RX_11H
       SJMP   WAIT4
RX_11H: JBC      RI , IF_11H
       SJMP   RX_11H
IF_11H: MOV      A , SBUF
       CJNE     A , #11H , ENTER
       RET
```

（2）乙机接收子程序：

```
        ORG 1000H
RRRR:   MOV   TMOD , #20H
        MOV   TH1 , #0E8H
        MOV   TL1 , #0E8H
        SETB  TR1
        MOV   SCON , #50H
        MOV   87H, #00H
ENTER:  MOV   DPH , #10H
        MOV   DPL , #00H
        MOV   R5 , #00H
RX1:    JBC   RI , IF_04H
   SJMP RX1
IF_04H: MOV   A , SBUF
        CJNE  A , #04H , TX_FFH
        MOV   A , #00H
        MOV   SBUF , A
WAIT1:  JBC   TI , RX2
        SJMP  WAIT1
   LJMP RX2
TX_FFH: MOV   A , #0FFH
        MOV   SBUF , A
WAIT2:  JBC   TI , LL1
        SJMP  WAIT2
LL1:    LJMP  ENTER
RX2:    JBC   RI , LL2
   SJMP RX2
LL2:    MOV   A , SBUF
        MOV   R4 , A
        MOV   R5 , A
RX3:    JBC   RI , LL3
   SJMP RX3
LL3:    MOV   A , SBUF
        MOVX  @DPTR , A
        INC   DPTR
        ADD   A , R5
        MOV   R5 , A
        DJNZ  R4 , RX3
RX4:    JBC   RI , LL4
   SJMP RX4
LL4:    MOV   A , SBUF
        MOV   30H , R5
   CJNE A , 30H , T_ERR
T_RIGHT:MOV   A , #11H
        MOV   SBUF , A
WAIT3:  JBC   TI , EN
        SJMP  WAIT3
```

```
T_ERR: MOV      A , #0F0H
        MOV   SBUF , A
WAIT4: JBC   TI , AGAIN
        SJMP   WAIT4
AGAIN: LJMP   ENTER
EN:    RET
```

2. 多机通信

1）硬件连接

单片机构成的多机系统常采用总线型主从式结构。所谓主从式，即在数个单片机中，有一个是主机，其余的是从机，从机要服从主机的调度和支配。单片机的串行口方式 2 和方式 3 适于这种主从式的通信结构。当然，采用不同的通信标准时，还需进行相应的电平转换，有时还要对信号进行光电隔离。在实际的多机应用系统中，常采用 RS-485 串行标准总线进行数据传输，如图 7-18 所示。

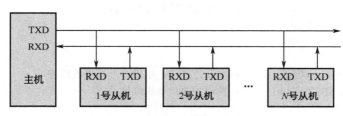

图 7-18　多机通信系统的硬件连接

2）通信协议

根据串行口的多机通信能力，多机通信可以按照以下协议进行：

（1）所有从机的 SM2 位置 1，处于接收地址帧状态。

（2）主机发送一地址帧，其中 8 位是地址，第 9 位为地址/数据的区分标志，该位置 1 表示该帧为地址帧。

（3）所有从机收到地址帧后，都将接收的地址与本机的地址比较。对于地址相符的从机，使自己的 SM2 位置 0（以接收主机随后发来的数据帧），并把本站地址发回主机作为应答；对于地址不符的从机，仍保持 SM2=1，对主机随后发来的数据帧不予理睬。

（4）从机发送数据结束后，要发送一帧校验和，并置第 9 位（TB8）为 1，作为从机数据传送结束的标志。

（5）主机接收数据时先判断数据接收标志（RB8），若 RB8=1，表示数据传送结束，并比较此帧校验和。若正确，则回送正确信号 00H，此信号命令该从机复位（即重新等待地址帧）；若校验和出错，则发送 0FFH，命令该从机重发数据。若接收帧的 RB8=0，则存数据到缓冲区，并准备接收下帧信息。

（6）主机收到从机应答地址后，确认地址是否相符。如果地址不符，发复位信号（数据帧中 TB8=1）；如果地址相符，则清 TB8，开始发送数据。

（7）从机收到复位命令后回到监听地址状态（SM2=1），否则开始接收数据和命令。

3）应用程序

主机发送的地址联络信号为 00H、01H、02H、…（即从机设备地址），地址 FFH 为命令各从机复位，即恢复 SM2=1。

主机命令编码为 01H，主机命令从机接收数据；主机命令编码为 02H，主机命令从机发送数据。其他都按 02H 对待。

从机状态字节格式为

位 7	6	5	4	3	2	1	0
ERR	0	0	0	0	0	TRDY	RRDY

RRDY=1：表示从机准备好接收。

TRDY=1：表示从机准备好发送。

ERR=1：表示从机接收的命令是非法的。

程序分为主机程序和从机程序。约定一次传递数据为 16B，以 01H 地址的从机为例。

主机程序清单：

设从机地址号存于 40H 单元，命令存于 41H 单元。

```
    MAIN: MOV TMOD, #20H    ; T1 方式 2
          MOV TH1, #0FDH         ; 初始化波特率 9600bps
          MOV TL1, #0FDH
          MOV PCON, #00H
          SETB TR1
          MOV SCON, #0F0H       ; 串口方式 3，多机，准备接收应答
   LOOP1: MOV SBUF, 40H         ; 发送预通信从机地址
          JNB TI, $
          CLR TI
          JNB RI, $              ; 等待从机对联络应答
          CLR RI
          MOV A, SBUF           ; 接收应答，读至 A
          XRL A, 40H            ; 判断应答的地址是否正确
          JZ AD_OK
  AD_ERR: MOV SBUF, #0FFH       ; 应答错误，发命令 FFH
          JNB TI, $
          CLR TI
          SJMP LOOP1            ; 返回重新发送联络信号
   AD_OK: CLR TB8              ; 应答正确
          MOV SBUF, 41H         ; 发送命令字
          JNB TI, $
          CLR TI
          JNB RI, $              ; 等待从机对命令应答
          CLR RI
          MOV A, SBUF           ; 接收应答，读至 A
          XRL A, #80H          ; 判断应答是否正确
          JNZ CO_OK
          SETB TB8
          SJMP AD_ERR          ; 错误处理
   CO_OK: MOV A, SBUF          ; 应答正确，判断是发送还是接收命令
          XRL A, #01H
          JZ SE_DATA           ; 从机准备好接收，可以发送
          MOV A, SBUF
```

```
        XRL A，#02H
        JZ RE_DATA              ; 从机准备好发送，可以接收
        LJMP SE_DATA
RE_DATA：MOV R6，#00H          ; 清校验和接收 16B 数据
        MOV R0，#30H
        MOV R7，#10H
LOOP2：JNB RI，$
        CLR RI
        MOV A，SBUF
        MOV @R0，A
        INC R0
        ADD A，R6
        MOV R6，A
        DJNZ R7，LOOP2
        JNB RI，$
        CLR RI
        MOV A，SBUF             ; 接收校验和并判断
        XRL A，R6
        JZ XYOK ；校验正确
        MOV SBUF，#0FFH         ; 校验错误
        JNB TI，$
        CLR TI
        LJMP RE_DATA
XYOK：MOV SBUF，#00H           ; 校验和正确，发 00H
        JNB TI，$
        CLR TI
        SETB TB8 ；置地址标志
        LJMP RETEND
SE_DATA：MOV R6，#00H          ; 发送 16B 数据
        MOV R0，#30H
        MOV R7，#10H
LOOP3：MOV A，@R0
        MOV SBUF，A
        JNB TI，$
        CLR TI
        INC R0
        ADD A，R6
        MOV R6，A
        DJNZ R7，LOOP3
        MOV A，R6
        MOV SBUF，A             ; 发校验和
        JNB TI，$
        CLR TI
        JNB RI，$
        CLR RI
        MOV A，SBUF
        XRL A，#00H
        JZ RET_END             ; 从机接收正确
```

```
        SJMP SE_DATA            ; 从机接收不正确，重新发送
    RET_END: RET
```

从机程序清单：

设本机号存于40H单元，41H单元存放"发送"命令，42H单元存放"接收"命令。

```
    MAIN: MOV TMOD, #20H        ; 初始化串行口
        MOV TH1，#0FDH
        MOV TL1，#0FDH
        MOV PCON, #00H
        SETB TR1
        MOV SCON, #0F0H
    LOOP1: SETB EA              ; 开中断
        SETB ES
        SETB RRDY              ; 发送与接收准备就绪
        SETB TRDY
        SJMP LOOP1
    SERVE: PUSH PSW             ; 中断服务程序
        PUSH ACC
        CLR ES
        CLR RI
        MOV A，SBUF
        XRL A，40H               ; 判断是否本机地址
        JZ SER_OK
        LJMP ENDI               ; 非本机地址，继续监听
    SER_OK: CLR SM2             ; 是本机地址，取消监听状态
        MOV SBUF, 40H           ; 本机地址发回
        JBC TI, $
        CLR TI
        JBC RI, $
        CLR RI
        JB RB8, ENDII           ; 是复位命令，恢复监听
        MOV A，SBUF              ; 不是复位命令，判断是发送还是接收
        XRL A，41H
        JZ SERISE               ; 收到发送命令，发送处理
        MOV A，SBUF
        XRL A，42H
        JZ SERIRE               ; 收到接收命令，接收处理
        SJMP FFML               ; 非法命令，转非法处理
    SERISE: JB TRDY, SEND       ; 从机发送是否准备好
        MOV SBUF, #00H
        SJMP WAIT01
    SEND: MOV SBUF, #02H        ; 返回"发送准备好"
    WAIT01: JNB TI, $
        CLR TI
        JNB RI, $
        CLR RI
        JB RB8, ENDII           ; 主机接收是否准备就绪
        LCALL SE_DATA           ; 发送数据
```

```
        LJMP END
FFML: MOV SBUF, #80H        ; 发非法命令, 恢复监听
    JNB TI, $
    CLR TI
    LJMP ENDII
SERIRE: JB RRDY, RECE        ; 从机接收是否准备好
    MOV SBUF, #00H
    SJMP WAIT02
RECE: MOV SBUF, #01H         ; 返回"接收准备好"
WEIT02: JNB TI, $
    CLR TI
    JNB RI, $
    CLR RI
    JB RB8, ENDII           ; 主机发送是否就绪
    LCALL RE_DATA           ; 接收数据
    LJMP END
ENDII: SETB SM2
ENDI: SETB ES
END: POP ACC
    POP PSW
    RETI
SE_DATA: CLR TRDY            ; 发送数据块子程序
    MOV R6, #00H
    MOV R0, #30H
    MOV R7, #10H
LOOP2: MOV A, @R0
    MOV SBUF, A
    JNB TI, $
    CLR TI
    INC R0
    ADD A, R6
    MOV R6, A
    DJNZ R7, LOOP2          ; 数据块是否发送完毕
    MOV A, R6
    MOV SBUF, A
    JNB TI, $ ; 发送校验和
    CLR TI
    JNB RI, $
    CLR RI
    MOV A, SBUF
    XRL A, #00H             ; 判断发送是否正确
    JZ SEND_OK
    SJMP SE_DATA            ; 发送错误, 重发
SEND_OK: SETB SM2           ; 发送正确, 继续监听
    SETB ES
    RET
RE_DATA: CLR RRDY           ; 接收数据块子程序
    MOV R6, #00H
```

```
        MOV R0，#30H
        MOV R7，#10H
LOOP3：JNB RI，$
        CLR RI
        MOV A，SBUF
        MOV @R0，A
        INC R0
        ADD A，R6
        MOV R6，A
        DJNZ R7，LOOP3          ; 接收数据块是否完毕
        JNB RI，$               ; 接收校验和
        CLR RI
        MOV A，SBUF
        XRL A，R6               ; 判断校验和是否正确
        JZ RECE_OK
        MOV SBUF，#0FFH         ; 校验和错误，发 FFH
        JNB TI，$
        CLR TI
        LJMP RE_DATA           ; 重新接收
RECE_OK：MOV A，#00H          ; 校验和正确，发 00H
        MOV SBUF，A
        JNB TI，$
        CLR TI
        SETB SM2 ；继续监听
        SETB ES
        RET
```

7.6.2　单片机与 PC 的通信

利用 PC 配置的异步通信接口，可以很方便地完成 PC 与单片机的数据通信。PC 与 MCS-51 单片机最简单的连接是零调制 3 线经济型，这是进行全双工通信所必需的最少数据的线路。

MCS-51 单片机输入、输出电平为 TTL 电平，而 PC 配置的是 RS-232C 标准串行接口，二者的电气规范不一致，因此要完成 PC 兼容与单片机的数据通信，必须进行电平转换。

RS-232C 串行通信接口是美国电气工业协会（EIA）与 BELL 公司等一起开发的一种标准通信协议，现在它在终端、外设与计算机中被广泛采用。该标准规定了 21 个信号和 25 个引脚，但在智能仪器与计算机之间的通信中常用两个信号及 3 个引脚（数据输入、数据输出、信号地）。它采用双极性的负逻辑信号，0 逻辑信号为+3～12V，1 逻辑信号为-3～-12V，它的传输速率最大为 20Kbps，传输距离仅为 15m。

RS-232C 定义了数据终端设备（DTE）与数据通信设备（DCE）之间的物理接口标准（如图 7-19 所示）。

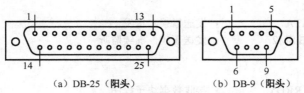

（a）DB-25（阳头）　　（b）DB-9（阳头）

图 7-19　RS-232C 通信连接器引脚定义

RS-232C 接口规定使用 25 针连接器，连接器的尺寸及每个插针的排列位置都有明确的定义。在一般的应用中并不一定用到 RS-232C 标准的全部信号线。RS-232C 接口的主要引脚定义如表 7-3 所示。

表 7-3　RS-232C 标准接口主要引脚定义

插 针 序 号	信 号 名 称	功　　能	信 号 方 向
1	PGND	保护接地	DTE→DCE
2（3）	TXD	发送数据（串行输出）	DTE←DCE
3（2）	RXD	接收数据	DTE→DCE
4（7）	RTS	请求发送	DTE←DCE
5（8）	CTS	允许发送	DTE←DCE
6（6）	DSR	DCE 就绪（数据建立就绪）	DTE←DCE
7（5）	SGND	信号接地	
8（1）	DCD	载波检测	DTE←DCE
20（4）	DTR	DTE 就绪（数据终端准备就绪）	DTE→DCE
22（9）	RI	振铃指示	DTE←DCE

注：插针序号（）内为 9 针非标准连接器的引脚号。

为了 PC 与 MCS-51 机之间能可靠地进行串行通信，需要用电平转换芯片，实现 MCS-51 单片机与 PC 的 RS-232C 标准接口通信电路的连接，如图 7-20 所示。

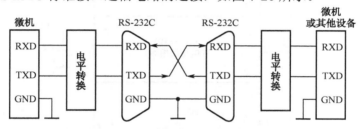

图 7-20　单片机与 PC 串行通信连接方式

其中电平转换最常用的方法是采用 MAX232 芯片。

1．MAX232 芯片简介

MAX232 芯片是 MAXIM 公司生产的、包含两路接收器和驱动器的 IC 芯片，适用于各种 EIA-232C 和 V.28/V.24 的通信接口。MAX232 芯片内部有一个电源电压变换器，可以把输入的 +5V 电源电压转换成为 RS-232C 输出电平所需的±12V 电压。所以，采用此芯片接口的串行通信系统只需单一的 5V 电源即可。该芯片价格适中，硬件接口简单，所以被广泛采用。

MAX232 芯片的引脚结构如图 7-21 所示，其典型工作电路如图 7-22 所示。

图 7-22 中上半部分电容 C1、C2、C3、C4 及 V+、V−是电源变换电路部分。在实际应用中，器件对电源噪声很敏感。因此，V_{CC} 必须要对地加去耦电容 C5，其值为 0.1μF。电容 C1、C2、C3、C4 取同样数值的钽电解电容 1.0μF/16V，用以提高抗干扰能力，在连接时必须尽量靠近器件。下半部分为发送和接收部分。实际应用中，T1$_{IN}$、T2$_{IN}$ 可直接接 TTL/CMOS 电平的 MCS-51 单片机的串行发送端 TXD；R1$_{OUT}$、R2$_{OUT}$ 可直接接 TTL/CMOS 电平的 MCS-51 单片机的串行接收端 RXD；T1$_{OUT}$、T2$_{OUT}$ 可直接接 PC 的 RS-232C 串口的接收端 RXD；R1$_{IN}$、R2$_{IN}$ 可直接

接 PC 的 RS-232C 串口的发送端 TXD。

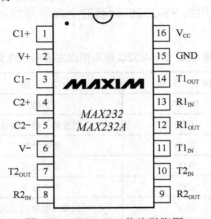

图 7-21　MAX232 芯片引脚图

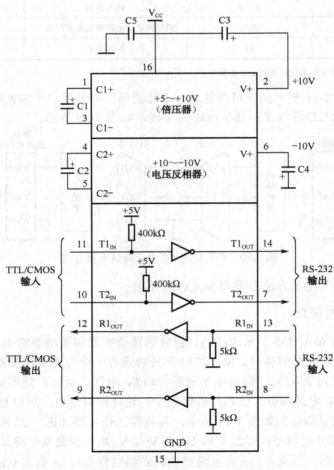

图 7-22　MAX232 典型工作电路图

2. 采用 MAX232 芯片接口的 PC 与 MCS-5I 单片机串行通信接口电路

现从 MAX232 芯片中两路发送接收中任选一路作为接口。要注意其发送、接收的引脚要对应。如使 $T1_{IN}$ 接单片机的发送端 TXD，则 PC 的 RS-232C 的接收端 RXD 一定要对应接 $T1_{OUT}$ 引脚。同时，$R1_{OUT}$ 接单片机的 RXD 引脚，PC 的 RS-232C 的发送端 TXD 对应接 $R1_{IN}$ 引脚，其接口电路如图 7-23 所示。

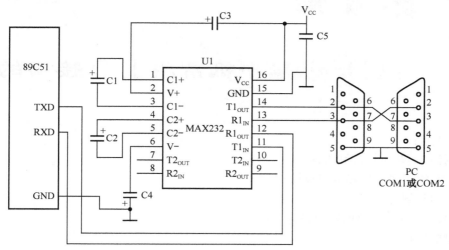

图 7-23　采用 MAX232 接口串行通信电路

习　　题

1．80C51 单片机串行口有几种工作方式？如何选择？简述其特点。

2．串行通信的接口标准有哪几种？

3．在串行通信中，通信速率与传输距离之间的关系如何？

4．在利用 RS-422/RS-485 通信的过程中，如果通信距离（波特率固定）过长，应如何处理？

5．利用单片机串行口扩展 24 个发光二极管和 8 个按键，要求画出电路图并编写程序，使 24 个发光二极管按照不同的顺序发光（发光的时间间隔为 1s）。

6．编制中断方式的串行口数据接收程序。

7．简述 80C51 单片机多机通信的特点。

第8章

MCS-51 单片机常用 I/O 接口的设计

本章知识点：
- I/O 接口的基本原理和方法
- 82C55 的基本原理和接口设计
- 串行口扩展并行口
- LED、LCD 显示器的接口设计
- 键盘的接口设计

基本要求：
- 理解 I/O 接口的基本原理和方法
- 掌握 MCS-51 单片机与 82C55 的接口方法以及程序设计方法
- 掌握 MCS-51 单片机的串行接口扩展并行接口的原理和方法
- 掌握 MCS-51 单片机进行 LED、LCD 扩展的原理和方法

能力培养：

通过键盘、显示器、打印机的扩展方法等知识点的学习，培养学生具有阅读、理解、分析与设计 MCS-51 单片机常用 I/O 接口的基本能力。学生能根据单片机应用系统的要求及工程实际需求，正确选择和合理使用不同的 I/O 接口设备，并运用本章所学知识分析、解决在单片机应用系统中进行扩展设计等方面出现的问题，具有一定的工程设计与实践能力。

8.1 I/O 接口扩展概述

MCS-51 单片机具有 4 个并行 8 位 I/O 口（即 P0、P1、P2、P3），原理上这 4 个 I/O 口均可用作双向并行 I/O 接口，但在实际应用中，只有当单片机在不使用外部扩展时，才允许这 4 个 I/O 口作为用户 I/O 使用，但是这种情况在单片机应用系统开发中几乎是不可能的。在单片机应用系统开发中，需要实现单片机对多种外设（如键盘、显示器等）进行控制，I/O 接口是 MCS-51 与外设交换数字信息的桥梁，也属于系统扩展的一部分。在这种情况下，可提供给用户使用的 I/O 口只有 P1 口和部分 P3 口及作为数据总线用的 P0 口，而 P3 口在应用系统设计中常使用其第二功能。因此，在单片机的 I/O 口不够用的情况下，可以借助外部器件对 I/O 口进行扩展。

8.1.1 I/O 接口的功能

I/O 接口电路应满足以下要求：

（1）实现和不同外设的速度匹配。大多数外设的速度很慢，无法和微秒量级的单片机速度

相比。单片机只有在确认外设已为数据传送做好准备的前提下才能进行 I/O 操作。想知道外设是否准备好，需 I/O 接口电路与外设之间传送状态信息。

（2）输出数据锁存。由于单片机工作速度快，数据在数据总线上保留的时间十分短暂，无法满足慢速外设的数据接收。I/O 电路应具有数据锁存器，以保证接收设备接收。

（3）输入数据三态缓冲。输入设备向单片机输入数据时，但数据总线上面可能"挂"有多个数据源，为不发生冲突，只允许当前时刻正在进行数据传送的数据源使用数据总线，其余的数据源应处于隔离状态。

8.1.2　I/O 端口的编址

在学习 I/O 端口的编址方法之前，首先要明确接口和端口的概念。在进行单片机应用系统设计时，通常需要多种外设，而这些外设要想接入，就需要用自己的接口和总线上的某个匹配接口匹配对接，这种单片机与外部设备之间的 I/O 接口芯片就称为接口。而单片机在与外设进行通信时，要发数据到某个外设或从外设读取信息，其实就是从对应的接口电路中多个寄存器或缓冲器获取信息，这种具有端口地址的寄存器或缓冲器就称为端口，简称 I/O 口。对一个系统而言，通常会有多个外设，每个外设的接口电路中又会有多个端口，如数据口、命令口、状态口。对于单片机而言，访问外部设备就是访问相关的端口，而所有的信息会由接口转给外设。

对一个系统而言，通常会有多个外设，每个外设的接口电路中又会有多个端口，每个端口都需要一个地址，为每个端口标识一个具体的地址值，是系统必须解决的事，这就需要进行 I/O 端口的编址。

I/O 端口编址分为两种方式：独立编址与统一编址。

1．独立编址方式

I/O 寄存器地址空间和存储器地址空间分开编址，但需一套专门的读写 I/O 的指令和控制信号。

2．统一编址方式

I/O 寄存器与数据存储器单元同等对待，统一编址。不需要专门的 I/O 指令，直接使用访问数据存储器的指令进行 I/O 操作，简单、方便且功能强。

MCS-51 单片机使用统一编址的方式　每一接口芯片中的一个功能寄存器（端口）的地址就相当于一个 RAM 单元。

8.1.3　I/O 数据的传送方式

为实现和不同的外设的速度匹配，I/O 接口必须根据不同外设选择恰当的 I/O 数据传送方式。I/O 数据传送的几种方式是：同步传送、异步传送和中断传送。

1．同步传送方式（无条件传送）

当外设速度和单片机的速度相比拟时，常采用同步传送方式，最典型的同步传送就是单片机和外部数据存储器之间的数据传送。

2．异步传送方式（条件传送）

查询外设"准备好"后，再进行数据传送。

优点：通用性好，硬件连线和查询程序十分简单。

缺点：效率不高。

为提高效率，通常采用中断传送方式。

3．中断传送方式

外设准备好后，发中断请求，单片机进入与外设数据传送的中断服务程序，进行数据的传送。中断服务完成后又返回主程序继续执行，工作效率高。

8.1.4　I/O 接口电路

常用的外围 I/O 接口芯片如下所述。

（1）82C55：可编程的通用并行接口电路（3 个 8 位 I/O 口）。

（2）8155H：可编程的 IO/RAM 扩展接口电路（2 个 8 位 I/O 口、1 个 6 位 I/O 口、256 个 RAM 字节单元、1 个 14 位的减法定时/计数器）。

这些接口电路芯片都可与 MCS-51 单片机直接连接，接口逻辑十分简单。此外，74LS 系列的 TTL 电路也可以作为 MCS-51 单片机的扩展 I/O 口，如 74LS244、74LS273 等。

8.2　MCS-51 单片机与可编程并行 I/O 芯片 82C55 的接口设计

8.2.1　82C55 芯片简介

82C55 可编程并行输入/输出接口芯片是 Intel 公司生产的标准外围接口电路。它采用 NMOS 工艺制造，用单一+5V 电源供电，具有 40 个引脚，采用双列直插式封装。它有 A、B、C 三个端口共 24 条 I/O 线，可以通过编程的方法来设定端口的各种 I/O 功能。由于它功能强，又能方便地与各种微机系统相接，而且在连接外部设备时，通常不需要再附加外部电路，所以得到了广泛的应用。

1．82C55 内部结构

内部结构如图 8-1 所示。

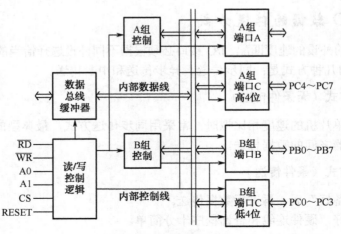

图 8-1　82C55 内部结构图

1）端口 A、B、C

PA 口：数据输出锁存和缓冲；数据输入锁存。

PB 口：数据输出锁存和缓冲；数据输入缓冲。

PC 口：数据输出锁存；数据输入缓冲。PC 口可在软件的控制下，分为两个 4 位端口，作为 PA 口、PB 口选通方式操作时的状态控制信号。

2）A 组和 B 组控制电路

A 组：PA 口和 PC 口的上半部（PC7～PC4）；

B 组：PB 口和 PC 口的下半部（PC3～PC0），可根据"命令字"对 PC 口按位置 1 或清 0。

3）数据总线缓冲器

数据总线缓冲器是一个三态双向 8 位缓冲器，作为 82C55 与单片机数据线之间的接口，传送数据、指令、控制命令及外部状态信息。

4）读/写控制逻辑电路线

该电路接收 CPU 发来的控制信号、RESET 信号及地址信号 A1、A0 等，对端口进行读/写。

2．引脚说明

82C55 具有 40 个引脚，采用双列直插式封装，其引脚分布如图 8-2 所示。

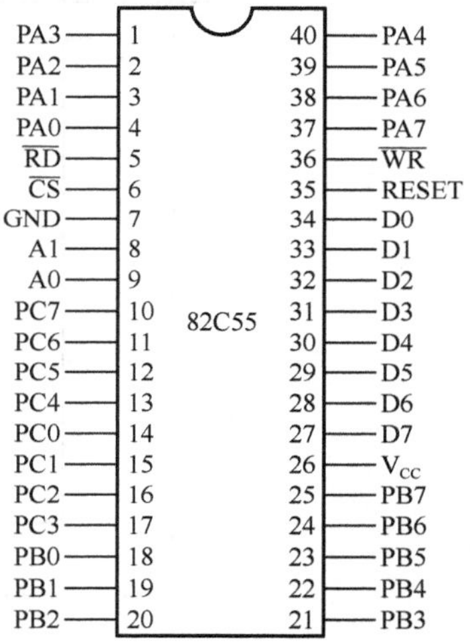

D7～D0：三态双向数据线，与单片机数据总线连接。

$\overline{CS}$：片选信号线，低电平有效，表示本芯片被选中。

$\overline{RD}$：读出信号线，控制 82C55 中数据的读出。

$\overline{WR}$：写入信号线，控制向 82C55 数据的写入。

V_{CC}：+5V 电源。

PA7～PA0：A 口输入/输出线。

PB7～PB0：B 口输入/输出线。

PC7～PC0：C 口输入/输出线。

A1、A0：地址线，用来选择 82C55 内部的 4 个端口。各端口的工作状态与控制信号的关系如表 8-1 所示。

图 8-2　82C55 引脚图

表 8-1　82C55 内部端口选择

A1	A0	$\overline{RD}$	$\overline{WR}$	$\overline{CS}$	工 作 状 态
0	0	0	1	0	读端口 A：A 口数据→数据总线
0	1	0	1	0	读端口 B：B 口数据→数据总线
1	0	0	1	0	读端口 C：C 口数据→数据总线
0	0	1	0	0	写端口 A：总线数据→A 口
0	1	1	0	0	写端口 B：总线数据→B 口
1	0	1	0	0	写端口 C：总线数据→C 口
1	1	1	0	0	写控制字：总线数据→控制字寄存器
×	×	×	×	1	数据总线为三态
1	1	0	1	0	非法状态
×	×	1	1	0	数据总线为三态

8.2.2 工作方式选择控制字及端口 PC 置位/复位控制字

82C55 有 3 种工作方式：

（1）方式 0：基本输入/输出；

（2）方式 1：选通输入/输出；

（3）方式 2：双向传送（仅 A 口有）。

这 3 种工作方式由方式控制字来决定。

1）工作方式选择控制字

82C55 的工作方式选择控制字是用来设定通道的工作方式及数据传输方向的，其内部各位的含义如图 8-3 所示。

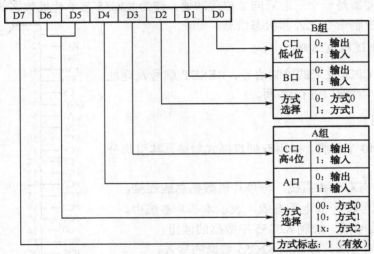

图 8-3　82C55 工作方式选择控制字寄存器

2）端口 PC 置位复位控制字

82C55 的端口 PC 置位复位控制字可以决定 PC 口的复位、置位状态，其内部各位的含义如图 8-4 所示。

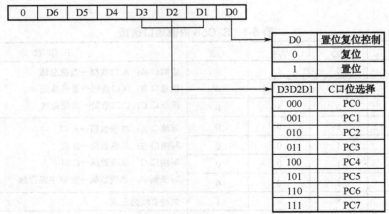

图 8-4　82C55 置位复位控制字寄存器

8.2.3　82C55 的 3 种工作方式

1. 方式 0：基本的输入/输出方式

在此种工作方式下，MCS-51 可对 82C55 进行数据的无条件传送。3 个数据端口 A、B、C（C 分为两个 4 位），通过方式选择控制字可任意选择其为输入或输出口。特别是归同一组的两个端口也可分别定位为输入口或输出口。CPU 只要对 82C55 执行 I/O 指令即可输入/输出数据。

方式 0 的主要特点如下：

（1）具有两个 8 位端口（A、B）和两个 4 位端口（C 的上半部分和下半部分）。

（2）任一个端口都可以设定为输入或输出，各端口的输入、输出可构成 16 种组合。

（3）数据输出锁存，输入不锁存。

【例 8-1】　假设 82C55 的控制字寄存器地址为 FF7FH，则令 A 口和 C 口的高 4 位工作于方式 0 输出，B 口和 C 口的低 4 位工作于方式 0 输入，初始化程序为：

```
MOV  DPTR, #0FF7FH      ；控制字寄存器地址送 DPTR
MOV  A, #83H           ；方式控制字 83H 送 A
MOVX @DPTR, A          ；83H 送控制字寄存器
```

2. 方式 1：选通输入/输出工作方式

方式 1 是一种选通输入/输出方式，在此种方式下，82C55 的 A 口、B 口用于与外设进行数据通信时，必须使用 C 口作为 A 口、B 口的联络线，也就是通过 C 口为 A 口、B 口提供选通信号、应答信号，以实现中断方式传输 I/O 数据。

1）方式 1 输入

82C55 工作方式 1 下，端口 A、B 用于输入的方式控制字以及联络信号如图 8-4 所示。

当 82C55 工作于方式 1 输入状态下，控制信号 $\overline{STB}$ 与 IBF 构成了一对应答信号联络线，各个联络信号线功能如下：

$\overline{STB}$——选通信号，低电平有效。

由外设提供的输入信号，当其有效时，将输入设备送来的数据锁存至 82C55 的输入锁存器。

IBF——输入缓冲器满信号，高电平有效。

82C55 输出的联络信号，当其有效时，表示数据已锁存在输入锁存器。

INTE——中断请求信号，高电平有效。

82C55 输出的信号，可用于向 CPU 提出中断请求，要求 CPU 读取外设数据。

下面以 A 口的方式 1 输入为例，介绍方式 1 输入的工作过程以及各控制信号联络线的功能。

如图 8-5 所示，MCS-51 单片机通过 82C55 扩展一外部设备，该外设通过 I/O 口将外部信号读入，并与 82C55 的 PC4、PC5 引脚形成应答信号联络线，并通过数据总线将外部设备的数据传输到单片机中，具体工作过程如下：

（1）当外设的数据已经送到 PA0～PA7 上时，输入设备将自动在 $\overline{STB_A}$ 上向 82C55 发送一个低电平选通信号。

（2）82C55 在接收到这个选通信号后，首先将 PA0～PA7 上的数据锁存到 A 口的输入数据缓冲/锁存器上，然后将 IBF_A 变为高电平，以通知外设，82C55 已经接收到它送来的数据。

（3）82C55 检测到 $\overline{STB_A}$ 上的信号由低电平变为高电平，并且 IBF_A 为高电平以及 $INTE_A$ 为

1 时，使输出线 INTR$_A$ 变为高电平，向单片机发出中断信号。

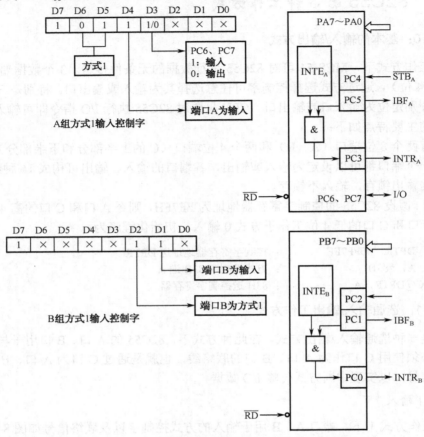

图 8-4　82C55 工作方式 1 的输入方式控制字及联络信号

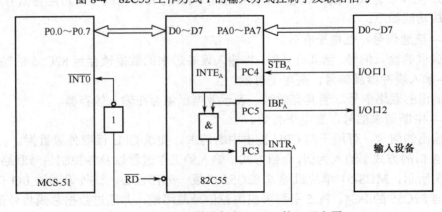

图 8-5　MCS-51 单片机与 82C55 接口示意图

（4）单片机在接收到中断信号后，响应中断，并通过程序读取由数据总线上传来的数据，当读取完成后，82C55 撤销 INTR$_A$ 上的中断请求，并使 IBF$_A$ 变为低电平，以通知外设可以传送下一个数据。

2）方式 1 输出

当 82C55 工作于方式 1 输出状态下，控制信号 $\overline{OBF}$ 与 $\overline{ACK}$ 构成了一对应答信号联络线，各联络信号线功能如下。

$\overline{OBF}$——输出缓冲器满信号，低有效。

82C55 输出给外设的一个控制信号，当其有效时，表示 CPU 已把数据输出给指定的端口，外设可以取走。

$\overline{ACK}$——响应信号，低电平有效，外设的响应信号，指示 82C55 的端口数据已由外设接收。

INTR——中断请求信号，高有效，当输出设备已接收数据后，82C55 输出此信号向 CPU 提出中断请求，要求 CPU 继续提供数据。

INTE——中断允许由 PC6（端口 A）或 PC2（端口 B）的置位/复位控制。

82C55 工作方式 1 下，端口 A、B 用于输出的方式控制字及联络信号如图 8-6 所示。

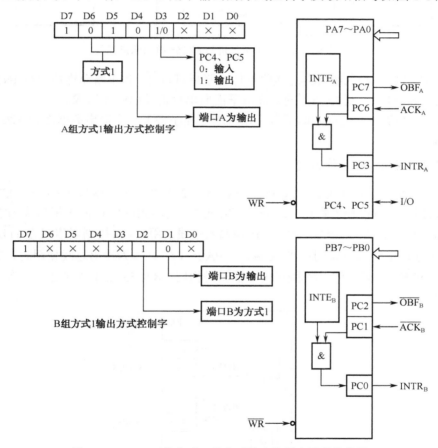

图 8-6　82C55 工作方式 1 的方式输出控制字及联络信号

下面以 A 口的方式 1 输出为例，介绍方式 1 输出的工作过程以及各控制信号联络线的功能，其电路连接示意图如图 8-7 所示。

如图所示，MCS-51 单片机通过 82C55 扩展一外部设备，该外设通过 I/O 口将外部信号输出，并与 82C55 的 PC7、PC6 引脚形成应答信号联络线，通过数据总线将单片机中的数据传输到外部设备，具体工作过程如下。

（1）单片机通过指令将数据通过数据总线传输到 82C55 的 A 口数据输出锁存器上，82C55 接收到数据后，将 $\overline{OBF}_A$ 信号线变为低电平，以便通知外设输出数据已在 A 口 PA0～PA7 上。

（2）输出设备在接收到 $\overline{OBF}_A$ 上的低电平后，先将 PA0～PA7 的数据取走，然后将 $\overline{ACK}_A$ 信

号线变为低电平，以便通知 82C55 输出设备已接收到输出数据。

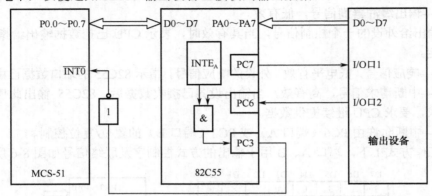

图 8-7　MCS-51 单片机与 82C55 接口示意图

（3）82C55 从应答输入线 $\overline{\text{ACK}}_A$ 接收到低电平后对 $\overline{\text{OBF}}_A$ 和中断允许控制位 INTE_A 状态进行检测，若皆为低电平，则 INTR_A 变为高电平而向单片机发出中断请求。

（4）单片机响应 INTR_A 的中断信号后，可通过程序将下一个输出数据送到 82C55 的 A 口的输出锁存器上。

3．方式 2：双向传输工作方式

只有 A 口才可设定为方式 2。82C55 工作在方式 2 下时，其 A 端口（PA0～PA7）8 根口线既可以输出数据，也可以输入数据。此外，在方式 2，要用到端口 C 的 5 根口线为端口 A 提供相应的联络信号。当 A 端口（PA0～PA7）作为输入总线使用时，其控制联络线为 $\overline{\text{STB}}_A$ 及 IBF_A，其工作过程和方式 1 输入时相同；当 A 端口（PA0～PA7）作为输出总线使用时，其控制联络线为 $\overline{\text{OBF}}_A$ 和 $\overline{\text{ACK}}_A$，其工作过程和方式 1 输出时相同。82C55 工作方式 2 下，各信号联络线如图 8-8 所示。

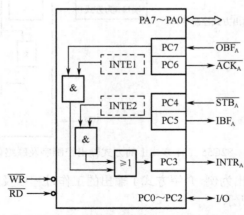

图 8-8　82C55 方式 2 引脚功能图

8.2.4　MCS-51 单片机和 82C55 的接口设计

1．硬件接口电路设计

如图 8-9 所示为 89S51 单片机扩展 82C55 的扩展参考电路图，在扩展中，采用总线扩展的形式，即通过地址总线确定端口地址，通过数据总线进行数据传递。图中 74LS373 是地址锁存器，用来实现 P0 口的地址/数据复用的锁存功能，其设计原理与在进行存储器扩展时所涉及的原理相同。P2.0 与 82C55 的 $\overline{CS}$ 引脚相连，用来进行片选；P2.6 与 P2.7 分别与 82C55 的 A0、A1 相连，用来确定端口地址；P2 口其余引脚悬空。单片机的 $\overline{WR}$ 与 $\overline{RD}$ 引脚分别与 82C55 的 $\overline{WR}$ 和 $\overline{RD}$ 引脚相连，用于产生读、写信号。

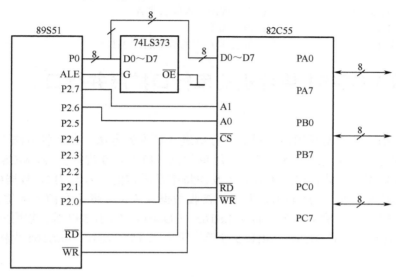

图 8-9　MCS-51 单片机和 82C55 的接口

2. 82C55 的端口地址确定

确定 82C55 的端口地址是进行 82C55 操作的关键步骤之一，通过得到的端口地址，就可以实现对 82C55 的 I/O 操作。在图中，MCS-51 单片机的 P2.0 引脚与 82C55 的 $\overline{CS}$ 引脚相连，P2.6 与 P2.7 分别与 82C55 的 A0、A1 相连，想要选中需要的端口，首先要将与 $\overline{CS}$ 相连的 P2.0 置 0，根据各端口地址的不同将与 A0、A1 相连的 P2.6 与 P2.7 按照需要置 1，而其他未用到的地址线引脚置 1，则根据各端口的工作状态与控制信号的关系表可以得知，82C55 的端口 A、端口 B、端口 C、方式控制字端口地址分别为：

3FFFH、7FFFH、BFFFH、FFFFH

3. 程序设计

使用 82C55 进行 I/O 口扩展时，需先确定 82C55 的工作方式，通过初始化程序将相应的控制字写入方式控制字中，然后根据 I/O 端口地址对 82C55 的各个端口进行操作。下面说明 82C55 的编程方法。

【例 8-2】　要求 82C55 工作于方式 0 下，且 A 口输出数据 86H，B 口输入数据送入 89S51 单片机内部 30H，C 口作为输入数据，送入 89S51 单片机内部 31H，则程序如下。

```
MOV    R0,#30H          ；将 30H 地址送入 R0 中
MOV    DPTR, #0FFFFH    ；控制字地址→DPTR
MOV    A, #93H           ；A 口作为输出，B 口、C 口作为输入
MOVX   @DPTR, A          ；方式控制字→控制字寄存器
MOV    DPTR, #7FFFH     ；A 口地址→DPTR
```

```
MOV    A, #86H
MOVX   @DPTR, A        ; A 口输出数据 86H
MOV    DPTR, #BFFFH    ; B 口地址→DPTR
MOVX   A, @DPTR        ; B 口数据送入累加器 A
MOV    @R0, A          ; 累加器 A 中的数据送入 30H
MOV    DPTR, #FFFFH    ; C 口地址→DPTR
MOVX   A, @DPTR        ; C 口数据送入累加器 A
INC    R0              ; 地址加 1
MOV    @R0, A          ; 累加器 A 中的数据送入 31H
```

8.3　用 MCS-51 单片机的串行口扩展并行口

在单片机应用系统中常采用串行口对并行口进行扩展的方法，在此种方法下，采用串行口扩展外部芯片实现串入并出或并入串出。利用单片机串口方式 0 进行扩展，MCS-51 串口方式 0 是一种移位寄存器工作方式，在这种方式下其波特率是固定的，为 $f_{osc}/12$，数据由 RXD 端输入或输出，同步移位时钟由 TXD 输出，发送、接收数据为 8 位，低位在前，高位在后。

常用的并行输入串行输出的芯片有 74LS165、CD4014、74HC597 等；常用的串行输入并行输出的芯片有 74LS164、CD4094、74HC595 等。下面以 74LS164、74LS165 为例，对串行扩展的方法进行介绍。

8.3.1　用 74LS165 扩展并行输入口

74LS165 是 8 位并行输入/串行输出移位寄存器，当移位/置入端（S/$\overline{L}$）由高到低跳变时，并行输入端的数据被置入寄存器（并行输入）；当 S/$\overline{L}$=1，且时钟禁止端（第 15 脚）为低电平时，允许时钟输入，这时在时钟脉冲的作用下，数据由 A 到 G 方向移位（串行输出）。

如图 8-10 所示，TXD（P3.1）作为移位脉冲输出端与所有 74LS165 的移位脉冲输入端 CP 相连；RXD（P3.0）作为串行输入端与 74LS165 的串行输出端 Q7 相连；P1.2 用来控制 74LS165 的移位与置入而同 S/$\overline{L}$ 相连；74LS165 的时钟禁止端（15 脚）接地，表示允许时钟输入。当扩展多个 8 位并行输入口时，两芯片的首尾（Q7 与 SIN）相连。74LS165 内部结构原理图请同学们自行查阅学习。

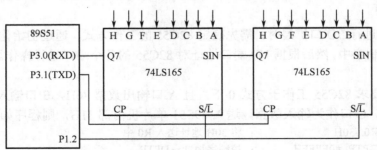

图 8-10　74LS165 扩展电路示意图

【例 8-3】下面从 16 位扩展口读入两组数据（每组两字节），并把它们转存到内部 RAM 30H 开始的单元中。

```
        MOV   R3,#02H          ; 设置读入组数
        MOV   R1,#30H          ; 设置内部 RAM 数据区首地址
START:  CLR   P1.2             ; 并行置入数据，S/L̄=0
        SETB  P1.0             ; 允许串行移位，S/L̄=1
        MOV   R1,#02H          ; 设置每组字节数，即外扩 74LS165 的个数
REVDAT: MOV   SCON,#10H        ; 设串口方式 0，允许接收，启动
WAIT:   JNB   RI,WAIT          ; 未接收完一帧，循环等待
        CLR   RI               ; 清 RI 标志，准备下次接收
        MOV   A,SBUF           ; 读入数据
        MOV   @R1,A            ; 送至 RAM 缓冲区
        INC   R1               ; 指向下一个地址
        DJNZ  R1,RXDATA        ; 未读完一组数据，继续
        DJNZ  R3,START         ; 两组数据未读完重新并行置入
        ……                    ; 对数据进行处理
```

8.3.2　用 74LS164 扩展并行输出口

74LS164 是 8 位串行输入/并行输出移位寄存器，在 MCS-51 单片机使用 74LS164 扩展时，单片机 RXD（P3.0）引脚接 74LS164 芯片的串行数据输入端 A、B（1、2 引脚），单片机 TXD（P3.1）引脚接 74LS164 芯片的移位脉冲输入端 CLK（8 引脚），在移位时钟脉冲（P3.1）的作用下，串行口发送的数据一位一位地从 RXD 引脚移入到 74LS164 中。

其接口电路如图 8-11 所示。

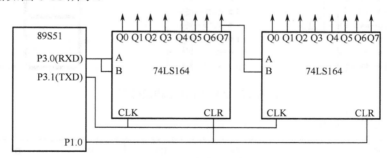

图 8-11　74LS164 扩展电路示意图

【例 8-4】下面是内部 RAM 30H～3FH 单元中的数据通过串口由 74LS164 并行输出的参考程序。

```
        MOV   R7,#0FH          ; 设置读入字节数
        MOV   R0,#30H          ; 设置内部 RAM 数据区首地址
START:  MOV   SCON,#00H        ; 设串口方式 0，启动
SEND:   MOV   A,@R0            ; 从 RAM 中开始读取数据
        MOV   SBUF,A           ; 通过串口发送数据
WAIT:   JNB   TI,WAIT          ; 是否发送完一帧，循环等待
        CLR   TI               ; 清 TI 标志，准备发送
        INC   R0               ; 指向下一个地址
        DJNZ  R7, SEND         ; 未发送完，继续
        …
```

8.4　LED 显示器的显示原理

在单片机应用系统中，显示装置是一个重要组成部分，主要用来显示生产过程的工艺状况与运行结果，以便于现场工作人员的正确操作。而 LED 显示器由于其接口简单、操作便捷、成本低以及显示效果非常明显而得到广泛的应用。

LED（Light Emitting Diode）是发光二极管的简称。LED 显示器是由发光二极管作为显示器件的显示设备，又可以称为数码管。常用的 LED 显示器为 8 段，每个段对应 1 个发光二极管，可以用来显示 0～9、A～F 以及小数点"."等字符。

8.4.1　LED 显示器的结构

常用的 LED 显示器为 8 段，这种显示器有共阴极和共阳极两种，如图 8-12 所示。共阴极 LED 显示器是将各发光二极管的阴极连接在一起作为公共端，公共端连接到低电平，各 LED 阳极连接到高电平，发光二极管被点亮，相应的段被显示。共阳极 LED 显示器是将各发光二极管的阳极连接在一起作为公共端，公共端连接到高电平，各 LED 阴极连接到低电平，发光二极管被点亮，相应的段被显示。

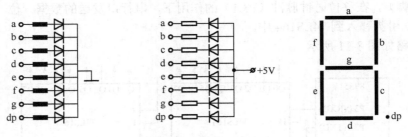

图 8-12　8 段 LED 结构及外形

段码各位定义如下所示。

D7	D6	D5	D4	D3	D2	D1	D0
dp	g	f	e	d	c	b	a

D0～D7 为数据线，分别与 LED 显示器各字段对应，在显示过程中，根据 LED 在显示器中的排列，可以对多种字符进行显示。如要在共阴极的 LED 显示器显示字符"4"，则对应的 b、c、f、g 字段被点亮，其余的字段熄灭，需要向数据线上输入段码 01100110。按照如上格式，8 段 LED 的段码如表 8-2 所示。

表 8-2　8 段 LED 段码

显 示 字 符	共阴极段码	共阳极段码	显 示 字 符	共阴极段码	共阳极段码
0	3FH	C0H	4	66H	99H
1	06H	F9H	5	6DH	92H
2	5BH	A4H	6	7DH	82H
3	4FH	B0H	7	07H	F8H

显 示 字 符	共阴极段码	共阳极段码	显 示 字 符	共阴极段码	共阳极段码
8	7FH	80H	C	39H	C6H
9	6FH	90H	D	5EH	A1H
A	77H	88H	E	79H	86H
B	7CH	83H	F	71H	8EH

8.4.2　LED 显示器工作原理

在单片机应用系统中，通常由 N 个 LED 显示块构成 LED 显示器。在显示过程中，对 LED 数码管的控制包括对"显示段"和"公共端"两个地方的控制。其中显示段用来控制显示字符的形状，公共端用来控制若干个 LED 中的哪一块数码管被选中，前者又叫"段选"，后者又叫"位选"。只有二者结合起来，才能在指定的 LED 显示块上显示预期的字符。

LED 显示器有静态显示和动态显示两种显示方式。

1）静态显示方式

当 LED 显示器工作在静态方式下时，各位的公共端连接在一起接地（共阳极）或接+5V（共阴极），每位的段码线分别与 1 个 8 位锁存器输出相连。段选部分的驱动控制由锁存器的输出进行控制，用来显示相应的字符，该显示字符在位码信号有效过程中一直被保持，直到需要显示新的显示字符。静态显示方式效果稳定，占用 CPU 的时间少，但每只 LED 都需占用 1 个 8 位的 I/O 口资源，占用硬件资源较大，通常用于 LED 显示位较少的情况。静态显示方式连接电路示意图如图 8-13 所示。

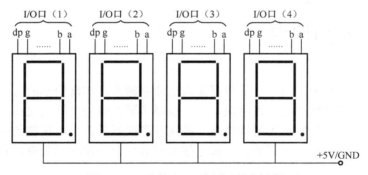

图 8-13　4 位静态 LED 显示器电路图

2）动态显示方式

在多位 LED 显示时，为简化电路、节约硬件资源，常将所有的 LED 位的段码线并联在一起，用 1 个 8 位 I/O 控制，形成段码线的多路复用，而各位 LED 公共端分别由各自的 I/O 线控制，形成分时选通。在工作过程中，CPU 向被"位选"选中的 LED 送需要显示的字符对应的段码，该 LED 显示字符，而其他未被"位选"选中的 LED 不进行显示。动态显示方式采用扫描的方式依次轮流向各个 LED 发出"位选"和"段选"数据，使所有 LED 分时进行显示，也就是在同一时刻只有选通的 LED 位显示出相应的字符，而其他未被选通的 LED 位处于关闭状态，在 LED 余晖以及人眼的视觉暂留作用下，只要每位的显示时间足够短，则可以造成多位同时亮的假象，达到同时显示的效果。动态显示方式占用硬件资源少，但由于采用了扫描方式，因此占用 CPU 资源较多。动态显示方式连接电路示意图如图 8-14 所示。

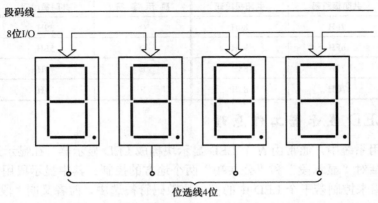

图 8-14   4 位动态 LED 显示器电路图

在实际使用中，由于 LED 的显示效果明显，且成本较低，在测控系统应用中常被使用。例如，在设计一个 4 位计数器时，可以采用 4 位 LED 进行扩展，根据系统的资源对动态显示方式或静态显示方式进行设计，其参考电路可以采用图 8-13、图 8-14 来进行设计。在程序设计中，常采用查表的方式进行设计，也就是先将需要显示的数字做成表格（如 0～9），再对需要显示的数字进行计算，并给出地址，最后通过显示程序来实现。值得注意的是，如果选用动态的显示方式，需要在扫描时间上进行设计，扫描时间过长，影响系统的实时性，扫描时间过短，显示效果不好，通常为 4～12μs。

8.5   键盘接口原理

键盘用来实现对单片机应用系统的数据输入或命令输入，实现简单的人机交互。键盘由一组规则排列的按键组成，一个按键实际上是一个开关元件，也就是说键盘是一组规则排列的开关。单片机使用的按键是一种常开型的开关，平时按键的两个触点处于断开状态，按下键时它们才闭合。常用的键盘按连接方式分可分为矩阵式键盘、独立式键盘。

8.5.1   键盘输入应解决的问题

通常按键所用的开关为机械弹性开关，当机械触点断开、闭合时，电压信号波形如图 8-15 所示。由于机械触点的弹性作用，一个按键开关在闭合时不会马上稳定地接通，在断开时也不会一下子断开。因而在闭合及断开的瞬间均伴随有一连串的抖动，如图所示。抖动时间的长短由按键的机械特性决定，一般为 5～10ms。这是一个很重要的时间参数，在很多场合都要用到。按键的稳定闭合时间由操作人员的按键动作确定，一般为几百毫秒至几秒，为了保证 CPU 对按键的一次闭合仅做一次按键输入处理，必须消除抖动影响。

消除抖动简称"去抖"，通常采用的方法有硬件去抖、软件去抖两种。硬件去抖采取的措施是：在按键输出端加 R-S 触发器或单稳态电路构成去抖电路。软件去抖采取的措施是：在检测到有按键按下时，执行一个延时子程序，通常为 10ms 左右，然后再确认该按键是否保持闭合状态电平，若仍保持闭合状态电平，则确认该按键处于闭合状态，从而消除了抖动影响。

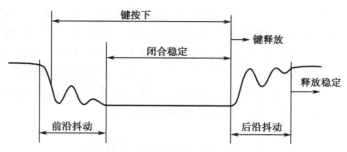

图 8-15　按键开关抖动波形示意图

8.5.2　键盘接口的工作原理

1. 独立式键盘

独立式键盘连接示意图是指各按键相互独立地接通一条输入数据线,当任何一个键按下时,与之相连的输入数据线即被清零(低电平),而平时该线为 1(高电平)。要判别是否有键按下,用单片机的位处理指令十分方便。这种键盘结构的优点是电路简单;缺点是当键数较多时,要占用较多的 I/O 线。独立式键盘连接示意图如图 8-16 所示。

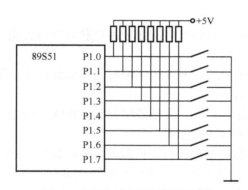

图 8-16　独立式键盘连接示意图

2. 矩阵式键盘

矩阵式键盘(也称行列式键盘)用于按键数目较多的场合,它由行线和列线组成,按键设置在行列式交点上,行列线分别连接到按键开关的两端。当行线通过上拉电阻接+5V 时,被钳位在高电平状态。当键盘没键闭合时,所有的行线和列线断开。输入端口线呈高电平。当某键闭合时,则该键所对应的行线与列线短路。矩阵式键盘按下键的确认由该键对应的"行线值"和"列线值"的组合来决定,行线值和列线值组成了该键的"编码值"。矩阵式键盘连接示意图如图 8-17 所示,识别按键的方法主要有扫描法和反转法。

1)扫描法

下面以图 8-17 为例,说明扫描法识别按键 9 的过程,按下键的确认由该键对应的"行线值"和"列线值"的组合来决定,当所有按键没有按下时,单片机的列电平都处于高电平。如果让所有的行电平处于低电平，很明显，按键所在的列电平将处于低电平，根据此列电平的变化，就能判断此列一定有按键按下。但是还不能判断是按键 9 被按下，因为按键 9 所在列的按键 1、5、D 之一被按下时会产生同样的效果。所以，由列电平为低电平只能得出某列有按键被按下的结论。还需进行扫描，即在某一时刻只让一行为低电平，其余行为高电平，如此列没有按键被按下，则此行依旧为高电平，如本例中，由于是按键 9 被按下，因此按键 9 所在一行被置为低电平，则根据行、列的低电平信息可以判断出键 9 被按下。

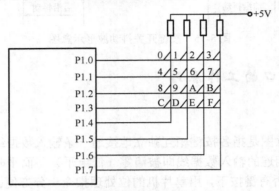

图 8-17　矩阵式键盘连接示意图

2）反转法

扫描法需要逐行扫描查询，需经过多次扫描才能获取最后的按键值。而反转法只需经过两步就能获取按键值，具体过程如下。

第 1 步：让行线编程为输入线，并使列线编程为输出线，输出线全部置为低电平，则行线中电平由高变低所在的行就为按键所在行。

第 2 步：让列线编程为输入线，并使行线编程为输出线，输出线全部置为低电平，则列线中电平由高变低所在的列就为按键所在列。

综合以上过程，就可以确定按键所在的行和列，从而识别出所按的键。

如图 8-18 所示，假设按键 9 被按下，则第 1 步使 P1.4～P1.7 输出为 0，读取 P1.0～P1.3 的值，由于是按键 9 被按下，因此读到 P1.2 的值为 0，而其余行线值均为 1；然后进行反转，使 P1.0～P1.3 输出 0，读取 P1.4～P1.7 的值，此时读取到 P1.5 的值为 0，其余值为 1，因此是 P1.2 与 P1.5 交叉点的按键被按下，即按键 9 被按下。

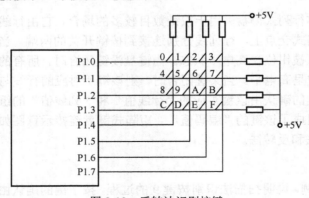

图 8-18　反转法识别按键

8.5.3　键盘的工作方式

在单片机应用系统中，键盘扫描是单片机工作内容之一。在实际应用中要想做到既能及时响应按键操作，又不过多占用 CPU 的工作时间，就要根据应用系统中 CPU 的实际工作情况确定适当的工作方式。键盘的工作方式主要有编程扫描、定时扫描、中断扫描 3 种。

1）编程扫描方式

单片机对键盘扫描可以采用程序控制的随机方式调用键盘扫描子程序响应键输入要求，在键盘扫描子程序中应按照判断键盘上有无按键按下、去除按键抖动、扫描键盘、得到按键号、判断闭合的按键是否按下的顺序进行控制。编程扫描方式需要单片机不断进行按键信息的扫描，因此占用大量的时间。

2）定时扫描方式

单片机对键盘的扫描可以采用定时扫描的方式，即隔一定的时间对键盘扫描一次。在这种扫描方式中，通常利用单片机的内部定时器产生定时中断，通常为 10ms，在中断中对键盘进行扫描，具体过程同编程扫描方式，得到按键值执行相应的按键处理功能程序。

3）中断扫描方式

以上两种方式都需占用单片机的执行时间，且不能对一些实时需要处理的按键信息进行响应，为了进一步提高工作效率，可采用中断扫描方式。在此种方式中，当有按键按下后，会进入中断，在中断服务子程序中对按键进行扫描，并判断按键值，根据按键值执行相应的按键处理程序。中断扫描方式参考电路图如图 8-19 所示。

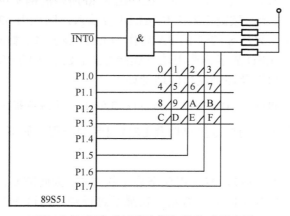

图 8-19　矩阵式键盘中断扫描方式示意图

8.5.4　键盘/显示器接口设计实例

在测控系统中，通常需要采用键盘对系统的启动、停止以及部分输入信息进行设置，并通过 LED 进行设置信息的显示以及测量、控制信息的显示，而在使用中由于受到单片机引脚的限制，采用 82C55 对按键、显示进行接口扩展是常用的方法之一。

例如：某测量系统需要对采集到的温度进行显示并设置一定的阈值来进行报警。在对该系统进行设计时，常需要分析其输入（按键）信息的种类以及数量，分析其显示（LED）的位数。在本实例中，采用的是 4 位显示以及 8 位独立式按键的输入，可通过 82C55 进行相应的扩展。

而系统的模拟量采集以及报警装置，则通过单片机扩展其他的元器件来完成，关于如何扩展在后续章节中会有相应的介绍。参考电路图如图 8-20 所示。

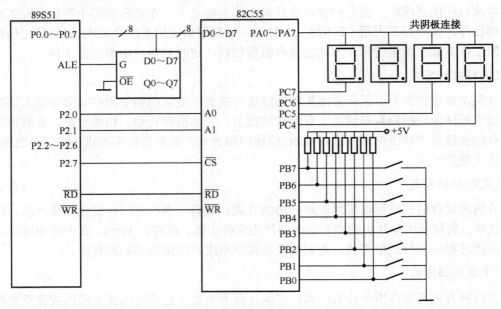

图 8-20　键盘与 LED 实现综合扩展示意图

在单片机应用系统中常需要按键作为系统的输入，以 LED 显示器作为系统的输出，而这种情况下通常是将键盘、显示器放在一起考虑。在如图 8-20 所示的例子中，某单片机应用系统需要 4 位 LED 显示器进行显示，按键需要 8 位按键进行输入，则采用 82C55 进行扩展，其扩展原理图如图所示。系统中，采用 82C55 的 PA 口作为 LED 显示器的数据口，PC 口的高 4 位作为 LED 显示器的位选口，LED 显示器选用动态连接方式。82C55 的 PB 口作为按键的输入口，则根据系统原理图可知各口以及控制端口的地址如下。

　　PA 口：7CFFH　　　PB 口：7DFFH　　　PC 口：7EFFH　　　控制字寄存器：7FFFH

根据系统原理图，此系统的按键扫描以及 LED 显示的子程序如下。

1）动态显示子程序

此系统采用的是 4 位 LED 显示器采用动态显示的方式，因此需要在 89S51 单片机中设置 4 个缓存，用来存放显示器要显示的 4 位数据。在显示过程中，通过 PC 口的高 4 位依次选通对应的 LED，通过快速扫描的方式使人在视觉上感觉是全部数码管都在显示数据，而所要显示的数据在缓存中读取，并通过 82C55 的 PA 口进行数据传递。参考程序如下。

```
DISPLAY:    MOV    DPTR, #7FFFH    ; 数据指针指向 82C55 控制端口
            MOV  A,  #82H
            MOVX  @DPTR , A         ; A 口输入，C 口高 4 位输出，B 口输入，工作在方式 0
            MOV   R0 , #30H         ; 以 30H 开始作为显示的数据缓冲区
            MOV   R3, #80H
            MOV   R6 ,#04H
LOOP:       MOV   A, R3
            MOV   DPTR, #7EFFH
            MOVX  @DPTR, A          ; 选通第一个数码管（最左边）
```

```
        MOV    A , @R0              ; 读取缓存中需要显示的数据
        MOV    DPTR , #TAB
        MOVC   A, @A+DPTR           ; 查表
        MOV    DPTR, #7CFFH
        MOVX   @DPTR, A             ; 将数据送到 PA 口进行显示
        ACALL  DLL1ms
        INC    R0                   ; 选取下一个缓冲区
        MOV    A, R3
        RL     A
        MOV    R3,A                 ; 指向下一个数码管
        DJNZ   R6 , LOOP            ; 是否到最后一个数码管
        RET
TAB:    DB   3FH, 06H, 5BH,4FH,66H,6DH,    ; 共阴极 LED 段码
        DB   7DH,07H,7FH,77H,7CH
        DB   39H, 5EH, 79H, 71H, 73H, 3EH
        DB   31H, 6EH, 1CH, 23H, 40H, 03H
        DB   18H
DLL1ms: MOV R5, #02H               ; 延时 1ms 子程序
  DL:   MOV R4,#0FFH
  DL1:  DJNZ   R4,DL1
        DJNZ R5,DL
        RET
```

2）按键扫描子程序

在系统中扩展了 8 个按键，在具体应用过程中可根据实际情况进行进一步的扩展。在单片机应用系统中，通常是根据按键的信息不同转到相应的功能处理程序中去，在本例中，可根据按键的信息对一些时间进行处理，如显示、存储等，而这些显示、存储等程序通常采用的是子程序的方式，参考按键处理程序如下。

```
KEY:    MOV    DPTR, #7FFFH        ; 数据指针指向 82C55 控制端口
        MOV    A,  #82H
        MOVX   @DPTR , A           ; A 口输入，C 口高 4 位输出，B 口输入，工作在方式 0
LOOP:   MOV    DPTR, #7DFFH
        MOVX   A, @DPTR
        CPL    A
        JNZ    KEY
        ACALL  DLL1ms              ; 延时去抖
        MOVX   A, @DPTR            ; 将按键信息读入
        …
        RET
```

8.6　MCS-51 单片机与液晶显示器（LCD）的接口

LCD（Liquid Crystal Display）是液晶显示器的缩写，它是一种被动式的显示器件，LCD 显示器本身并不发光，需借助于自然光或外界光源在经过液晶处理后能改变光线通过方向的特性，而达到白底黑字或黑底白字显示的目

的。LCD 显示器和 LED 显示器相比具有功耗小、成本低、抗干扰能力强等特点。近年来厂家将驱动电路、汉字显示库和 LCD 集成在一起，制成了 LCD 模块，广泛地应用于单片机应用系统中。

8.6.1　LCD 显示器的分类

目前，市面上 LCD 显示器的种类较多，按排列形状分，有字段型、点阵字符型和点阵图形型。

（1）字段型。字段型是以长条状组成的字符显示。该显示器主要用于数字显示，也可用于显示西文字母或某些字符，已广泛应用于电子表、数字仪表、计算器中。

（2）点阵字符型。点阵字符型是由若干个点组成点阵，通常是由 5×7 或 5×10 等点组成，每个点阵显示 1 个字符，通常用来显示字母、数字、符号等，广泛地应用于单片机应用系统中。

（3）点阵图形型。该 LCD 显示器是在平板上排列多行或多列从而形成矩阵式 IDE 晶格点，点的大小可根据显示的清晰度来设计。这类显示器广泛应用于图形显示如笔记本电脑和彩色电视等设备中。

8.6.2　点阵字符型液晶显示模块介绍

字符型液晶显示模块是一类专用于显示字母、数字、符号的点阵式液晶显示模块。点阵字符型 LCD 显示器需相应的 LCD 控制器、驱动器，来对 LCD 显示器进行扫描、驱动，以及一定空间的 RAM 和 ROM 来存储写入的命令和显示字符的点阵。现在已将 LCD 控制器、驱动器、RAM、ROM 和 LCD 显示器用 PCB 连接到一起，称为液晶显示模块 LCM（LCD Module）。

目前，市面上较为常用的字符型液晶显示模块通常由以 HD44780 为主控制驱动电路及其扩展驱动电路 HD44100 的液晶显示模块构成。通常是以若干个 5×8 或 5×11 点阵块组成的字符块集。在应用中，在液晶板上排列着若干个 5×7 点阵或 5×10 点阵字符显示位，从规格上分为每行 8、16、20、24、32、40 位，有 1 行、2 行、4 行等多类可供用户来选择使用，而且模块的接口信号和操作指令具有广泛的兼容性，并能直接与单片机接口。另外，它还具有专用指令，可方便地实现各种不同的操作，已获得广泛的应用。下面对以 HD44780 为主控制驱动电路的 LCD 显示模块的结构以及特点进行介绍。

1）LCD 显示模块组成

由控制器 HD44780、驱动器 HD44100 及几个电阻电容组成。HD44100 是扩展显示字符位用的（例如：16 字符×1 行模块就可不用 HD44100，16 字符×2 行模块就要用一片 HD44100）。

2）HD44780 引脚功能

LCD 显示模块是由控制器 HD44780 作为主控芯片的。通常 LCD 显示模块共有 14 个输出引脚，其中有 8 条数据线、3 条控制线、3 条电源线，见表 8-3，通过单片机对引脚进行操作，写入模块的数据和指令，就可对显示方式和显示内容做出选择。

表 8-3　LCD 显示模块引脚功能表

引　线　号	符　　　号	名　　　称	功　　　能
1	V_{SS}	地	0V
2	V_{DD}	电源	5V
3	V_{EE}	液晶驱动电压	

引 线 号	符　号	名　称	功　能
4	RS	寄存器选择	1：数据寄存器； 0：命令寄存器
5	R/$\overline{\text{W}}$	读/写	1：读； 0：写
6	E	使能	下降沿触发
7～14	DB0～DB7	8 位数据线	数据传输

3）LCD 显示模块的命令格式及其功能说明

LCD 控制器 HD44780 内有多个寄存器，其操作说明如表 8-4 所示。

表 8-4　寄存器的选择

RS	R/$\overline{\text{W}}$	操　作
0	0	命令寄存器写入
0	1	忙标志和地址计数器读出
1	0	数据寄存器写入
1	1	数据寄存器读出

通过 RS 位和 R/$\overline{\text{W}}$ 引脚上的电平来选择寄存器，而 DB7～DB0 则决定命令功能。命令共 11 种：清除、返回、输入方式设置、显示开关控制、移位控制、功能设置、CGRAM（字符生成 RAM）地址设置、DDRAM（显示数据 RAM）地址设置、读忙标志和地址、写数据到 CGRAM 或 DDRAM、从 CGRAM 或 DDRAM 读数据。这些命令功能强：可组合成各种输入、显示、移位方式以满足不同的要求。

其命令名称以及命令具有的功能如表 8-5 所示。

表 8-5　液晶显示指令及其功能表

指 令 名 称	控制信号		控 制 代 码								功　能
	RS	R/$\overline{\text{W}}$	D7	D6	D5	D4	D3	D2	D1	D0	
清屏	0	0	0	0	0	0	0	0	0	0	清除屏幕显示，并置地址计数器 AC 为 0
返回	0	0	0	0	0	0	0	0	1	×	置 DDRAM 及显示 RAM 的地址为 0,显示返回原始位置
输入方式设置	0	0	0	0	0	0	0	0	I/D	S	设置光标的移动方向，并指定整体显示是否移动。 I/D=1，增量方式 S=1，移位； I/D=0，增量方式 S=0，不移
显示状态设置	0	0	0	0	0	0	0	D	C	B	D：显示开关，D=1，开，D=0，关； C：光标开关，C=1，开，C=0，关； B：闪烁开关，B=1，开，B=0，关
光标移位	0	0	0	0	0	1	S/C	R/L	×	×	移动光标或整体显示，DDRAM 中内容不变。 S/C=1 时，画面平移 1 个字符； S/C=0 时，光标平移 1 个字符； R/L=1，右移，R/L=0，左移

指 令 名 称	控制信号		控 制 代 码								功　能
	RS	R/$\overline{\text{W}}$	D7	D6	D5	D4	D3	D2	D1	D0	
工作方式设置	0	0	0　0　1　S/C　R/L　F　×　×								DL=1，8 位数据接口；DL=0，4 位数据接口；N=1，两行显示，N=0，一行显示；F=1，5×10 点阵，F=0，5×7 点阵
CGRAM 地址	0	0	0　1　A5　A4　A3　A2　A1　A0								A5～A0：00H～3FH
DDRAM 地址	0	0	1　A6　A5　A4　A3　A2　A1　A0								一行显示，A6～A0：00H～4FH；两行显示，A6～A0：40H～67H
读 BF 和地址计数器值	0	1	BF　　　　　　AC								BF=0，表示忙；BF=1，表示不忙
写数据	1	0	数据								向 CGDRAM/DDRAM 写数据
读数据	1	1	数据								从 CGDRAM/DDRAM 读数据

8.6.3　MCS-51 单片机与 LCD 的接口及软件编程

1）MCS-51 单片机与 LCD 模块的接口设计

MCS-51 与 LCD 模块接口参考电路如图 8-21 所示，在图中采用 P1.0～P1.7 与 LCM 的数据端口相连，采用地址总线的方式与 LCM 的控制引脚相连，实现对 LCM 的控制。

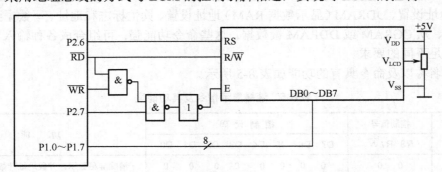

图 8-21　MCS-51 与 LCD 模块接口参考电路

2）软件编程

使用软件编程需要先对 LCM 进行初始化设置，初始化设置过程需要先对 LCM 进行上电复位，在电源电压 V_{DD} 达到 4.5V 后维持 10ms 即实现上电复位，复位后 BF=1。上电复位后需要依次进行清除显示、功能设置、开/关设置、方式设置等功能。

【例 8-5】　编写程序实现在 LCD 第 1 行显示出"HELLO!"，第 2 行显示"2015"。

```
START : MOV    DPTR ,#8000H        ；使能液晶屏地址
        MOV    A,#01H              ；清屏并置 AC 为 1 的指令
        MOVX   A,@DPTR             ；输出指令
        LCALL  LCD_BUSY            ；调用等待指令
        MOV    A,#30H              ；功能设置，8 位接口，2 行显示，5×7 点阵
        MOVX   @DPTR,A             ；输出指令
```

```
        LCALL    LCD_BUSY
        MOV      A, # OEH            ; 开显示及光标，不闪烁
        MOVX     @DPTR,A
        LCALL    LCD_BUSY
        MOV      DPTR, # COOOH       ; 数据口地址 C000H 送 DPTR
        MOV      A, #48H             ; 字符 "H" 的 ASCII 码为 48H
        MOVX     @DPTR,A
        LCALL    LCD_BUSY
        MOV      A, #45H             ; 字符 "E" 的 ASCII 码为 45H
        MOVX     @DPTR,A             ; 显示 HE
        LCALL    LCD_BUSY
        MOV      A, #4CH             ; 字符 "L" 的 ASCII 码为 4CH
        MOVX     @DPTR,A             ; 显示 HEL
        LCALL    LCD_BUSY
        MOV      A, #4CH             ; 字符 "L" 的 ASCII 码为 4CH
        MOVX     @DPTR,A             ; 显示 HELL
        LCALL    LCD_BUSY
        MOV      A, #4FH             ; 字符 "L" 的 ASCII 码为 4FH
        MOVX     @DPTR,A             ; 显示 HELLO
        LCALL    LCD_BUSY
        MOV      A, #21H             ; 字符 "!" 的 ASCII 码为 21H
        MOVX     @DPTR,A             ; 显示 HELLO!
        LCALL    LCD_BUSY
        MOV      DPTR,#8000H         ; 指向命令口
        MOV      A,#0C0H             ; 置 DDRAM 地址为 40H
        MOVX     @DPTR,A             ; 从第二行开始显示
        LCALL    LCD_BUSY
        MOV      DPTR, # COOOH       ; 数据口地址 C000H 送 DPTR
        MOV      A, #32H             ; 字符 "2" 的 ASCII 码为 32H
        MOVX     @DPTR,A
        LCALL    LCD_BUSY
        MOV      A, #30H             ; 字符 "0" 的 ASCII 码为 30H
        MOVX     @DPTR,A             ; 显示 20
        LCALL    LCD_BUSY
        MOV      A, #31H             ; 字符 "1" 的 ASCII 码为 31H
        MOVX     @DPTR,A             ; 显示 201
        LCALL    LCD_BUSY
        MOV      A, #35H             ; 字符 "5" 的 ASCII 码为 35H
        MOVX     @DPTR,A             ; 显示 2015
        LCALL    LCD_BUSY
```

本章小结

　　键盘、显示器、打印机等输入/输出设备是单片机应用系统中常用的设备，在本章中对 I/O 接口的方法以及具体器件进行了讲述，主要内容如下：

　　（1）I/O 接口的必要性以及在使用 I/O 接口时的基本原则和方法。

（2）82C55 是一款常用的 I/O 接口芯片，它可以方便地与 MCS-51 单片机连接，具有 4 种工作方式，在使用中应将 82C55 的端口看作外扩 RAM 来使用，使用 MOVX 指令进行 I/O 口控制，其硬件连接方法按照三总线连接。

（3）并行/串行接口的相互转化是另外一种常用的扩展方法，通常利用单片机的串行口方式 0 来实现。

（4）键盘接口分为独立式、矩阵式两种，视单片机的 I/O 口资源以及按键的数量来定，独立式键盘可采用循环扫描或中断的方式进行处理，矩阵式键盘可采用扫描法或反转法进行键号识别。

（5）显示器分为 LED 显示和 LCD 显示。在使用 LED 显示时应对其连接方式进行分析处理，从而确定不同的编码方式以及程序设计方式。LCD 显示在目前已经越来越常用，在使用时按照引脚的不同功能与单片机进行连接，在程序设计时按照 LCD 控制芯片的控制时序进行。

习　　题

1．I/O 接口和 I/O 端口有什么区别？I/O 接口电路应满足什么要求？

2．82C55 的方式控制字和 C 口按位复位/置位控制字都可以写入 82C55 的同一寄存器，82C55 是如何来区分这两个控制字的？

3．如何确定 82C55 的各个端口地址？

4．现有一片 AT89S51 单片机，扩展了 1 个 82C55，若把 82C55 的 A 口用作输入，A 口的每一位接一个开关，B 口用作输出，B 口的每一位接一个发光二极管。请画出电路原理图，并根据原理图编写程序，实现 A 口某一位开关接高电平，B 口相应的发光二极管被点亮。

5．说明矩阵式键盘的按键实现方法。

6．LED 显示器的动态显示和静态显示有什么区别？在与单片机连接时各自有什么特点？

第9章

MCS-51 单片机与 D/A、A/D 转换器的接口

本章知识点：

- A/D、D/A 转换的主要技术指标
- DAC0832 的基本原理和接口设计
- AD667 的基本原理和接口设计
- ADC0809 的基本原理和接口设计
- MC14433 的基本原理和接口设计
- AD7893 的基本原理和接口设计

基本要求：

- 理解 A/D、D/A 的基本过程以及重要技术指标
- 掌握 MCS-51 单片机与 DAC0832 的接口方法及程序设计方法
- 理解 MCS-51 单片机与 AD667 的接口原理及程序设计方法
- 掌握 MCS-51 单片机与 ADC0809 的原理和方法及程序设计方法
- 理解 MCS-51 单片机与 MC14433 的原理和方法及程序设计方法
- 理解 MCS-51 单片机与 AD7893 的原理和方法及程序设计方法

能力培养：

本章将重点讲述市面上典型的 A/D、D/A 转换器工作原理，并从应用角度讲述接口芯片的引脚、功能以及与单片机的接口设计的软硬件方法。通过本章的学习，可掌握几种典型的接口芯片的接口设计方法，并培养学生具有同类 A/D、D/A 转换器的扩展设计思路以及程序设计方法。

9.1 MCS-51 单片机与 D/A 转换器的接口

在单片机应用系统中，常需要对电机、电磁阀等模拟器件进行控制，实现单片机应用系统的控制输出需求。而单片机只能实现数字量的输出，这就需要进行数/模转换，用来实现数字量转换成模拟量的器件称为数/模转换器，也就是 D/A 转换器。

9.1.1 D/A 转换器概述

D/A 转换器是实现数字量（Digital）转换成模拟电压或模拟电流信号的模拟量（Analog）的集成电路芯片。转换过程通常是将数字量的每一位代码按权值大小转换成模拟分量，然后根据叠加原理将各代码对应的模拟分量相加。实现 D/A 转换常用权电阻网络和倒 T 型电阻网络两种方法。

D/A 转换芯片的种类有很多种，有 8 位、10 位、12 位、16 位等。按照和单片机的连接方式可以分成并行和串行两种。D/A 转换器的输入都是数字量，当使用并行接口方式与数据总线连接时，要考虑数字输入端的数据锁存过程。有些 D/A 转换器内部具有锁存器，即可直接与单片机相连，而如果 D/A 转换器的内部没有锁存器，则需要外接锁存器。按照输出方式分类，D/A 转换器还可分为电压输出型和电流输出型两种。在实际应用中，对于电流输出型的 D/A 转换器，如需要模拟电压输出，可在其输出端加一个由运算放大器构成的 I/V 转换电路，将电压输出变成电流输出。

选用 D/A 转换器时主要考虑的性能指标如下：

（1）分辨率。分辨率是输入给 D/A 转换器的单位数字量变化引起的模拟量输出的变化，是输出对输入量变化敏感程度的描述。分辨率是 D/A 转换器最本质的性能参数，其描述方法是用满量程与 2^n（n 为 D/A 转换器的位数）之比。例如：若满量程为 10V，则 8 位 D/A 转换器对应的分辨率为 $10V/2^8 = 39.1mV$，12 位的 D/A 转换器对应的分辨率为 $10V/2^{12} = 2.44mV$，即 8 位 D/A 转换器的输入二进制最低位的变化可引起 39.1mV 的模拟量电压变化，而 12 位 D/A 转换器的输入二进制最低位的变化可引起 2.44mV 的模拟量电压变化。显然，D/A 转换器的位数越高，分辨率越高，则 D/A 转换器对输入量的敏感程度越高。

（2）建立时间。建立时间为从输入数字量到输出达到终值误差（1/2）LSB（最低有效位）时所需的时间。建立时间表征了 D/A 转换器的转换速度，关系到进行转换的实时性问题，是 D/A 转换器的一个重要参数。通常电流输出型的 D/A 转换器建立时间较短，电压输出型的 D/A 转换器，加上完成 I/V 转换的时间，建立时间要长一些。一般 D/A 转换器的建立时间都不大于 1μs。

（3）转换精度。理想情况下，精度与分辨率基本一致，位数越多精度越高。但由于电源电压、参考电压、电阻等各种因素存在着误差，严格讲精度与分辨率并不完全一致。位数相同，分辨率则相同，但相同位数的不同转换器精度会有所不同。例如，某型号的 8 位 D/A 转换器精度为 0.19%，另一型号的 8 位 D/A 转换器精度为 0.05%。

9.1.2　MCS-51 单片机与 8 位 DAC0832 的接口设计

1. DAC0832 芯片介绍

DAC0832 是 8 位分辨率的 D/A 转换芯片。建立时间为 1μs，采用单电源 5～15V 电压供电，可直接与 MCS-51 单片机相连。DAC0832 芯片共有 20 个引脚，内部有一个 8 位输入寄存器、一个 8 位 DAC 寄存器、一个 8 位 D/A 转换器和控制电路，其内部逻辑结构图如图 9-1 所示。

（1）8 位输入寄存器。用于存放 CPU 送来的数字量，使输入数字量得到缓冲和锁存，其控制端为 $\overline{LE1}$。当 $\overline{LE1}$ 为高电平时，寄存器的输入端状态随输入端 DI0～DI7 而变化；当 $\overline{LE1}$ 为低电平时，输入端 DI0～DI7 的数据被锁存到输出端。

（2）8 位 DAC 寄存器。用来存放需要进行转换的数字量，由 $\overline{LE2}$ 控制。

（3）8 位 D/A 转换器。该部分实现 D/A 转换，它将 8 位 DAC 寄存器送来的数据转换成电流形式的输出。若要获得电压形式的输出，则需要通过 I_{OUT1}、I_{OUT2} 和 R_{fb} 引脚外接运算放大器将电流转换为电压。

（4）控制电路。控制电路对转换过程进行控制。其控制信号如下：

① $\overline{CS}$：片选信号，低电平有效，用来选中芯片。

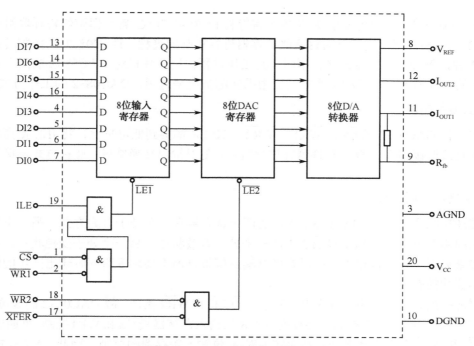

图 9-1　DAC0832 的内部逻辑结构图

② ILE：数据锁存允许控制端，高电平有效。

③ $\overline{WR1}$：8 位输入寄存器写选通控制端，低电平有效。

④ $\overline{WR2}$：8 位 DAC 寄存器写选通控制端，低电平有效。

⑤ $\overline{XFER}$：数据传送控制，低电平有效。$\overline{XFER}$ 和 $\overline{WR2}$ 共同产生 $\overline{LE2}$ 信号，控制 8 位 DAC 寄存器的状态随输入数据而变化；当 $\overline{LE2}$ 有效时，8 位 DAC 寄存器锁存输入端的数据，该数据连接到 8 位 D/A 转换器，随时被进行转换，转换后由 I_{OUT1} 和 I_{OUT2} 引脚共同输出模拟电流。

（5）参考电压和接地。对 D/A 输入提供参考电压。

① V_{REF}：外接参考电压。可在-10～+10V 范围内选择。

② AGND：为模拟信号接地，即 V_{REF} 和模拟信号对应的地线。

③ DGND：数字信号接地。

（6）数据输入和模拟输出。

① DI0～DI7：8 位数字信号输入端，与单片机数据总线相连。

② I_{OUT1}：D/A 转换电流输出 1 端，输入数字全为 1 时，I_{OUT1} 输出最大；输入量全为 0 时，I_{OUT1} 输出量最小。外接运放时需要接到运放 "–" 端。

③ I_{OUT2}：D/A 转换电流输出 2 端，外接运放时需要接到运放 "+" 端。I_{OUT1}+ I_{OUT2}=常数。

2. MCS-51 单片机与 DAC0832 接口设计

DAC0832 在与单片机进行扩展时，通常也采用总线扩展的方式。DAC0832 的数字类型的端口分别与单片机的三总线进行连接，而 DAC0832 的模拟端口要与需要进行控制的模拟器件相连接。需要注意的是，在进行模拟器件连接时，应该与数字量器件的电源地进行分离，也就是说模拟量的地与数字量的地应进行隔离，并一点连接，从而保证转换的精度，同时，其参考电压端应该采用较为精密的单独供电方式来实现。

由于 DAC0832 芯片内部由 8 位输入寄存器和 8 位 DAC 寄存器两级寄存器组成，控制 DAC0832 的转换过程，也就是对这两级寄存器进行控制的过程。DAC0832 的控制转换过程可以分成 3 种，每种的连接方式略有不同，其工作过程根据单片机对 DAC0832 的两个寄存器的控制方式的不同而不同，每种工作方式应根据实际情况来选用。DAC0832 的工作方式如下。

1）直通控制方式

该方式将 DAC0832 的 $\overline{CS}$、$\overline{WR1}$、$\overline{WR2}$、$\overline{XFER}$ 都接到低电平上，将 ILE 接高电平，则输入数据直接连接到 8 位 D/A 转换器并进行转换，随时输出转换结果。此种方式连接和控制较为简单。

2）单缓冲控制方式

单缓冲控制方式是指 DAC0832 内部的两个寄存器有一个处于直通方式，另一个处于受单片机控制的锁存方式，即 $\overline{LE1}$ 和 $\overline{LE2}$ 中的一个处于有效状态，另一个处于受控状态。在实际应用中，如果只有一路模拟输出，或虽是多路输出模拟量但不要求多路同时输出同步的情况下，可采用单缓冲控制方式。

单缓冲控制方式接口电路如图 9-2 所示。$\overline{XFER}$ 和 $\overline{WR2}$ 接地，故 DAC0832 的 8 位 DAC 寄存器工作于直通方式（$\overline{LE2}$ 控制端始终有效）。8 位输入寄存器受 $\overline{CS}$ 和 $\overline{WR1}$ 控制，可通过 MOVX 指令在 $\overline{CS}$ 和 $\overline{WR1}$ 上产生低电平，从而实现对 8 位输入寄存器的控制。因此，MCS-51 单片机执行如下两条指令可实现 DAC0832 的单缓冲控制：

```
MOV  DPTR,#7FFFH    ；DAC 地址
MOVX @DPTR, A       ；开始 D/A 转换
```

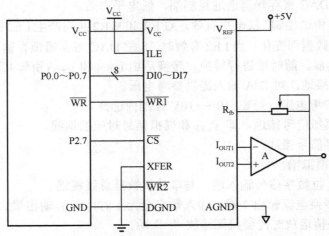

图 9-2　DAC0832 单缓冲控制方式接口电路

现举例说明 DAC0832 单缓冲控制方式的应用。

【例 9-1】 DAC0832 用作波形发生器。分别写出产生锯齿波、三角波和矩形波的程序。

（1）锯齿波产生，见图 9-3。

```
         ORG  1000H
START:MOV   DPTR，#7FFFF ；DAC 地址
      MOV   A，#00H      ；数字量→A
```

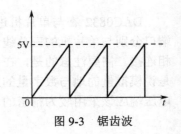

图 9-3　锯齿波

```
LOOP: MOVX  @DPTR, A      ; 数字量→D/A 转换器
      INC   A             ; 数字量逐次加 1
      SJMP  LOOP
```

（2）三角波产生，见图 9-4。

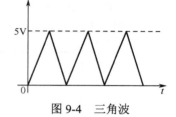

```
      ORG   1000H
START:MOV   DPTR, #7FFFF   ; DAC 地址
      MOV   A, #00H        ; 数字量→A
UP:   MOVX  @DPTR, A       ; 数字量→D/A 转换器
      INC   A              ; 数字量逐次加 1
      JNZ   UP

DOWN: DEC   A              ; 数字量逐次减 1
      MOVX  @DPTR, A       ; 数字量→D/A 转换器
      JNZ   DOWN
      SJMP  UP
```

图 9-4　三角波

（3）矩形波产生，见图 9-5。

```
      ORG   1000H
START:MOV   DPTR, #7FFFF
LOOP :MOV   A, #DATA1
      MOVX  @DPTR, A       ; 上限电平→D/A 转换器
      LCALL DEL1           ; 调延时子程序
      MOV   A, #DATA2
      MOVX  @DPTR, A       ; 下限电平→D/A 转换器
      LCALL DEL2           ; 调延时子程序
      SJMP  LOOP
```

图 9-5　矩形波

3）双缓冲控制方式

该方式对 DAC0832 两级数据缓冲器分别进行选通控制。完成一次 D/A 转换，需要单片机对 DAC0832 发出两次写指令，第一次控制 8 位输入寄存器的选通，第二次控制 8 位 DAC 寄存器的选通。双缓冲控制方式通常用于需要同步输出模拟电压、电流信号的情况下。如图 9-6 所示，是 MCS-51 单片机与 DAC0832 实现双缓冲控制的参考电路图。

MCS-51 控制两片 DAC0832 同时输出 D/A 转换结果的过程是：单片机先在地址总线上写入 BFFFFH（P2.6=0），然后利用 MOVX 指令使得 $\overline{WR}$ 信号为低电平，将待转换的数字数据输入到 1#DAC0832 的 8 位输入寄存器中，然后在地址总线上写入 DFFFFH（P2.5=0），利用 MOVX 指令使得 $\overline{WR}$ 信号为低电平，将待转换的数字数据输入到 2#DAC0832 的 8 位输入寄存器中，此时两片 DAC0832 的 8 位输入寄存器中均暂存待转换的数据；最后单片机同时在地址线上写入 7FFFH（P2.7=0），并通过 MOVX 指令向两片 DAC0832 的 8 位 DAC 寄存器发出指令，使得 $\overline{XFER}$、$\overline{WR1}$、$\overline{WR2}$ 均有效，两片 DAC0832 同时开始 D/A 转换，1μs 后同时输出转换结果。

【例 9-2】　某控制系统采用双直流电机的驱动方式，完成一个平面上 X-Y 坐标的数据点的绘制工作。这种情况下采用双缓冲的控制方式较为合适。在控制中将 DAC0832 的两路输出分别与两个电机相连，采用双缓冲的控制方式，完成相应的功能。双缓冲控制方式参考程序如下。

```
MOV  DPTR, #0BFFFFH    ; P2.6=0，1#DAC0832 数字量输入寄存器地址
MOV  A, #data1         ; 待转换数据
```

```
MOVX    @DPTR , A              ; 数据送 1#DAC0832
MOV     DPTR , #0DFFFFH        ; P2.5=0，2#DAC0832 数字量输入寄存器地址
MOV     A , #data1            ; 待转换数据
MOVX    @DPTR , A              ; 数据送 2#DAC0832
MOV     DPTR , #7FFFFH         ; P2.7=0，两片 DAC0832 的 DAC 寄存器地址
MOVX    @DPTR , A              ; 两片 DAC0832 同时开始 D/A 转换
```

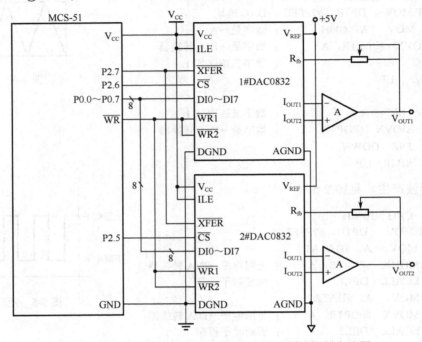

图 9-6　MCS-51 单片机与 DAC0832 实现双缓冲控制电路图

9.1.3　MCS-51 单片机与 12 位 D/A 转换器 AD667 的接口设计

AD667 是分辨率为 12 位的电压输出型 D/A 转换器，建立时间≤3μs，其输入方式为双缓冲输入，输出方式是电压输出，通过硬件编程可输出+5V、+10V、±2.5V、±5V 和±10V 等多种电压；AD667 内含高稳定的基准电压源，可方便地与 4 位、8 位或 16 位微处理器接口；双电源工作电压：±12～±15V。

1. AD667 的引脚分布及内部结构

AD667 引脚分布与内部结构图如图 9-7 所示。

AD667 的引脚定义如下。

20V SPANR：第 1 引脚，片内 10kΩ反馈电阻引脚；

10V SPANR：第 2 引脚，片内 10kΩ反馈电阻中心抽头引脚；

SUM：第 3 引脚，运放求和点，即运放反向输入点；

BPOFF：第 4 引脚，双极性偏置端，用于双极性补偿；

AGND：第 5 引脚，模拟地；

V_{REFOUT}：第 6 引脚，内置基准电压源输出端；

V_{REFIN}：第 7 引脚，外部基准电压源输入端；

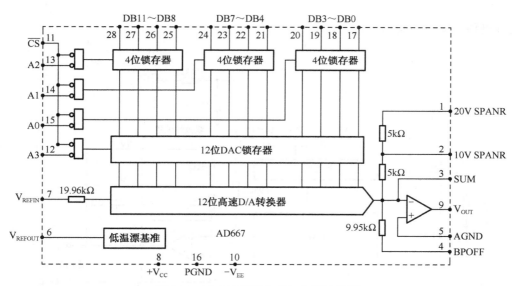

图 9-7　AD667 引脚分布与内部结构图

$+V_{CC}$：第 8 引脚，正电源电压输入端；

V_{OUT}：第 9 引脚，模拟电压输出端，其输出范围可通过硬件编程输出，可实现单极性或双极性输出；

$-V_{EE}$：第 10 引脚，负电压源输入端；

$\overline{CS}$：第 11 引脚，片选信号输入，D/A 锁存器控制端，低电平有效；

A0～A3：第 12～15 引脚，锁存器地址；

PGND：第 16 引脚，电源地；

DB0～DB11：第 17～28 引脚，数字量输入端。

2. AD667 的输出方式

1）输出量程硬件编程

AD667 通过硬件编程的不同，可实现不同的输出电压量程范围。单极性工作时，可获得+5V、+10V、+20V 的电压；双极性工作时，可获得±2.5V、±5V、±10V 的电压，具体量程可由引脚 1、2、3、9 的不同连接实现，如表 9-1 所示。

表 9-1　AD667 硬件编程功能表

输 出 量 程	数字输入代码	电 路 连 接
±10V	偏移二进制代码	脚 9 与脚 1 相连，脚 2 未用，脚 4 通过 50Ω固定电阻或 100Ω电位器与脚 6 相连
±5V	偏移二进制代码	脚 9 与脚 1 和脚 2 相连，脚 4 通过 50Ω固定电阻或 100Ω电位器与脚 6 相连
±2.5V	偏移二进制代码	脚 9 与脚 2 相连，脚 1、脚 2 与脚 3 相连，脚 4 通过 50Ω固定电阻或 100Ω电位器与脚 6 相连
0～10V	直接二进制代码	脚 9 与脚 1、脚 2 相连，脚 4 与脚 5 相连或外接调整电阻
0～5V	直接二进制代码	脚 9 与脚 2 相连，脚 1 与脚 3 相连，脚 4 与脚 5 相连或外接调整电阻

2）单极性电压输出

如图 9-8 所示为 0～10V 单极性电压输出电路原理图。在电路运行之前，为保证转换精度，需要进行电路调零和增益调节。

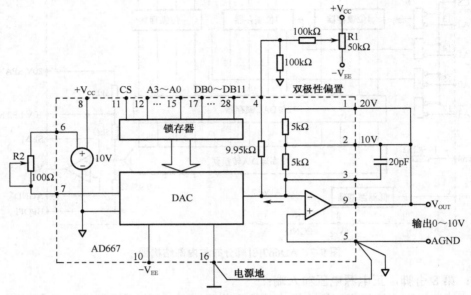

图9-8　0～10V 单极性电压输出电路原理图

电路调零：数字输入量全为"0"时，调节 50kΩ 电位器 R1，使其模拟电压输出端（OUTPUT）电压为 0.000V。在大多数情况下，并不需要调零，只要把 4 脚与 5 脚相连即可。

增益调节：数字输入量全为"1"时，调节 100Ω 电位器 R2，使其模拟电压（OUTPUT）输出为 9.9976V，即满量程的 10.000V 减去 1LSB（约为 2.44mV）所对应的模拟输出量。

3）双极性电压输出

如图9-9 所示为-5～+5V 双极性电压输出电路原理图。在电路运行之前，为保证转换精度，需要进行偏置调节和增益调节。

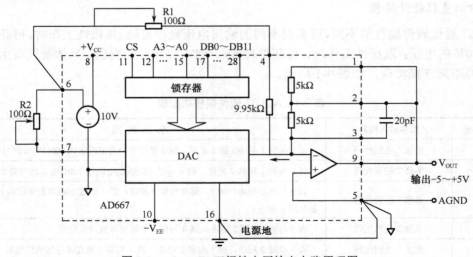

图9-9　-5～+5V 双极性电压输出电路原理图

偏置调节：数字输入量全为"0"时，调节 100Ω 电位器 R1，使其模拟电压输出端（OUTPUT）电压为-5V。

　　增益调节：数字输入量全为"1"时，调节 100Ω 电位器 R2，使其模拟电压（OUTPUT）输出为 4.9976V。

　　4）内部/外部基准电压源的使用

　　AD667 有内置低噪声基准电源，其绝对精度和温度系数都是通过激光修正的，具有长期的稳定性。片内基准电源可提供片内 D/A 转换器所需的基准电流，典型值为 V_{REFIN} 端提供的 0.5mA，BPOFF（Bipolar Offset）端提供的 1.0mA。

　　5）接地与动态电容的接法

　　模拟地 AGND 与电源地 PGND 分开，可以减少器件的低频噪声和增强高速性能。把地回路分开的目的是为了尽量减小低电平信号路径中的电流。AGND 是输出放大器中的地端，应与系统中的模拟地直接相连。电源地 PGND 可以与模拟电源的接地点就近连接。最后，AGND 与 PGND 在一点上进行连接，一般连接到电源地 PGND 上。另外，AD667 的电源引脚到模拟地引脚间应加上适当的去耦电容。在输出放大器反馈电阻两端加一个 20pF 的小电容，可以明显改善输出放大器的动态性能。

　　6）数字输入控制与数据代码

　　AD667 的总线接口逻辑由 4 个独立的可寻址锁存器组成，其中有 3 个 4 位的输入数据锁存器（第一级锁存器）和 1 个 12 位的 DAC 锁存器（第二级锁存器）。利用 3 个 4 位锁存器可以直接从 4 位、8 位或 16 位微处理器总线分次或一次加载 12 位数字量；一旦数字量被装入 12 位的输入数据锁存器，就可以把 12 位数据传入第二级的 DAC 锁存器，这种双缓冲结构可以避免产生错误的模拟输出。4 个锁存器由 4 个地址输入 A0～A3 控制，所有的控制都是低电平有效，对应关系如表 9-2 所列。所有锁存器都是电平触发，当控制信号有效时，锁存器输出跟踪输入数据；当控制信号无效时，数据就被锁存。它允许一个以上的锁存器被同时锁存。建议任何未使用的数据和控制引脚最好与电源地相连，以改善抗噪声干扰特性。AD667 使用正逻辑编码。

表 9-2　AD667 的总线接口逻辑表

$\overline{CS}$	A3	A2	A1	A0	操 作 说 明
1	×	×	×	×	不起作用
×	1	1	1	1	不起作用
0	1	1	1	0	选通低 4 位数据输入锁存器
0	1	1	0	1	选通中 4 位数据输入锁存器
0	1	0	1	1	选通高 4 位数据输入锁存器
0	0	1	1	1	把输入数据锁存器中的 12 位数据输入 DAC 锁存器中
0	0	0	0	0	所有锁存器直通

　　单极性输出时，输入编码采用直接二进制编码，输入 000H 产生零模拟输出；输入 FFFH 产生比满量程少 1LSB 的模拟输出。双极性输出时，输入编码采用偏移二进制编码。输入为 000H 时，产生负的满量程输出；输入为 FFFH 时，产生比满量程少 1LSB 的模拟输出；输入为 800H 时，模拟输出为 0。其中 1LSB 为最低位对应的模拟电压。双极性输出时输入数字量 N 与输出模拟电压 V_{OUT} 的关系为

$$V_{OUT} = \left[\frac{N}{2^{11}} - 1\right]V_R$$

式中，V_R 为输出电压量程。

7）与单片机的接口数据格式

AD667 可方便地与 8 位单片机进行接口。其控制逻辑的数据格式为左对齐或右对齐。如图 9-10 所示为左对齐数据格式，图 9-11 所示为右对齐数据格式。

DB11	DB10	DB9	DB8	DB7	DB6	DB5	DB4
DB3	DB2	DB1	DB0	×	×	×	×

图 9-10　左对齐数据格式

×	×	×	×	DB11	DB10	DB9	DB8
DB7	DB6	DB5	DB4	DB3	DB2	DB1	DB0

图 9-11　右对齐数据格式

3. AD667 与 MCS-51 单片机的接口设计

AD667 与 MCS-51 单片机的接口设计参考电路图如图 9-12 所示，AT89C51 把 AD667 所占的 3 个端口地址视为外部数据存储器的 3 个单元，对其进行选通。在图中，将 A2、A3 连接在一起，根据 AD667 真值表可知，AD667 的中 4 位和高 4 位一起进行控制，因此，数据格式采用的是左对齐方式，也就是说需要将数据的高 8 位作为一个假定低 8 位数据存于 20H 单元，高 4 位数据存入 21H 的低 4 位，实现 D/A 转换的子程序如下：

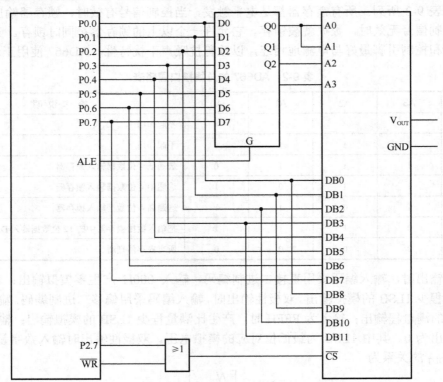

图 9-12　MCS-51 单片机与 AD667 连接电路图

```
CONVERT:   MOV    A,20H
           MOV    DPTR,#7FFEH
           MOVX   @DPTR,A      ；低 8 位进第一级锁存器
           MOV    A,21H
           MOV    DPTR,#7FFDH
           MOVX   @DPTR,A      ；高 4 位进第一级锁存器
           MOV    DPTR,#7FFBH
           MOVX   @DPTR,A      ；启动第二级锁存器
           RET
```

在完成 D/A 转换后，将 20H、21H 中的数据作为 D/A 转换后的结果统一使用。

9.2　MCS-51 单片机与 A/D 转换器的接口

在单片机应用系统中，需要处理外部的输入信号，这些输入信号主要包括开关量信号（键盘、开关）以及模拟量信号。模拟量信号在满足实际测量以及控制需求中占了所需信号的绝大部分，比如电压、电流、温度、压力等信号。这些信号都是连续变化的，不能满足单片机应用系统中所需要的数字量变化的需求，因此需要一些进行模拟量到数字量转换的电路，实现模/数转换。

9.2.1　A/D 转换器概述

把模拟量（Analog）信号转换成数字量（Digital）信号的过程叫作模数转换，实现这种模数转换的器件叫作模数转换器（Analog-Digital-Converter），简称 ADC。

1．A/D 转换器分类

A/D 转换器在进行 A/D 转换时，其过程按照原理方法不同主要分为逐次逼近式及双积分式。

（1）逐次逼近式 A/D 转换器。这种 ADC 通常由一个比较器、D/A 转换器、缓冲寄存器及控制逻辑电路组成。其基本原理是从高位到低位逐位试探比较，好像用天平称物体，从重到轻逐级增减砝码进行试探，直到得到与基准电压相同的输入数字量，从而完成 A/D 转换。这种 ADC 具有速度较高、功耗低等优点，是常用的转换芯片。

（2）双积分式 A/D 转换器。采用双积分法的 A/D 转换器由电子开关、积分器、比较器和控制逻辑等部件组成。其转换过程的基本原理是将输入电压变换成与其平均值成正比的时间间隔，再把此时间间隔转换成数字量，属于间接转换。此种 ADC 的优点是用简单电路就能获得高分辨率，但缺点是由于转换精度依赖于积分时间，因此转换速率极低。初期的单片 A/D 转换器大多采用积分型。

A/D 转换器从数据传输的方式上可以分成并行和串行两种，目前串行 A/D 转换器在许多场所得到了广泛的应用。

2．A/D 转换器的主要技术指标

（1）分辨率。分辨率是 ADC 器件最重要的特征参数，它描述了 ADC 器件能够分辨出最小模拟输入量的能力。分辨率定义为最大输入模拟电压与最大输出二进制数字值之比，通常采用二进制位数或 BCD 码位数描述。如某种 A/D 转换芯片的分辨率为 8 位，最大输入电压为 5V，则其分辨率为 $5V/2^8=0.0195V$，也就是说当外部电压产生 0.0195V 的变化时，可以表征出一个

二进制数。显然，ADC 的位数越多，其分辨率越高，常用的 ADC 分辨率有 8 位、12 位、14 位等，采用 BCD 码输出的 ADC 分辨率位数有 $3\frac{1}{2}$ 位、$4\frac{1}{2}$ 位、$5\frac{1}{2}$ 位等。

（2）转换时间。转换时间为完成一次转换从开始转换到转换结束所需要的时间，是表征 ADC 转换速度的参数。转换时间的倒数为转换速率。转换时间依据 ADC 所采用的转换原理不同而不同，通常积分式 ADC 转换时间较长，逐次比较式 ADC 转换时间较短。一般 ADC 的转换时间大于 1ms 的为低速器件，小于 1μs 的为高速器件。

（3）转换精度。转换精度定义为一个实际 A/D 转换器与一个理想 A/D 转换器在量化值上的差值。可以用绝对误差或相对误差来表示。

3. 选择 A/D 转换器时需考虑的因素

在进行 ADC 器件的选择时需要考虑的因素较多，通常从分辨率、转换时间、模拟输入电压以及基准电压、传输方式等方面进行考虑。

（1）在选用 ADC 分辨率时，需要对测量的精度进行分析研究。然而系统的精度涉及的环节较多，包括传感器变换精度、信号预处理电路精度和 A/D 转换器及输出电路输出精度以及控制机构精度，在进行精度估算时，A/D 转换器的位数应该比总精度要求的最低分辨率高一位。在进行 ADC 位数选择时还要和转化误差结合考虑。在实际选择中选择 ADC 位数应与其他环节能够达到的精度相适应，只要不低于它们就行，位数选择越高，其成本就越高。

（2）在转换时间上进行选择时，应考虑系统的实时性问题。要求对被测量做出的反应越迅速，则需要的转换时间越短。

（3）在进行模拟输入电压范围选择时，需根据被测量的电压范围要求进行选择。基准电压的选择应根据模拟电压的输入范围进行参考选择。基准电压是提供给 A/D 转换器件在进行 A/D 转换时所需要的参考电压，是保障转换精度的基本条件，因此基准电压应为一可靠的电压输入。在要求较高精度时，基准电压要单独使用高精度稳压电源。

（4）传输方式应根据应用系统的资源情况进行选择。

9.2.2 MCS-51 单片机与逐次比较型 A/D 转换器 ADC0809 的接口设计

1. ADC0809 的引脚及功能

ADC0809 是一种 8 路模拟电压输入、8 位数字量输出的逐次比较式 A/D 转换器，转换时间约为 100μs。ADC0809 的引脚配置如图 9-13 所示。

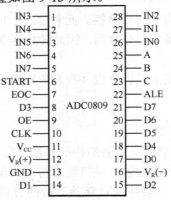

图 9-13 ADC0809 引脚

（1）IN0～IN7：8 路模拟信号输入端。

（2）D0～D7：8 位数字量输出端。

（3）C、B、A：控制 8 路模拟通道的切换。

（4）OE、START、CLK：控制信号端，OE 为输出允许端，START 为启动信号输入端，CLK 为时钟信号输入端。

（5）EOC：转换结束信号端，高电平有效。

（6）ALE：地址锁存信号端，用来锁存 A、B、C 信号。

（7）V_R（+）和 V_R（-）：参考电压输入端。

2. ADC0809 的内部结构及转换原理

ADC0809 的内部结构框图如图 9-14 所示。其内部主要由 8 路模拟量输入开关、地址锁存与译码器、8 位 A/D 转换器以及三态输出锁存器构成。8 路模拟量输入开关主要用来选择输入通道（IN0~IN7），其控制信号由地址锁存与译码器提供，通过 3 根地址线 A、B、C 来选择输入通道，并通过 ALE 信号进行锁存。地址线输入与通道选择地址编码如表 9-3 所示。8 位 A/D 转换器由 CLK 提供输入脉冲信号，由 START 提供转换启动信号，三态输出锁存器由 OE 信号提供。

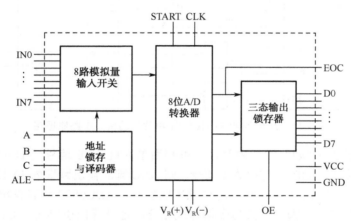

图 9-14　ADC0809 的内部结构框图

表 9-3　通道选择编码

地址编码			被选中的通道
C	B	A	
0	0	0	IN0
0	0	1	IN1
0	1	0	IN2
0	1	1	IN3
1	0	0	IN4
1	0	1	IN5
1	1	0	IN6
1	1	1	IN7

3．MCS-51 单片机与 ADC0809 的接口设计

在实际使用过程中，通常是通过单片机系统的并行三总线的方式对 ADC0809 进行扩展。ADC0809 的数据口、地址口以及控制口分别与单片机的数据总线、地址总线及控制总线相连。单片机在控制 ADC0809 的工作中，首先用指令选择 ADC0809 的一个模拟输入通道，当执行 MOVX @DPTR，A 时，单片机的 $\overline{WR}$ 有效，从而产生一个启动信号给 ADC0809 的 START 引脚，开始对选中的通道进行转换。当转换结束后，ADC0809 发出转换结束 EOC 信号（高电平信号），该信号可提供给单片机。当转换结束时，执行指令 MOVX A，@DPTR，单片机发出读控制 $\overline{RD}$ 信号，OE 端有效，并将 ADC0809 转换完毕的数字量读入累加器 A 中。

根据以上工作原理，则 ADC0809 与 MCS-51 单片机的接口电路原理图如图 9-15 所示。

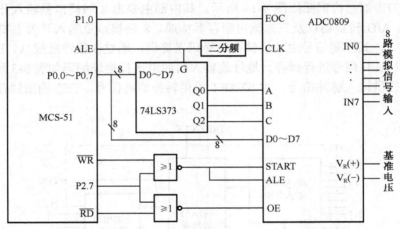

图 9-15　ADC0809 与 MCS-51 单片机的接口电路原理图

原理图中，由于 ADC0809 无片内时钟，可利用单片机 ALE 信号经 D 触发器二分频作为时钟信号，如时钟频率为 6MHz，则 ALE 脚的输出频率为 1MHz，二分频后为 500kHz，符合 ADC0809 对时钟频率的要求。ADC0809 具有输出三态锁存器，8 位数据输出引脚可直接与数据总线相连。地址译码引脚 C、B、A 分别与地址总线 A2、A1、A0 相连，以选通 IN0～IN7 中的一个。P2.7（A15） 作为片选信号，在启动 A/D 转换时，由 $\overline{WR}$ 和 P2.7 控制 ADC 的地址锁存和转换启动，由于 ALE 和 START 连在一起，因此 ADC0809 在锁存通道地址的同时，启动并进行转换。在读取转换结果时，用读信号 $\overline{RD}$ 和 P2.7 脚经 1 级或非门后产生的正脉冲作为 OE 信号，用以打开三态输出锁存器。电路中，EOC 信号与单片机 P1.0 相连，可采用查询的方式对 ADC0809 的状态进行检测。ADC0809 的 IN0～IN7 用来接入模拟电压信号，通常应该接入 0～5V 的需要进行采集的模拟电压，这需要根据具体情况进行连接，而接入的电压水平应该与参考电压端相匹配。ADC0809 的参考电压端是完成 A/D 转换的基准电压，这与 ADC0809 的内部转换原理相对应，即由于 ADC0809 采用的是逐次逼近式的工作方式，每次进行转换时都需要跟参考电压端的基准电压进行逼近比较，因此，参考电压应该与单片机的系统电压分开，通常应该接入一精度较高的电压，并且不应该受到外部信号的干扰，接入的电压范围为 0～5V。

【例 9-3】某测量系统需要分别对 8 路模拟信号轮流采样 1 次，并把转换完的数据送到 30H 开始的单元中，采用查询的方式。ADC0809 的转换参考程序如下：

```
MAIN:MOV    R0, #30H          ; 置数据区首地址
     MOV    DPTR, #7FF8H      ; 端口地址送 DPTR，P2.7=0，且指向通道 IN0
     MOV    R7, #08H          ; 置转换的通道个数
LOOP:MOVX   @DPTR, A          ; 启动 A/D 转换
WAIT:JNB    P1.0, WAIT
     MOVX   A, @DPTR          ; 读取转换结果
     MOV    @R0, A
     INC    DPTR
     INC    R0
     DJNZ   R7, LOOP
```

在实际应用中，由于受到外部干扰，在进行 A/D 转换时可能会出现数据不准确的情况，为了避免这种情况的出现，通常在转换过程中进行多次采集将采集到的数据进行数据处理，如取平均的方式，提高 A/D 转换的准确程度，具体程序请同学们自己思考。

由于查询的方式会占用 CPU 较多的时间，从而影响到系统的实时性，因此，在实际应用中，常采用中断的方式对 ADC 转换完的数据进行读取，这样既保证了系统的实时性，也大大提高了单片机 CPU 的效率。采用中断方式的 ADC0809 与 MCS-51 单片机的连接图如图 9-16 所示。

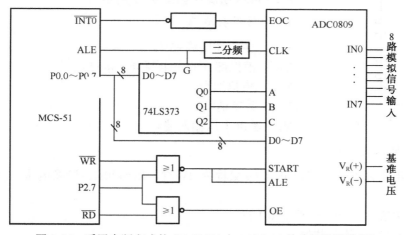

图 9-16　采用中断方式的 ADC0809 与 MCS-51 单片机的连接图

在图中，EOC 引脚通过一反相器接到 MCS-51 的 $\overline{INT0}$ 引脚上，当转换结束时，EOC 发出一个高电平脉冲信号，经过反相器后向单片机提出中断申请，单片机响应中断请求，在中断服务程序中读取 A/D 转换结果，并启动下一次转换。参考程序如下。

中断初始化程序：

```
INIT1: SETB   IT0          ; 外部中断 0 初始化编程
       SETB   EX0          ; 选择外中断为跳沿触发方式
       SETB   EA           ; CPU 开中断
       MOV DPTR, #7FF8H     ; 端口地址送 DPTR
       MOV A, #00H
       MOVX   @DPTR, A      ; 启动 0809 对 IN0 通道转换
       ...                  ; 完成其他的工作
```

中断服务程序：

```
INT0: MOVX    A，@DPTR      ；A/D 结果送内部 RAM 单元 30H
      MOV     30H，A
      MOV     A，#00H       ；启动 0809 对 IN0 的转换
      MOVX    @DPTR，A
      RETI
```

9.2.3　MCS-51 单片机与双积分型 A/D 转换器 MC14433 的接口设计

MC14433 是 $3\frac{1}{2}$ 位的双积分型 A/D 转换器，具有外接元件少，输入阻抗高，功耗低，电源电压范围宽，精度高等特点，并且具有自动校零和自动极性转换功能，只要外接少量的阻容件即可构成一个完整的 A/D 转换电路。MC14433 常用于数字电压表、数字温度计等各类数字化仪表及计算机数据采集系统的 A/D 转换接口。

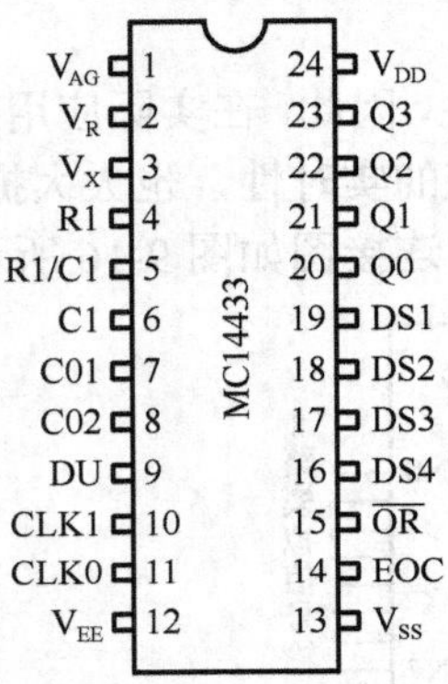

图 9-17　MC14433 引脚图

1. MC14433 的引脚功能及内部结构

MC14433 引脚图如图 9-17 所示。

1）电源及共地端

V_{DD}：主工作电源+5V。

V_{EE}：模拟部分的负电源端，接-5V。

V_{AG}：模拟地端。

V_{SS}：数字地端。

V_R：基准电压输入端。

2）外接电阻及电容端

R1：积分电阻输入端，转换电压 V_X 量程为 2V 时，R_1=470Ω；转换电压 V_X 量程为 200mV 时，R_1=27kΩ。

C1：积分电容输入端，一般取 0.1μF。

R1/C1：R1 与 C1 的公共端。

CLK1、CLKO：外接振荡器时钟调节电阻 R_C，阻值一般取 300kΩ左右。

3）转换启动/结束信号端

EOC：转换结束信号输出端，正脉冲有效。

DU：启动新的转换，若 DU 与 EOC 相连，每当 A/D 转换结束后，自动启动新的转换。

4）过量程信号输出端

$\overline{OR}$：当 $|V_X| > V_R$ 时，输出低电平。

5）位选通控制端

DS4~DS1：分别为个、十、百、千位输出的选通脉冲，DS1 对应千位，DS4 对应个位。每个选通脉冲宽度为 18 个时钟周期，两个相应脉冲之间间隔为两个时钟周期。

6）BCD 码输出端

Q0~Q3：BCD 码数据输出线。Q3 为最高位，Q0 为最低位。即：

DS4 有效时，Q3～Q0 表示的是个位值（0～9）；

DS3 有效时，Q3～Q0 表示的是十位值（0～9）；

DS2 有效时，Q3～Q0 表示的是百位值（0～9）；

DS1 有效时，Q3～Q0 除了表示千位值 0 或 1 外，还表示了转换值的正负极性，以及欠量程或过量程，如表 9-4 所示。

表 9-4　DS1 选通时 Q0～Q3 表示的结果

DS1	Q3	Q2	Q1	Q0	输出结果状态
1	1	×	×	0	千位数为 0
1	0	×	×	0	千位数为 1
1	×	1	×	0	输出结果为正
1	×	0	×	0	输出结果为负
1	0	×	×	1	输入信号过量程
1	1	×	×	1	输入信号欠量程

由表 9-4 可知，Q3 在 Q0=0 时，表示千位数的内容，Q3=0 时，千位数为 1，Q3=1 时，千位数为 0。Q3 在 Q0=1 时，表示过、欠量程，Q3=1 时表示欠量程。当量程选为 1.999V 时，过量程表示被测信号大于 1.999V；欠量程表示被测信号小于 0.179V。Q2 表示被测信号的极性，Q2=1 为正极性，Q2=0 表示负极性。

MC14433 内部结构图如图 9-18 所示，其模拟电路部分有基准电压、模拟电压输入部分。模拟电压的输入量程为 1.999V 或 199.9mV。主要外接器件是时钟振荡器外接电阻 R_C、失调补偿电容 C0 和外接积分阻容元件 R1、C1。

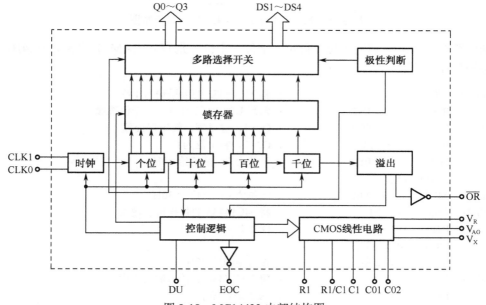

图 9-18　MC14433 内部结构图

数字电路部分由控制逻辑、BCD 码及输出锁存器、多路开关、时钟以及极性判断、溢出检测电路组成。MC14433 采用了字位动态扫描 BCD 码输出方式，即千位、百位、十位、个位 BCD

码轮流在 Q0~Q3 端输出，同时在 DS1~DS4 端出现同步字位选通信号。

2. MCS-51 与 MC14433 的接口设计

MCS-51 与 MC14433 的接口电路图如图 9-19 所示。

在图中，由于 MC14433 的输出是动态的，因此单片机必须通过并行口与 MC14433 相连，在原理图设计中，采用 P1.0~P1.7 分别与 Q0~Q3、DS1~DS4 相连，用来进行数据的采集。EOC 与 DU 相连，使得每次完成转换后启动新的 A/D 转换，并与单片机的外部中断 0 相连。MC14433 的基准电压由精密电源 MC1403 提供。

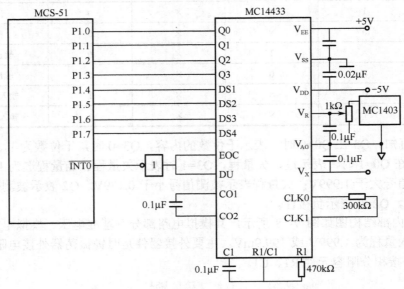

图 9-19　MCS-51 与 MC14433 的接口电路图

根据电路图，将采集到的千位、百位、十位、个位分别存入 RAM 中的 31H~34H，则参考中断服务子程序如下。

```
INT0: MOV   A，P1          ; 将 MC14433 的数据输入 1 次
      JNB   ACC.4，INT0    ; 判断 DS 是否等于 1，即千位选通
      JB    ACC.0，EER     ; Q0=1，过量程，转错误处理
      JB    ACC.3，PL2     ; Q3=1，转千位为 0
      MOV   31H，#01H       ; 千位为 1，赋值给 30H
      AJMP  PL3
PL2:  MOV   31H，#00H       ; 千位为 0，赋值给 30H
PL3:  MOV   A，P1          ; 将 MC14433 的数据再次输入
      JNB   ACC.5，PL3     ; DS2 是否等于 1
      MOV   R0，#32H
      XCHD  A，@R0          ; 百位赋值给 32H
PL4:  MOV   A，P1          ; 将 MC14433 的数据输入 1 次
      JNB   ACC.6，PL5     ; DS3 是否等于 1
      INC   R0
      XCHD  A，@R0          ; 十位赋值给 33H
PL5:  MOV   A，P1          ; 将 MC14433 的数据输入 1 次
      JNB   ACC.7，PL6     ; DS4 是否等于 1
```

```
       INC    R0
       XCHD   A，@R0              ；个位赋值给 33H
EER：  SETB   F0                 ；若出错，则在 F0 位标志 1，以供后续处理
       RETI
```

9.2.4　12 位串行 A/D 芯片 AD7893 与单片机的接口及编程

AD7893 是一款 12 位 ADC，采用+5V 单电源供电，典型功耗仅为 25mW。AD7893 可以通过一个高速串行接口输出数据，这个双线串行接口具有一个串行时钟输入和一个串行数据输出，通过外部串行时钟可访问该器件中的串行数据。

1．AD7893 的引脚功能及内部结构

AD7893 引脚图如图 9-20 所示。各引脚功能如下。

VIN：模拟电压输入引脚；±10V（AD7893-10）、±2.5V（AD7893-3）、0～+5V（AD7893-5）和 0～+2.5V（AD7893-2）。

REFIN：参考电压输入引脚。正常时的参考电压为+2.5V。

$\overline{\text{CONVST}}$：转换启动引脚。在输入的下降沿，AD7893 的串行时钟计数器复位。在输入上升沿，采样/保持器由采样状态进入保持状态，同时启动 AD7893 的模数转换过程。

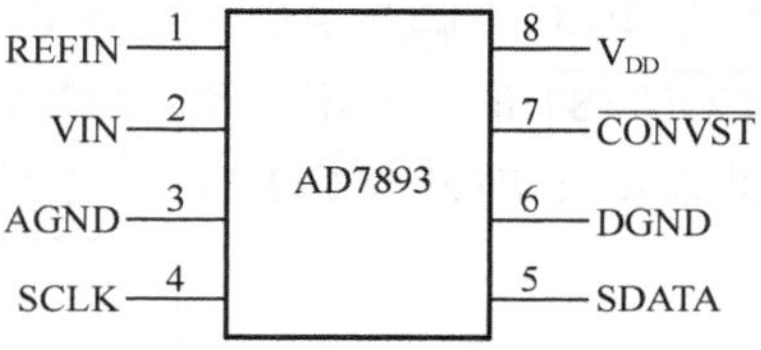

图 9-20　AD7893 引脚图

SCLK：串行时钟输入引脚。在串行数据传输结束后，SCLK 应保持低电平。

SDATA：串行数据输出引脚。SDATA 输出的串行数据在 SCLK 输入时钟的上升沿输出，在 SCLK 时钟的下降沿有效。在串行数据传输结束后，SDATA 引脚输出高阻。

V_{DD}：AD7893 的正电源引脚。正常工作时的电源电压为+5V。

AGND：模拟地。

DGND：数字地。

AD7893 内置一个 6μs 逐次逼近型模数转换器、一个片内采样保持放大器、一个片内时钟和一个高速串行接口。其内部结构图如图 9-21 所示。

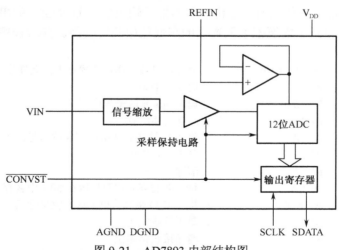

图 9-21　AD7893 内部结构图

AD7893 的简要工作过程如下。在转换启动输入 $\overline{\text{CONVST}}$ 的上升沿，启动 AD7893 的逐次

逼近过程。在转换启动后，在内部时钟的控制下，AD7893 进行模数转换过程，最大转换时间为 6μs，转换结束后，转换结果可以通过串行口输出。为了获得最佳的性能，AD7893 要求在下一次 $\overline{\text{CONVST}}$ 的上升沿 600ns 之前，结束 AD7893 的串行读操作。需要注意的是，AD7893 每次串行输出的数据为 16 位，串行输出数据位的顺序为先输出 4 位"0"，然后以高位在前、低位在后的次序输出 12 位转换结果。

2．MCS-51 与 AD7893 接口设计

MCS-51 与 AD7893 接口参考电路图如图 9-22 所示。由于 AD7893 是串行接口器件，其数据输出以及时钟是由 SDATA 以及 SCLK 来提供的，因此需要将这两个引脚分别与单片机的 P3.0、P3.1 引脚相连，并将单片机串行通信设置为方式 0，P3.1 输出串行时钟，P3.0 作为串行数据输入线，就可以实现对 AD7893 的数据读入。值得注意的是，由于 89S51 的串行时钟的有效沿和空闲电平正好与 AD7893 相反，因此，在 P3.1 和 SCLK 之间加一反相器。另外，用单片机的 P1.0 引脚与 AD7893 的 $\overline{\text{CONVST}}$ 相连，用来实现对 AD7893 的 A/D 转换进行控制，由于 $\overline{\text{CONVST}}$ 的上升沿启动 AD7893 开始 A/D 转换，而单片机在上电复位后 P1.0 口是高电平，因此需要在 P1.0 与 $\overline{\text{CONVST}}$ 之间加反相器。

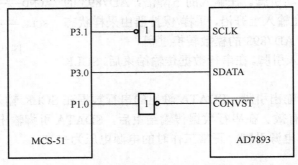

图 9-22　MCS-51 与 AD7893 接口参考电路图

在 A/D 转换中，由于 AD7893 没有转换结束标志引脚，因此在软件编程中可以采用软件延时的方法，也就是在 $\overline{\text{CONVST}}$ 的上升沿 6μs 后进行 A/D 转换的串行数据的读取。同时由于 AD7893 的串行数据是以高位在前、低位在后的格式输出的，而 89S51 的串行数据的读入顺序正好相反，故在程序设计中需要把读入数据的高低位做翻转变换。参考程序如下：

```
              …
        MOV     SCON ,#10H      ；单片机串口工作在方式 0 下，允许接收
AD:     CLR     P1.0            ；启动 A/D 转换
        ACALL   DEL6us          ；调用 6μs 延时子程序
        SETB    P1.0            ；A/D 转换结束
        MOV     A,SBUF          ；将 A/D 转换后结果的高 8 位串行读入
        JNB     RI,$            ；是否接收完毕
        CLR     RI              ；清除接收标志位
        MOV     30H,A           ；将读取的高 8 位数据放在 30H 中暂存
        MOV     A,SBUF          ；将 A/D 转换后结果的低 8 位串行读入
        JNB     RI,$            ；是否接收完毕
        CLR     RI              ；清除接收标志位
        MOV     31H,A           ；将读取的高 8 位数据放在 31H 中暂存
        ACALL   CONVERT         ；调用数据反转子程序
              …
```

本章小结

D/A、A/D 转换器是模拟量和数字量之间相互转换的器件。它们的主要性能指标包括分辨率和转换时间。分辨率决定了转换时的精度，通常用位数表示；转换时间决定了转换过程的速度。D/A、A/D 器件与单片机之间通常有并行连接与串行连接两种连接方式，可根据具体选择的部件进行接口。对于 MCS-51 单片机而言，在与 A/D、D/A 芯片进行接口设计时，若扩展芯片采用并行接口方式，可采用三总线方式与芯片的相应功能引脚相连接，并把扩展接口的内部寄存器作为扩展数据存储器进行软硬件处理；若扩展外围芯片为串行接口，则根据芯片的通信协议进行相应的连接及程序设计。

习　题

1．D/A 转换器的主要性能指标有哪些？设某 D/A 转换器为二进制 12 位，满量程输出电压为 5V，请问它的分辨率为多少？

2．MCS-51 单片机与 DAC0832 接口时，有哪 3 种连接方式？各有什么特点？各适应在什么场合使用？

3．如何实现 AD667 量程的硬件编程？

4．在一个由一片 8051 单片机、一片 ADC0809 组成的数据采集系统中，ADC0809 的 8 个输入通道的地址为 7FF8H～7FFFH，试画出有关电路图，并写出轮流采集 1 次 8 个通道数据的程序，并把采样值送入片内 30H 开始的存储器中。

5．请叙述出 AD7893 的简要工作过程。

第 10 章

单片机的串行总线扩展技术

本章知识点：

● 单总线接口技术
● SPI 总线扩展技术
● I²C 串行总线
● I²C 总线串行接口扩展设计

基本要求：

● 了解单总线接口设计的方法
● 了解 SPI 总线及其接口设计方法
● 掌握 I²C 串行传输软件及其模拟技术
● 掌握具有 I²C 总线接口的外围器件的接口技术

能力培养目标：

通过对单总线、SPI 总线和 I²C 等串行总线的介绍及串行总线扩展技术的训练，使学生具有单片机串行总线接口设计的基本能力。

10.1 单总线接口简介

10.1.1 概述

单总线及相应芯片是美国 Dallas Semiconductor 公司近年推出的新技术，也称为 1-Wire 总线结构。单总线系统定义了一根信号线，总线上的每个器件都能够在合适的时间驱动它，相当于把计算机的地址线、数据线、控制线合为一根信号线对外进行数据交换而无须时钟同步线。目前，已有多种器件选用单总线结构，如 A/D 转换器、D/A 转换器、温度传感器等。

单总线技术作用距离在单片机 I/O 直接驱动下可达 200m，经扩展可达 1000m 以上。使用单总线结构可以大大简化电路设计，节约引脚的使用，允许挂上百个器件，能满足一般测控系统的要求，如环境状态检测系统、实时气象监测系统（自动气象站）、军用仓库测控系统、农业塑料大棚测控系统、宾馆楼宇监管系统、停车收费系统、考勤管理系统等领域的应用开发。单总线的数据传输有两种模式，通常以 16.3Kbps 的速率通信，超速模式可达 142Kbps。因此，只能用于对速度要求不高的场合，一般用于 100Kbps 以下速率的测控或数据交换系统中。

10.1.2　硬件结构及配置

单总线只有一根数据线，设备、主机或从机通过一个漏极开路或三态端口连接至该数据线，这样允许设备在不发送数据时释放数据总线，以便总线被其他设备所使用，单总线端口为漏极开路，其内部等效电路如图 10-1 所示。

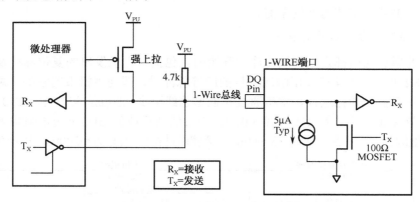

图 10-1　单总线硬件接口示意图

单总线要求外接一个约 5kΩ 的上拉电阻，以满足单总线的闲置状态为高电平的要求。不管什么原因，如果传输过程需要暂时挂起，且要求传输过程还能够继续的话，则总线必须处于空闲状态。位传输之间的恢复时间没有限制，只要总线在恢复期间处于空闲状态（高电平），如果总线保持低电平超过 480μs，总线上的所有器件将复位。另外，在寄生方式供电时，为了保证单总线器件在某些工作状态下（如温度转换期间 E²PROM 写入等）具有足够的电源电流，必须在总线上提供强上拉（如图 10-1 所示的 MOSFET）。

10.1.3　命令序列

单片机系统中配置的各种器件，由 Dallas 公司提供专用芯片。每个芯片都有 64 位 ROM，从最低位开始，前 8 位是族码，表示产品的分类编号；接着的 48 位是一个唯一的序列号；最后 8 位是 CRC 校验码。

典型的单总线命令序列如下。

1）初始化

初始化过程由主机发出的复位脉冲和从机响应的应答脉冲组成。应答脉冲使主机知道总线上有从机设备且准备就绪。

2）ROM 命令

读 ROM 命令、匹配 ROM 命令、搜索 ROM 命令、报警搜索命令、跳跃 ROM 命令。这些命令与各个从机设备的唯一 64 位 ROM 相关，允许主机在单总线上连接多个从机设备时，指定操作某个从机设备，还允许主机能够检测到总线上有多少个从机设备以及其设备类型。

3）功能命令（以 DS18B20 为例）

在主机发出 ROM 命令后，可以访问某个指定的 DS18B20，接着就可以发出支持的某个功能命令，这些命令允许主机写入或读出 DS18B20 暂存器、启动温度转换以及判断从机的供电方式。

10.1.4　信号方式

所有的单总线器件要求采用严格的通信协议，以保证数据的完整性。该协议定义了几种信号类型：复位脉冲、应答脉冲、写0、写1、读0和读1。所有这些信号，除了应答脉冲以外，都由主机发出同步信号，并且发送所有的命令和数据都是字节的低位在前，这一点与多数串行通信格式不同，多数为字节的高位在前。

1）初始化序列（复位和应答脉冲）

单总线上的所有通信都是以初始化序列开始的，包括：主机发出的复位脉冲及从机的应答脉冲，如图10-2所示。当从机发出响应主机的应答脉冲时，即向主机表明它处于总线上，且工作准备就绪。在主机初始化过程，主机通过拉低单总线至少480μs，以产生（Tx）复位脉冲。接着，主机释放总线，并进入接收模式（Rx）。当总线被释放后5kΩ上拉电阻将单总线拉高，在单总线器件检测到上升沿后，延时15～60μs，接着通过拉低总线60～240μs，以产生应答脉冲。

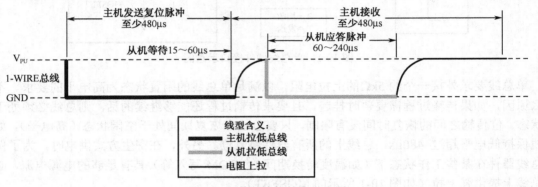

图10-2　单总线初始化时序图

2）读/写时隙

在写时隙期间，主机向单总线器件写入数据，而在读时隙期间，主机读入来自从机的数据，在每一个时隙，总线只能传输一位数据。

存在两种写时隙，写1和写0。主机采用写1时隙向从机写入1，而采用写0时隙向从机写入0。所有写时隙至少需要60μs，且在两次独立的写时隙之间至少需要1μs的恢复时间。两种写时隙均起始于主机拉低总线。产生写1时隙的方式：主机在拉低总线后，接着必须在15μs之内释放总线，由5kΩ上拉电阻将总线拉至高电平；而产生写0时隙的方式：在主机拉低总线后，只需在整个时隙期间保持低电平即可（至少60μs）。

在写时隙起始后15～60μs期间，单总线器件采样总线电平状态，如果在此期间采样为高电平，则逻辑1被写入该器件；如果为0，则写入逻辑0。

单总线器件仅在主机发出读时隙时，才向主机传输数据，所以，在主机发出读数据命令后，必须马上产生读时隙，以便从机能够传输数据。所有读时隙至少需要60μs，且在两次独立的读时隙之间至少需要1μs的恢复时间。每个读时隙都由主机发起，至少拉低总线1μs。在主机发起读时隙之后，单总线器件才开始在总线上发送0或1。若从机发送1，则保持总线为高电平；若发送0，则拉低总线。当发送0时，从机在该时隙结束后释放总线，由上拉电阻将总线拉回至空闲高电平状态。从机发出的数据在起始时隙之后，保持有效时间15μs，因而，主机在读时隙期间必须释放总线，并且在时隙起始后的15μs之内采样总线状态。

主机读/写时隙的时序示意图如图 10-3 所示。

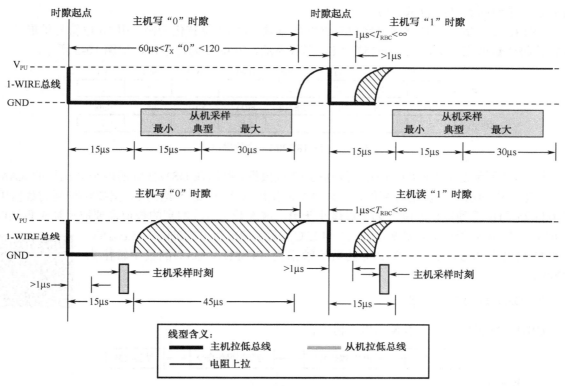

图 10-3　主机读/写时隙的时序示意图

10.1.5　数字温度传感器 DS18B20 的接口技术

单总线系统中配置的各种器件是由 Dallas 等公司提供的专用芯片来实现的。专用芯片的种类和型号很多，可以参阅 Dallas 公司的数据手册和光盘，也可从互联网上访问。Dallas 公司提供了多种数字温度计，如 DS1820、DS18B20。

1. DS18B20 简介

DS18B20 是 Dallas 公司生产的 1-Wire 数字温度传感器，温度测量范围为-55～+125℃，具有可编程的 9～12 位 A/D 转换精度，增量值为 0.5℃。其引脚排列如图 10-4 所示。

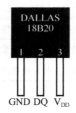

GND—电源地；DQ—数字输入/输出接口；V_DD—电源正极

图 10-4　DS18B20 引脚排列图

每一个 DS18B20 包括一个唯一的 64 位序列号，该序列号存放在 DS18B20 内部的 ROM 中，开始 8 位是产品类型编码（DS18B20 编码均为 10H），接着的 48 位是每个器件唯一的序列号，最后 8 位是前面 56 位的 CRC 码。

DS18B20 中的温度传感器可完成对温度的测量，以 12 位转化为例：用 16 位符号扩展的二进制补码读数形式提供，以 0.0625℃/LSB 形式表达，其中 S 为符号位，如图 10-5 所示。

	bit7	bit6	bit5	bit4	bit3	bit2	bit1	bit0
LS Byte	2^3	2^2	2^1	2^0	2^{-1}	2^{-2}	2^{-3}	2^{-4}

	bit15	bit14	bit13	bit12	bit11	bit10	bit9	bit8
MS Byte	S	S	S	S	S	2^6	2^5	2^4

图 10-5　DS18B20 12 位数据格式

图 10-5 所示是 DS18B20 转化后得到的 12 位数据，存储在 DS18B20 的两个 8 比特的 RAM 中，二进制中的前面 5 位是符号位，如果测得的温度大于 0，这 5 位为 0，只要将测到的数值乘于 0.0625 即可得到实际温度；如果温度小于 0，这 5 位为 1，测到的数值需要取反加 1 再乘以 0.0625（2^{-4}）即可得到实际温度。例如，+125℃的数字输出为 07D0H，+25.0625℃的数字输出为 0191H，-25.0625℃的数字输出为 FF6FH，-55℃的数字输出为 FC90H。

2. DS18B20 工作过程

DS18B20 工作过程一般遵循以下协议：

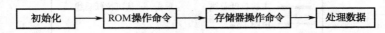
初始化　→　ROM 操作命令　→　存储器操作命令　→　处理数据

1）初始化

单总线上的所有处理均从初始化序列开始。初始化序列包括总线主机发出一复位脉冲，接着由从属器件送出存在脉冲。存在脉冲让总线控制器可知 DS18B20 在总线上且已准备好操作。

2）ROM 操作命令

总线主机检测到从属器件的存在，它便可以发出器件 ROM 操作命令。所有 ROM 操作命令均为 8 位长。这些命令如表 10-1 所示。

表 10-1　DS18B20 传送 ROM 操作命令

指　令	代　码	说　明
读 ROM	33H	读总线上 DS18B20 的序列号
匹配 ROM	55H	对总线上 DS18B20 寻址
跳过 ROM	CCH	该命令执行后，将省去每次与 ROM 有关的操作
搜索 ROM	F0H	控制机识别总线上多个器件的 ROM 编码
报警搜索	ECH	控制机搜索有报警的器件

3）存储器操作命令

存储器操作命令如表 10-2 所示。

表 10-2　DS18B20 存储器操作命令

指　令	代码	说　明	发送命令后，单总线的响应信息
温度变换	44H	启动温度转换	无
读存储器	BEH	从 DS18B20 读出 9 字节数据（其中有温度值、报警值等）	传输多达 9 个字节至主机
写存储器	4EH	写上、下限值到 DS18B20 E^2PROM 中	主机传输 3 个字节数据至 DS18B20
复制存储器	48H	将 DS18B20 存储器中的值写入 E^2PROM 中	无
读 E^2PROM	B8H	将 E^2PROM 中的值写入存储器中	传送回读状态至主机
读供电方式	B4H	检测 DS18B20 的供电方式	无

4）数据处理

实际温度值与读出的数据值具有以下关系：

9 位数据：实际温度值=读出的数据值×0.5；

10 位数据：实际温度值=读出的数据值×0.25；

11 位数据：实际温度值=读出的数据值×0.125；

12 位数据：实际温度值=读出的数据值×0.0625。

3．单片机与 DS18B20 的接口技术

单片机与 DS18B20 的接口电路如图 10-6 所示。单片机的 P1.4 与 DS18B20 的数据端口相连接，其供电方式采用外接电源法，这样可以提高其 A/D 转换时间。

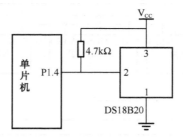

图 10-6　单片机与 DS18B20 的接口图

DS18B20 以其简单方便的单总线接口特点，而广泛应用于温度测量、温度控制、数字温度计以及热感测系统中。图 10-7 所示为一个由单总线构成的分布式温度监测系统。多个带有单总线接口的数字温度计和多个集成电路 DS18B20 芯片都挂在 I/O 总线上。单片机对每个 DS18B20 通过总线 I/O 寻址。

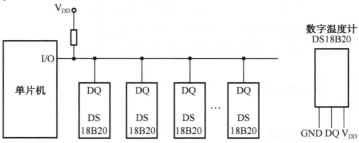

图 10-7　单总线构成的分布式温度监测系统

10.2　SPI 总线扩展技术

10.2.1　SPI 总线概述

SPI（Serial Peripheral Interface，串行外设接口）是摩托罗拉公司推出的一种同步串行通信接口，用于微处理器和外围扩展芯片之间的串行连接，现已发展成为一种工业标准。目前，各半导体公司推出了大量的带有 SPI 接口的具有各种功能的芯片，如 RAM、E^2PROM、Flash ROM、A/D 转换器、D/A 转换器、LED/LED 显示驱动器、I/O 接口芯片、实时时钟、UART 收发器等，为用户的外围扩展提供了极其灵活而价廉的选择。由于 SPI 总线接口只占用微处理器 4 个 I/O 接口地址，采用 SPI 总线接口可以简化电路设计，节省很多常规电路中的接口器件和 I/O 口，提高设计的可靠性。

SPI 总线结构由一个主设备和一个或多个从设备组成，主设备启动一个与从设备的同步通信，从而完成数据的交换。SPI 接口由 MISO（主机输入/从机输出数据线）、MOSI（主机输出/从机输入数据线）、SCK（串行移位时钟）、$\overline{CS}$（从机使能信号）4 种信号构成，$\overline{CS}$ 决定了唯一的与主设备通信的从设备，如没有 $\overline{CS}$ 信号，则只能存在一个从设备，主设备通过产生移位时钟来发起通信。通信时，数据由 MOSI 输出、MISO 输入，数据在时钟的上升或下降沿由 MOSI 输出，在紧接着的下降或上升沿由 MISO 读入，这样经过 8/16 次时钟的改变，完成 8/16 位数据的传输。其典型系统框图如图 10-8 所示。

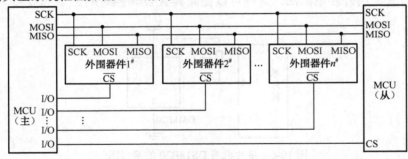

图 10-8　SPI 外围串行扩展结构图

在 SPI 传输中，数据是同步进行发送和接收的，由于数据传输的时钟基于来自主处理器的时钟脉冲，因此 SPI 传输速度大小取决于 SPI 硬件，其波特率最高可以达到 5Mbps。

SPI 总线主要特点如下：

（1）SPI 是全双工通信方式，即主机在发送的同时也在接收数据；

（2）SPI 设备既可以当作主机使用，也可以作为从机工作；

（3）SPI 的通信频率可编程，即传送的速率由主机编程决定；

（4）发送结束中断标志；

（5）数据具有写冲突保护功能；

（6）总线竞争保护等。

1．SPI 总线的数据传输方式

SPI 是一种高速的、全双工、同步的通信总线。主机和从机都有一个串行移位寄存器，主机通过向它的 SPI 串行寄存器写入一个字节来发起一次传输。寄存器通过 MOSI 信号线将字节传送给从机，从机也将自己的移位寄存器中的内容通过 MISO 信号线返回给主机，如图 10-9 所示，两个移位寄存器形成一个内部芯片环形缓冲器。这样，两个移位寄存器中的内容就被交换。外设的写操作和读操作是同步完成的。

如果只进行写操作，主机只需忽略接收到的字节；反之，若主机要读取从机的一个字节，就必须发送一个空字节来引发从机的传输。

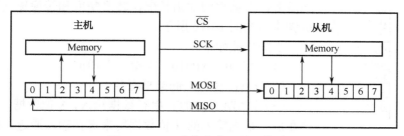

图 10-9　SPI 移位寄存器的工作过程

2. SPI 接口时序

SPI 模块为了和外设进行数据交换，根据外设工作要求，其输出串行同步时钟极性和相位可以进行配置，SCK 时钟极性（CPOL）对传输协议没有重大的影响。如果 CPOL=0，串行同步时钟的空闲状态为低电平；如果 CPOL=1，串行同步时钟的空闲状态为高电平。时钟相位（CPHA）能够配置用于选择两种不同的传输协议之一进行数据传输。如果 CPHA=0，在串行同步时钟的第一个跳变沿(上升或下降)数据被采样，SPI 接口时序如图 10-10 所示；如果 CPHA=1，在串行同步时钟的第二个跳变沿（上升或下降）数据被采样，SPI 接口时序如图 10-11 所示。SPI 主模块及与之通信的外设时钟相位和极性应该一致。

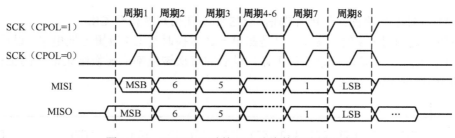

图 10-10　CPHA=0 时的 SPI 总线数据传输时序

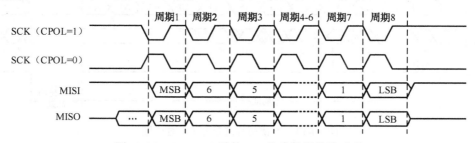

图 10-11　CPHA=1 时的 SPI 总线数据传输时序

10.2.2 串行输入 A/D 芯片 TLC2543 接口技术

1. TLC2543 引脚分配

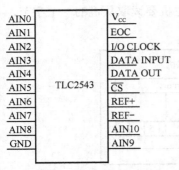

图 10-12 TLC2543 引脚排列图

TLC2543 是一款拥有 11 路模拟输入通道，串行输出的 12 位模数转换器芯片。它采用逐次逼近技术实现 A/D 转换，具有输入通道多，可编程的输出长度，转换精度和转换速度高等优点。其引脚排列如图 10-12 所示。

引脚功能如下：

（1）AIN0～AIN10：模拟输入通道。

（2）CS：片选，低电平有效。

（3）DATA INPUT：串行数据输入，8 位数据，高位在前，低位在后。最先输入的 4 位数据用来选择输入通道，接下来的 4 位数据用来设定 TLC2543 的工作方式。

（4）DATA OUT：串行数据输出，有 3 种长度：8 位、12 位、16 位。默认输出 12 位，数据输出顺序可以在工作方式中设定。

（5）I/O CLOCK：输入/输出同步时钟。

（6）REF+：正的转换参考电压，一般采用 V_{CC}，最大的输入电压取决于正的参考电压与负的参考电压的差值。

（7）REF-：负的转换参考电压，非差分模式时，可直接接地。

（8）V_{CC}：系统电源正。

（9）GND：系统电源地。

2. 接口时序

TLC2543 的时序有两种：使用片选信号 CS 和不使用片选信号 CS。

在不使用片选信号 CS 的情况下，只是在第一次转换时将 CS 设置为低电平，以后就不再处理 CS 端口了，让 CS 一直处于低电平状态。以后的每次转换都从转换结束信号的上升沿开始。其时序如图 10-13 所示。

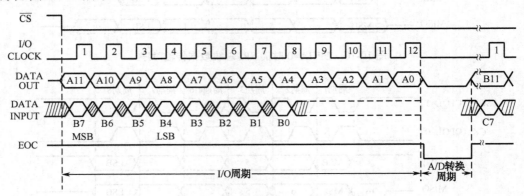

图 10-13 不使用片选信号 CS 时序图

使用片选信号 CS 时，每次转换都将 CS 变为低电平，开始写入命令字，直到 DATA OUT 端移出 12 位数据，然后将 CS 变为高电平，等待转换结束后，再将 CS 变为低电平，进行下一次转换。其时序如图 10-14 所示。

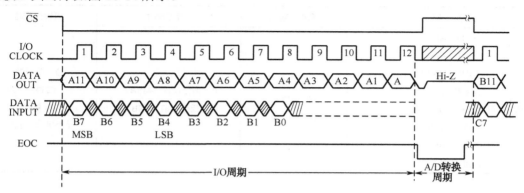

图 10-14　使用片选信号 CS 时序图

TLC2543 输出的数据可以是 8 位、12 位、16 位，其时序相同，它们只是在转换周期前减少或增加 4 个时钟周期。

3. TLC2543 工作过程

TLC2543 工作过程分为两个周期：I/O 周期和实际 A/D 转换周期。

TLC2543 的工作由 CS 使能或禁止。工作时 CS 必须为低电平。CS 被置高时，串行数据输出端立即进入高阻态，为其他共享数据总线的器件让出数据总线；经过一个保持时间后，I/O CLOCK、DATA INPUT 被禁止。当 CS 再次变为低电平时，开始一个新的 I/O 周期。

TLC2543 的工作状态由 EOC 指示。复位状态 EOC 总是为高，只有在 I/O 周期的最后一个 I/O CLOCK 脉冲的下降沿之后，EOC 变为低电平，表示转换周期开始。转换完成后，转换结果锁入输出数据寄存器，EOC 变高，其上升沿使转换器返回到复位状态，开始下一个 I/O 周期。

4. TLC2543 的命令字

TLC2543 每次转换前都必须输入一个 8 位命令字，包括一个 4 位模拟通道地址（D7～D4）、一个 2 位数据长度选择（D3～D2）、一个输出高位（MSB）在前或低位（LSB）在前的选择位（D1），以及一个单极性或双极性输出选择位（D0）的 8 位数据流。这个数据流是从 DATA INPUT 端加入的，命令字的输入采用高位在前。命令字格式如表 10-3 所示。

表 10-3　TLC2543 命令字格式

通道选择位	长度控制位	顺序控制位	极性选择位
D7 D6 D5 D4	D3 D2	D1	D0
通道选择 0000　AIN0 0001　AIN1 0010　AIN2 0011　AIN3 0100　AIN4 0101　AIN5 0110　AIN6 0111　AIN7	01　　8 位 X0　12 位 11　16 位	0　高位在前（MSB） 1　低位在前（LSB）	0　单极性 （二进制） 双极性 （二进制补码）

续表

通道选择位	长度控制位	顺序控制位	极性选择位
1000　AIN8			
1001　AIN9			0　单极性
1010　AIN10			（二进制）
测试电压选择	01　8 位	0　高位在前（MSB）	
1011　（（VREF+）＋（VREF-））/2	X0　12 位	1　低位在前（LSB）	双极性
1100　VREF+	11　16 位		（二进制补码）
1101　VREF-			
1110　软件断电			

命令字通道选择位（D7～D4）从 11 个模拟通道中选择一个进行转换，或从 3 个内部自测电压中选择一个，以对转换器进行校准，或者选择软件掉电方式。长度控制位（D3、D2）选择输出数据长度。选择 12 位数据长度时，所有的位都被输出。选择 8 位长度时，低 4 位被截取，转换精度降低，用以实现与 8 位串行接口快速通信。选择 16 位时，在转换结果的低位端增加了 4 个被置为 0 的填充位，可以方便地与 16 位串行接口通信。顺序控制位 D1 选择输出数据的传送方式，即下一个 I/O 周期数据以低位在前还是高位在前输出数据。极性选择位 D0 选择转换结果以单极性还是双极性二进制数码表示。

5．TLC2543 与单片机连接的应用实例

TLC2543 与单片机可以采用 SPI 接口方式连接，但是 51 单片机没有 SPI 接口，所以采用 I/O 口模拟 SPI 通信的方法来与 TLC2543 通信。TLC2543 的 EOC、I/O CLOCK、DATA INPUT、DATA OUT、CS 分别与单片机的 P2.0～P2.4 连接。

模拟电压输入采用电位器模拟输入，电位器的两个固定端分别连接电源的正负极，电位器的滑动电阻端连接 TLC2543 的模拟电压输入端口 AIN0。其硬件连接如图 10-15 所示。

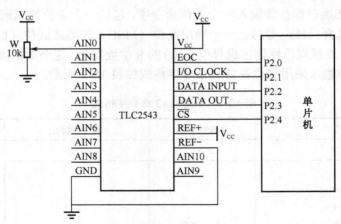

图 10-15　TLC2543 与单片机的连接

具体程序如下：

```
ADCCOMD BYTE 6FH          ；定义命令存储单元
ADOUTH BYTE 6EH           ；定义存储转换结果高 4 位单元
ADOUTL BYTE 6DH           ；定义存储转换结果低 8 位单元
```

```
ADCONV: CLR P2.1              ; 时钟引脚为低电平
        CLR P2.4              ; 片选 CS 有效，选中 TLC2543
        MOV R2,#08H           ; 送出下一次 8 位转换命令和为读 8 位转换结果做准备
        MOV A，ADCOMD         ; 下一次转换的命令在 ADCOMD 单元中送 A
LOOP1:MOV C,P2.3             ; 读入 1 位转换结果
        RRC A                ; 1 位转换结果带进位右移
        MOV P2.2，C          ; 送出命令字节中的 1 位
        SETB P2.1            ; 产生 1 个时钟
        NOP
        CLR P2.1
        NOP
        DJNZ R2, LOOP1       ; 是否完成 8 次转换结果读入和命令输出，未完则跳 LOOP1
        MOV ADOUTL，A        ; 读入的 8 位转换结果存入 ADOUTL 单元
        MOV A,#00H           ; A 清零
        MOV R2,#04H          ; 为读入 4 位转换结果做准备
LOOP2：MOV C，P2.3           ; 读入高 4 位转换结果中的 1 位
        RRC A                ; 带进位循环右移
        SETB P2.1            ; 产生 1 个时钟
        NOP
        CLR P1. 0
        NOP
        DJNZ R2,LOOP2        ; 是否完成 4 次读入，未完则跳 LOOP2
        MOV ADOUTH，A        ; 高 4 位转换结果存入 ADOUTH 单元中的高 4 位
        SWAP ADOUTH          ; ADOUTH 单元的高 4 位与低 4 位互换
        SETB P2.1            ; 时钟无效
        RET
```

执行上述程序中的 8 次循环，执行"RRC A"指令 8 次，每次读入转换结果 1 位，然后送入出 ADCOMD 单元中的下一次转换的命令字节"G7 G6 G5 G4 G3 G2 G1 G0"中的 1 位，进入 TLC2543 的输入寄存器。经 8 次右移后，8 位 A/D 转换结果数据"××××××××"读入累加器 Acc 中。

10.3　I²C 总线串行扩展技术

10.3.1　I²C 总线概述

I²C 是 Inter-Integrated Circuit 的缩写。I²C 总线是一种由 Philips 公司开发的串行总线，用于连接微控制器及其外围设备。具有 I²C 接口的设备有微控制器、ADC、DAC、存储器、LCD 控制器、LCD 驱动器以及实时时钟等。

采用 I²C 总线标准的器件，其内部不仅有 I²C 接口电路，而且将内部各单元电路按功能划分为若干相对独立的模块，通过软件寻址实现片选，减少了器件片选线的连接。CPU 不仅能通过指令将某个功能单元挂靠或脱离总线，还可对该单元的工作状况进行检测，从而实现对硬件系统简单而灵活的扩展和控制。I²C 只有两条物理线路：一条串行数据线（SDA），一条串行时钟线（SCL），其连接方法如图 10-16 所示。

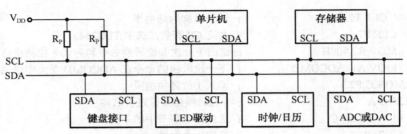

图 10-16 I²C 总线示意图

连接到 I²C 总线上的设备分两类：主控设备和从控设备。它们都可以是数据的发送器和接收器，但是数据的接收和发送的发起者只能是主控设备。正常情况下，I²C 总线上的所有从控设备被设置为高阻状态，而主控设备保持高电平，表示空闲状态。

I²C 具有如下特点：

（1）只有两条物理线路，一条串行数据线（SDA），一条串行时钟线（SCL）；

（2）每个连接到总线的器件都可以使用软件根据它的唯一地址来识别；

（3）传输数据的设备间是简单的主从关系；

（4）主机可以用作主机发送器或主机接收器；

（5）它是一个真正的多主机总线，两个或多个主机同时发起数据传输时，可以通过冲突检测和仲裁来防止数据被损坏；

（6）串行的 8 位双向数据传输，位速率在标准模式下可达 100Kbps，在快速模式下可达 400Kbps，在高速模式下可达 3.4Mbps。

10.3.2 I²C 总线协议

1. 起始条件和停止条件

I²C 总线的操作模式为主从模式，即主发送模式、主接收模式、从发送模式和从接收模式。当 I²C 处于从模式时，若要传输数据，必须检测 SDA 线上的起始条件，起始条件由主控设备产生。起始条件在 SCL 保持高电平期间，SDA 由高电平向低电平的变化状态如图 10-17 所示。当 I²C 总线上产生了一个起始条件时，这条总线就被发出起始条件的主控器占用了，变成"忙"状态；而在 SCL 保持高电平期间，若 SDA 是由低电平向高电平变化状态则规定为停止条件，如图 10-17 所示。停止条件也是由主控设备产生的，当主控器产生一个停止条件时，则停止数据传输，总线被释放，I²C 总线变成"闲"状态。

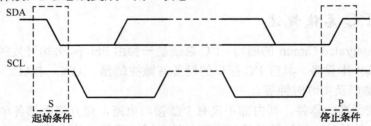

图 10-17 I²C 总线起始条件和停止条件示意图

2. 从机地址

当主控器发出一个起始条件后，它还会立即送出一个从机地址，来通知与之进行通信的从器件。一般从机地址由 7 位地址位和 1 位读/写标志 R/W 组成，7 位地址占据高 7 位，读/写位在最后。读/写位是 0，表示主机将要向从机写入数据；读/写位是 1，则表示主机将要从从机读取数据。

带有 I^{2}C 总线的器件除了有从机地址（Slave Address）外，还可能有子地址。从机地址是指该器件在 I^{2}C 总线上被主机寻址的地址，而子地址是指该器件内部不同部件或存储单元的编址。例如，带 I^{2}C 总线接口的 E^{2}PROM 就拥有子地址。某些器件（只占少数）内部结构比较简单，可能没有子地址，只有必需的从机地址。与从机地址一样，子地址实际上也是像普通数据那样进行传输的，传输格式仍然是与数据相统一的，区分传输的到底是地址还是数据要靠收发双方具体的逻辑约定。子地址的长度必须由整数个字节组成，可能是单字节（8 位子地址），也可能是双字节（16 位子地址），还可能是 3 字节以上，这要看具体器件的规定。

3. 数据传输控制

I^{2}C 总线总是以字节（Byte）为单位收发数据，每个字节的长度都是 8 位，每次传送字节的数量没有限制。I^{2}C 总线首先传输的是数据的最高位（MSB），最后传输的是最低位（LSB）。另外，每个字节之后还要跟一个响应位，称为应答。接收器接收数据的情况可以通过应答位来告知发送器。应答位的时钟脉冲仍由主机产生，而应答位的数据状态则遵循"谁接收谁产生"的原则，即总是由接收器产生应答位。主机向从机发送数据时，应答位由从机产生；主机从从机接收数据时，应答位由主机产生。I^{2}C 总线标准规定：应答位为"0"，表示接收器应答（ACK），简记为 A；应答位为"1"，则表示非应答（NACK），简记为 $\overline{A}$。发送器发送完 LSB 之后，应当释放 SDA 线，以等待接收器产生应答位。接收器在接收完最后一个字节的数据，或者不能再接收更多的数据时，应当产生非应答来通知发送器。发送器如果发现接收器产生了非应答状态，则应当终止发送。

I^{2}C 总线基本数据传输格式根据从机地址可以分为 7 位寻址和 10 位寻址两种数据格式，无子地址的从机地址由 7 位地址位和 1 位读/写位构成，称为 7 位寻址方式，其数据格式如图 10-18（a）和图 10-19（a）所示；有子地址的从机地址为 10 位寻址方式，分别由 7 位地址位、1 位读/写位及 2 位子地址构成，其数据格式如图 10-18（b）和图 10-19（b）所示。

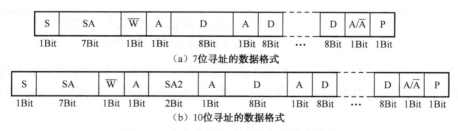

（a）7 位寻址的数据格式

（b）10 位寻址的数据格式

图 10-18　主机向从机发送数据的基本格式

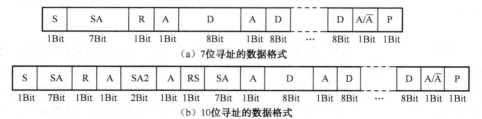

（a）7 位寻址的数据格式

（b）10 位寻址的数据格式

图 10-19　主机从从机接收数据的基本格式

其中：

S：起始位（START），1 位；

RS：重复起始条件，1 位；

SA：从机地址（Slave Address），7 位；

SA2：从机子地址，2 位；

$\overline{W}$：写标志位（Write），1 位；

R：读标志位（Read），1 位；

A：应答位（Acknowledge），1 位；

$\overline{A}$：非应答位（Not Acknowledge），1 位；

D：数据（Data），每个数据都必须是 8 位；

P：停止位（STOP），1 位。

4．数据传输时序图

I^2C 总线主机向从机发送 1 个字节数据的时序如图 10-20 所示，主机从从机接收 1 个字节数据的时序如图 10-21 所示。

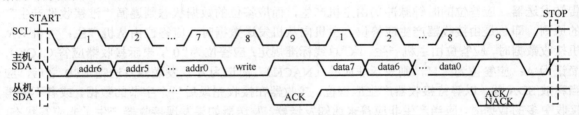

图 10-20   主机向从机发送 1 个字节数据的时序图

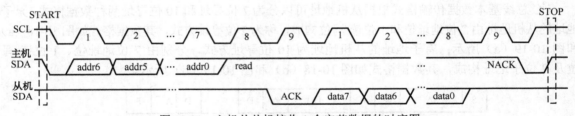

图 10-21   主机从从机接收 1 个字节数据的时序图

图 10-20 和图 10-21 中，SDA 信号线被画成了两条，一条是主机产生的，另一条是从机产生的。实际上主机和从机的 SDA 信号线总是连接在一起的，是同一条 SDA。画成两条 SDA 表示在 I^2C 总线上主机和从机的不同行为。

10.4   MCS-51 单片机扩展 I^2C 总线器件的接口设计

目前，许多厂商不断推出 I^2C 总线接口器件，如 E^2PROM（Atmel 公司的 AT24C 系列存储器）、RAM（Philips 公司的 PCF8570）、A/D 转换器（MAX 公司的 MAX127/128）、D/A 转换器（MAX517/518/519）、LED 及 LCD 驱动器（SAA1064 LED 驱动器、）、日历时钟电路（Philips 公司的 PCF8553）等。对于 51 系列单片机，有一些品种在片上配置了 I^2C 总线接口，但多数品种没有配置 I^2C 总线接口。这时可以利用通用并行 I/O 口线模拟 I^2C 总线接口的时序，使这些单片机不受带有 I²C 总线接口的限制。因此，在许多单片机应用系统中可以将 I²C 总线接口的模拟传送技术作为常规的设计方法。

10.4.1　AT24C02 与单片机的接口技术

图 10-22 中，AT24C02 为 E²PROM 芯片，PCF8570 为静态 256×8 RAM，PCF8574 为 8 位 I/O 口，SAA1064 为 4 位 LED 驱动器。虽然各种器件的原理和功能有很大的差异，但它们与 MCS-51 的连接是相同的。

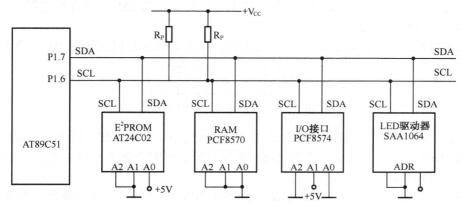

图 10-22　MCS-51 单片机扩展 I2C 总线器件的接口电路

Atmel 公司生产的 AT24CXX 系列产品是 I²C 接口 E²PROM 存储器，串行 E²PROM 存储器是各种串行接口器件中应用较多的器件。与并行的 E²PROM 相比，串行 E²PROM 的数据传送速度较低。但是，它具有低电压、低功耗、体积小和引脚少的特点，比较适用于速度不高、单片机 I/O 资源紧张的场合。本节以 AT24C02 为例，简要介绍 E²PROM 芯片 AT24C02 的引脚功能、与单片机的接口方法、信号时序和编程方法。

1．AT24C02 引脚分配

AT24C02 是一个 2K 位串行 CMOS E²PROM，内部含有 256 个 8 位字节。AT24C02 支持 I²C 总线数据传送协议。数据传送是由产生串行时钟和所有起始停止信号的主器件控制的。主器件和从器件都可以作为发送器或接收器，但由主器件控制传送数据（发送或接收）的模式，通过器件地址输入端 A0、A1 和 A2 可以实现将最多 8 个 AT24C02 器件连接到总线上。其引脚分配如图 10-23 所示。

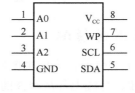

图 10-23　AT24C02 引脚分配图

SCL：串行时钟输入引脚，用于产生器件所有数据发送或接收的时钟。

SDA：串行数据/地址引脚，用于器件所有数据的发送或接收。SDA 是一个开漏输出引脚，可与其他开漏输出或集电极开路输出进行线或。

A0、A1、A2：器件地址输入端，用于多个器件级联时设置器件地址，当这些脚悬空时默认值为 0。AT24C02 最大可级联 8 个器件，如果只有一个 AT24C02 被总线寻址，这 3 个地址输入脚（A0、A1、A2）必须连接到 GND。

WP：写保护，如果 WP 引脚连接到 V_{CC}，所有的内容都被写保护，只能读；当 WP 引脚连接到 GND 或悬空，则允许器件进行正常的读/写操作。

2. AT24C02 的存储结构和寻址方式

AT24C02 的存储容量为 2Kb，内容分成 32 页，每页 8B，共 256B。操作时有两种寻址方式：芯片寻址和片内子地址寻址。

（1）芯片寻址：AT24C02 的芯片地址为 1010，其地址控制字格式如图 10-24 所示。

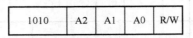

| 1010 | A2 | A1 | A0 | R/W |

图 10-24　AT24C02 地址控制字格式

其中 A2、A1、A0 为可编程地址选择位。A2、A1、A0 引脚接高、低电平后得到确定的 3 位编码，与 1010 形成 7 位编码，即为该器件的地址码。R/W 为芯片读/写控制位，该位为 0，表示芯片进行写操作。

（2）片内子地址寻址：芯片寻址可对内部 256B 中的任一个进行读/写操作，其寻址范围为 00～FF，共 256 个寻址单位。

3. AT24C02 与单片机的接口

AT24C02 的 SCL 和 SDA 分别与单片机的 P3.0 和 P3.1 连接，AT24C02 的 A2、A1、A0、WP 分别接低电平，则 AT24C02 的地址为 A0。其连接图如图 10-25 所示。

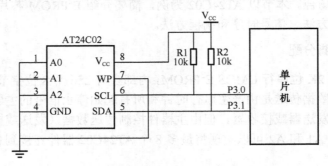

图 10-25　AT24C02 与单片机的接口电路

10.4.2　I^2C 总线数据传送的模拟

MCS-51 用软件来模拟 I^2C 总线上的信号，为单主器件的工作方式下，没有其他主器件对总线的竞争与同步，只存在单片机对 I^2C 总线上各从器件的读（单片机接收）、写（单片机发送）操作。

1. 典型信号模拟

为保证数据传送的可靠性，标准 I^2C 的数据传送有严格的时序要求。I^2C 总线的起始信号、终止信号、应答位/数据"0"及非应答位/数据"1"的模拟时序如图 10-26～图 10-29 所示。

在 I²C 的数据传输中，可利用时钟同步机制展宽低电平周期，迫使主器件处于等待状态，使传送速率降低。

对终止信号，要保证有大于 4.7μs 的信号建立时间。终止信号结束时，要释放总线，使 SDA、SCL 维持在高电平，大于 4.7μs 后才可以进行第 1 次起始操作。单主器件系统中，为防止非正常传送，终止信号后 SCL 可设置为低。

对于发送应答位、非应答位来说，与发送数据 "0" 和 "1" 的信号定时要求完全相同。只要满足在时钟高电平大于 4.0μs 期间，SDA 线上有确定的电平状态即可。

2. 典型信号的模拟子程序

主器件采用 MCS-51，晶振频率为 6MHz（即机器周期为 2ms），对常用的几个典型信号的波形模拟如下。

（1）起始信号 S。

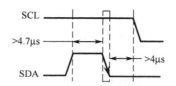

图 10-26　起始信号 S 的模拟时序

对一个新的起始信号，要求起始前总线空闲时间大于 4.7μs，而对一个重复的起始信号，要求建立时间也须大于 4.7μs。

图 10-26 所示的起始信号的时序波形在 SCL 高电平期间 SDA 发生负跳变，该时序波形适用于数据模拟传送中任何情况下的起始操作。起始信号到第 1 个时钟脉冲的时间间隔应大于 4μs。子程序如下：

```
START:  SETB   P1.7      ; SDA=1
        SETB   P1.6      ; SCL=1
        NOP
        NOP
        NOP
        CLR    P1.7      ; SDA=0
        NOP              ; 起始信号保持 4μs
        NOP
        CLR    P1.6      ; SCL=0
        RET
```

（2）终止信号 P。在 SCL 高期间 SDA 发生正跳变。终止信号 P 的波形如图 10-27 所示。子程序如下：

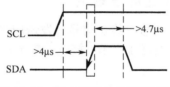

图 10-27　终止信号 P 的模拟时序

```
STOP:   CLR    P1.7      ; SDA=0
```

```
          SETB P1.6        ; SCL=1
          NOP              ; 终止信号建立时间

     NOP
          SETB P1.7        ; SDA=1
          NOP
          NOP
          NOP
     CLR  P1.6
     CLR  P1.7
     RET
```

（3）发送应答位/数据"0"。在 SDA 低电平期间 SCL 发生一个正脉冲，波形如图 10-28 所示。子程序如下：

```
ASK: CLR   P1.7        ; SDA=0
     SETB  P1.6        ; SCL=1
     NOP
     NOP
     CLR   P1.6        ; SCL=0
     SETB  P1.7        ; SDA=1
     RET
```

（4）发送非应答位/数据"1"。在 SDA 高电平期间 SCL 发生一个正脉冲，时序波形如图 10-29 所示。子程序如下：

```
NACK:     SETB   P1.7        ; SDA=1
          SETB   P1.6        ; SCL=1
          NOP                ; 两条 NOP 指令为 4µs
          NOP
          CLR    P1.6        ; SCL=0
          CLR    P1.7        ; SDA=0
          RET
```

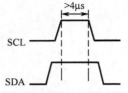
图 10-28　应答位/数据"0"的模拟时序

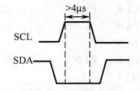
图 10-29　非应答位/数据"1"的模拟时序

10.4.3　I²C 总线模拟通用子程序

I²C 总线操作中除基本的起始信号、终止信号、发送应答位/数据"0"和发送非应答位/数据"1"外，还需要有应答位检查、发送 1 字节、接收 1 字节、发送 n 字节和接收 n 字节子程序。

1. 应答位检查子程序

在应答位检查子程序 CACK 中，设置了标志位 F0，当检查到正常应答位时，F0=0；否则 F0=1。

参考子程序如下：

```
CACK:    SETB     P1.7       ; SDA 为输入线
         SETB     P1.6       ; SCL=1，使 SDA 引脚上的数据有效
         CLR F0              ; 预设 F0=0
         MOV      C，P1.7     ; 读入 SDA 线的状态
         JNC CEND            ; 应答正常，F0=0
         SETB     F0         ; 应答不正常，F0=1
CEND:    CLR      P1.6       ; 子程序结束，使 SCL=0
         RET
```

2. 发送 1 字节数据子程序

下面是模拟 I^2C 数据线 SDA 发送 1 字节数据的子程序。调用本子程序前，先将欲发送的数据送入 A 中。

参考子程序如下：

```
W1BYTE: MOV  R6，#08H        ; 8 位数据长度送入 R6 中
WLP:     RLC A              ; A 左移，发送位进入 C
         MOV      P1.7，C     ; 将发送位送入 SDA 引脚
         SETB     P1.6       ; SCL=1，使 SDA 引脚上的数据有效
         NOP
         NOP
         CLR      P1.6       ; SDA 线上数据变化
         DJNZ     R6，WLP
         RET
```

3. 接收 1 字节数据子程序

下面是模拟从 I^2C 的数据线 SDA 读取 1 字节数据的子程序，并存入 R2 中。

参考子程序如下：

```
R1BYTE: MOV  R6，#08H        ; 8 位数据长度送入 R6 中
RLP：    SETB     P1.7       ; 置 SDA 数据线为输入方式
         SETB     P1.6       ; SCL=1，使 SDA 数据线上的数据有效
         MOV      C，P1.7     ; 读入 SDA 引脚状态
         MOV      A，R2
         RLC      A          ; 将 C 读入 A
         MOV      R2，A       ; 将 A 存入 R2
         CLR P1.6            ; SCL=0，继续接收数据
         DJNZ     R6，RLP
         RET
```

4. 发送 n 字节数据子程序

本子程序为主机向 I^2C 的数据线 SDA 连续发送 n 字节数据，从机接收。

本子程序定义了如下一些符号单元：

MSBUF：主器件发送数据缓冲区首地址的存放单元。

WSLA：外围器件寻址字节（写）的存放单元。

NUMBYT：发送 n 字节数据的存放单元。

在调用本程序之前，须将寻址字节代码存放在 WSLA 单元；须将要发送的 n 字节数据依次存放在以 MSBUF 单元内容为首址的发送缓冲区内。调用本程序后，n 字节数据依次传送到外围器件内部相应地址单元中。

参考子程序如下：

```
WNBYTE: MOV   R7, NUMBYT      ; 发送字节数送 R7
        LCALL  START          ; 调用起始信号模拟子程序
        MOV    A, WSLA         ; 发送外围器件的寻址字节
        LCALL  W1BYTE         ; 调用发送 1 字节子程序
        LCALL  CACK           ; 调用检查应答位子程序
        JB  F0, WNBYTE        ; 为非应答位则重发
          MOV R0, MSBUF       ; 主器件发送缓冲区首地址送 R0
WDATA:  MOV A, @R0            ; 发送数据送 A
        LCALL  W1BYTE         ; 调用发送 1 字节子程序
        LCALL  CACK           ; 检查应答位
        JB  F0, WNBYTE        ; 为非应答位则重发
        INC R0                ; 修改地址指针
        DJNZ   R7, WDATA       ; 
        LCALL  STOP           ; 调用发送子程序，  发送结束
        RET
```

5. 接收 n 字节数据子程序

本子程序为主机从 I^2C 的数据线 SDA 接收 n 字节数据，从机发送。格式如下： 子程序定义如下一些符号单元，其中 NUMBYT 与子程序 WNBYTE 中定义相同。

S	从机地址	1	A	字节1	A	……	字节$(n-1)$	A	字节n	$\overline{A}$	P

RSABYT：外围器件寻址字节（读）存放单元。

MRBUF：主机接收缓冲区存放接收数据的首址单元。

在调用本程序之前，须将寻址字节代码存放在 RSABYT 单元。执行子程序后，从外围器件指定首地址开始的 n 字节数据依次存放在以 MRBUF 单元内容为首址的发送缓冲区中。子程序如下：

```
RNBYTE: MOV   R7, NUMBYT      ; 读入字节数 n 存入 R7
RLP: LCALL  START            ; 调用起始信号模拟子程序
        MOV    A, RSABYT       ; 寻址字节送入 A
        LCALL  W1BYTE         ; 写入寻址字节
        LCALL  CACK           ; 检查应答位
        JB  F0, RNBYTE        ; 非正常应答时重新开始
MOV     R0, MRBUF             ; 接收缓冲区的首址送 R0
RDATA:  LCALL  R1BYTE         ; 读入 1 字节到 A
        MOV    @R0, A          ; 接收的数据存入缓冲区
        DJNZ   R7, ACK         ; n 字节未读完则跳转 ACK
        LCALL  NASK           ; n 字节读完则发送非应答位
        LCALL  STOP           ; 调用发送停止位子程序
        RET
ACK:    LCALL  ACK            ; 发送一个应答位到外围器件
```

```
        INC  R0                 ;修改地址指针
        SJMP        RDATA
    RET
```

在 I²C 总线的应用中应注意这样几个问题：

（1）严格按照时序图的要求进行操作。

（2）若与口线上带内部上拉电阻的单片机接口连接，可以不外加上拉电阻。

（3）程序中为配合相应的传输速率，在对口线操作的指令后可用 NOP 指令加一定的延时。

习　　题

1．串行总线有什么优点？

2．串行总线与串行传输接口的区别是什么？

3．设计 DS18B20 与 MCS-51 单片机的连接电路，并回答 DS18B20 的分辨率为多少位？如何设置分辨率位数？DS18B20 的温度数据如何？如何区分正负温？

4．判断对错。

（1）MCS-51 单片机没有 SPI 接口，只能依靠软件来模拟 SPI 的操作。（　　）

（2）MCS-51 单片机没有 I²C 接口，只能依靠软件来模拟 I²C 的操作。（　　）

（3）在 MCS-51 中，当用某两根口线来实现 I²C 总线的功能时，这两根口线必须接上拉电阻。（　　）

（4）在 I²C 总线的时序中，首先是起始信号，接着传送的是地址和数据字节，传送完毕后以终止信号结尾。（　　）

（5）在单总线测温器件 DS18S20 中，每个器件都具有一个唯一的序号。（　　）

5．I²C 总线的起始信号和终止信号如何定义？

6．I²C 总线如何控制数据传送方向？

7．设计 I²C 总线上连接 4 片 AT24C02 的硬件电路连接图。

8．存储器 AT24C02，根据连续读操作时序，从 AT24C02 内部首地址 20H 开始，读 8 个字节数据，存入 30H 单元，编写程序。

第 11 章

MCS-51 单片机应用系统的设计方法

本章知识点:
- 单片机应用系统的设计步骤
- 单片机应用系统的硬件、软件设计基本方法
- 单片机应用系统抗干扰设计
- 单片机应用系统仿真与调试方法

基本要求:
- 掌握单片机应用系统的设计思想、设计流程及主要工作
- 了解单片机应用系统的典型仿真、调试软件及调试方法
- 了解单片机应用系统软件、硬件抗干扰措施及设计方法

能力培养目标:

通过本章的学习,使学生掌握单片机的硬件、软件设计、调试等基本技能,具备实现典型单片机系统的整体设计能力,围绕测控系统的要求选用外设、抗干扰设计及接口驱动程序设计的能力,具备合理选用和使用常用的辅助设计软件和工具进行系统设计、调试、测试和排除简单故障的能力。

11.1 单片机应用系统的设计步骤

单片机应用系统设计是以单片机为核心,配以一定的外围接口电路和软件,实现用户所要求的测控功能。虽然随测控对象、设备种类、检测与控制方式、规模大小等的不同而有所差异,但单片机应用系统设计的基本内容和主要步骤是大体相同的。

在设计单片机应用系统之前,设计人员首先应该估计必要性。应在对系统性能的改善程度、成本、可靠性、可维护性以及应用不同处理器和器件的经济效益等进行综合考虑的基础上,决定采用哪一种设计方案更合理。

设计开发单片机应用系统一般需要经过 3 个阶段:①确定任务、明确目标,拟定总体设计方案;②硬件电路和软件程序设计;③系统调试及性能测试。下面简要叙述各阶段的工作内容和设计任务。

1. 确定任务、明确目标,拟定总体设计方案

1) 确定单片机系统实现的功能、技术指标及设计任务

首先应明确单片机应用系统要实现的功能及需要完成的测量和控制任务;要深入了解生产

过程和工艺流程；要考虑被测信号的特点、被测量的数量、输入信号的通道数、被测量的类型、变化范围以及测量速度、精度、分辨率和误差等；还要确定测量结果的输出方式、显示器的类型、输出接口的配置，如通信接口（IEEE-488、RS-232 标准接口等）和打印机等外设接口。另外，还要考虑仪器的内部结构、外形尺寸、面板布置、研制成本、仪器的可靠性、可维护性及性能价格比等。在对上述各项综合考虑的基础上，用时间流程图和测控流程图描述测量过程和控制任务，写成设计任务说明书，作为整个系统设计的依据。

2）拟定总体方案设计

总体方案设计是根据设计的任务要求提出几种设想、规划，并且加以比较推敲，选择一种认为是可行的、较好的方案作为初步方案，然后对系统的指导思想、技术原则、技术指标、可靠性、性价比进行方案评估，最后根据评价的结果制定系统的设计方案。在总体方案通过论证的基础上，即可首先开展总体设计工作。完成总体设计之后，才能将研制任务分解成若干子课题（子任务），展开具体、深入的设计工作。

2. 硬件电路和软件程序设计

在开发过程中，硬件设计和软件设计应同时进行。在设计硬件、研制功能模板的同时，即着手进行应用程序的编制。硬、软件设计工作要相互配合，充分发挥微机特长，尽可能缩短研制周期，提高设计质量。

1）硬件电路设计和功能模板的研制

根据总体设计，将整个系统分成若干个功能模块，分别设计各部分电路，如输入/输出通道、信号调理电路、单片机及其外围电路和人机界面等。在完成电路设计之后，即可制作相应的功能模板。在设计、制作功能模板时，要保证技术上可行、逻辑上正确，并注意布局合理、连线方便。一般先绘制逻辑电路图，经反复核对，线路无差错，才能制作印制电路板并进行电路的调试。

2）软件框图的设计和程序的编制

将软件总框图中的各个功能模块具体化，逐级画出详细的框图和流程图，作为编制程序的依据。用户源程序一般采用汇编语言或 C 语言编写。通过编译系统变为可执行的目标代码。采用汇编语言编写的用户源程序代码效率高，节省程序存储空间，程序执行速度快。设计中还应进行程序的优化工作，注意程序的可读性和可移植性。

鉴于现在的微计算机一般属于嵌入式应用，硬件和软件设计工作联系紧密，相辅相成，须齐头并进。设计人员不仅要懂得系统的硬件，而且要熟悉软件，如此才能设计出较为理想的单片机产品。

3. 系统调试及性能测试

在开发过程中，需要进行硬件电路及软件的调试及性能测试，以排除设计错误和各类故障，使所设计研制的单片机应用系统符合设计要求。单片机应用系统的调试包括硬件电路调试、软件调试和样机调试三部分。硬件电路和软件的研制一般独立地平行进行。软件调试在硬件电路研制完成之前即应开始进行，硬件电路也须在无完整应用软件支持的情况下进行调试。这就必须借助各种开发工具和开发系统，以创造良好的硬件和软件调试环境。样机调试是指在硬件电路和软件分别调试完毕后，在样机上进行的硬件电路和软件的联调。

图 11-1 给出了系统设计与开发方案实施的全过程。下面就其中一些主要步骤加以说明。

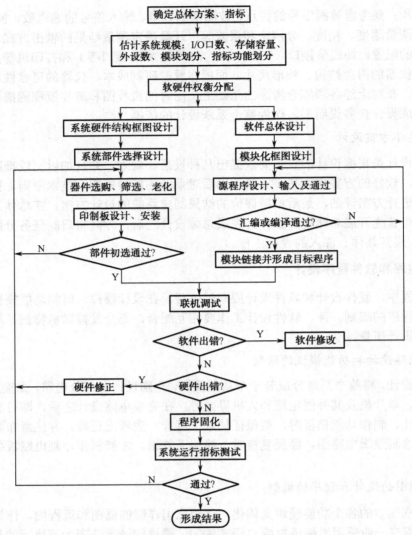

图 11-1　单片机应用系统设计的一般步骤

（1）确定系统规模大小。系统总体方案确定之后，则首先要预估系统软、硬件规模的大小，对硬件核心部件选型，确定容量、I/O 数、通道数、模块数等。

（2）软、硬件权衡分配。在既定的总体规模中再进一步权衡，哪些模块用硬件完成，哪些可以用软件完成，合理调整好硬、软件搭配。原则上讲，硬件功能软件也可以完成，反之亦然。但在不同场合，软、硬件将各有特长，要使系统达到较高的性价比，必须使系统有恰当的软、硬件比例。

（3）硬件部分调试。解决了软件、硬件分配之后，硬、软件设计可分开进行，但是相互间的联系很多，故也可交叉进行。硬部件先逐个建立，并进行初试。

（4）软件模块的调试。一般要借助与目标系统相同机种的高中档微机系统，或采用专门的微机开发系统作为工具。将编写好的源程序送入工具微机系统，进行编辑、编译，形成目标程序，以便对软件进行单调初试。

（5）联机调试。将软件、硬件进行联调，最好能使用带有仿真器的微机开发系统，这样可以获得高效率的调试结果，逐步排除故障，完成调整任务。

11.2 单片机应用系统硬件设计

11.2.1 硬件系统一般结构

系统硬件体系结构的选择，主要是根据应用系统的规模大小、控制功能性质及复杂程度、实时响应速度及检测控制精度等专项指标和通用指标决定。单片机应用系统中包括单片机最小系统、单片机扩展系统、信号（数字量信号、模拟量信号和开关量信号等）测量功能模块、信号功能控制模块、人机对话功能模块和通信功能模块。其中，单片机扩展系统包括存储器扩展和接口扩展。

典型单片机应用系统框图如图 11-2 所示。

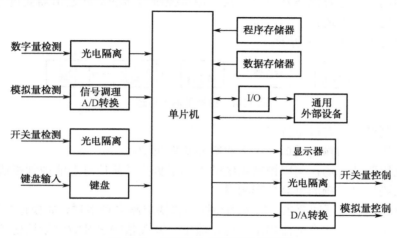

图 11-2 典型单片机应用系统框图

1．信号测量功能模块

单片机应用系统中的信号测量功能模块是应用系统的数据采集输入通道，是测量对象与单片机相互联系的不可缺少的部分。传感器输出的信号，按物理量的特征可分为模拟量、数字量和开关量三种。

数字量（频率、周期、相位、计数）的采集，输入比较简单。它们可直接作为计数输入、测试输入、I/O 输入或中断输入进行事件计数、定时计数，实现脉冲的频率、周期、相位及计数测量。对于开关量的采集，一般通过 I/O 口线或扩展 I/O 线直接输入。一般被控对象都是交变电流、交变电压、大电流系统，而单片机属于数字弱电系统，因此，在数字量和开关量采集通道中，要用隔离器进行隔离（如光电耦合元器件）。

如果传感器输出的是模拟量信号，则输入通道需经过放大、整形、转换（电流电压转换、模数转换、电压频率转换）后输入单片机；如果要进行巡回检测，还需在信号检测部分装多路选择开关、多路放大器。若使用多个放大器，则各放大器应放在多路选择开关之前；若使用单个放大器，则放大器应放在多路选择开关之后。控制信号功能模块是单片机与控制对象相互联系的重要部分。

模拟信号采集通道如图 11-3 所示。

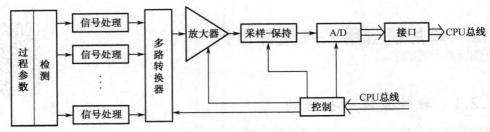

图 11-3　模拟信号采集通道

2．信号功能控制模块

信号功能控制模块由单片机输出的数字量、开关量或频率量转换（模数转换或频率电压转换）后，再由各种驱动回路来驱动相应执行器实现控制功能。开关量控制信号的后向通道比较简单，只需采用隔离器进行隔离及电平转换。模拟控制信号的后向通道需要进行 D/A 转换、隔离放大、功率驱动等处理。

模拟量输出通道如图 11-4 所示。

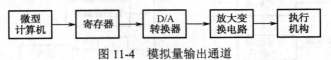

图 11-4　模拟量输出通道

信号功能控制模块具有以下特点：

（1）它是应用系统的输出通道，大多数需要功率驱动。

（2）靠近伺服驱动现场，伺服控制系统的大功率负荷易从信号功能控制模块进入单片机系统，故该通道的隔离对系统的可靠性影响很大。

（3）根据输出控制的不同要求，信号功能控制模块电路多种多样，如模拟电路、数字电路、开关电路等，输出信号形式有电流输出、电压输出、开关量输出及数字量输出等。

3．人机对话功能模块和通信功能模块

人机对话功能模块包括键盘、显示器（LED、LCD 或 CRT）、打印机及报警系统等部分。为实现它与单片机的接口，采用专用接口芯片（如 8279）或通用串并行接口芯片。通信功能模块担负着单片机间信息交换的功能。在具有多个单片机的应用系统中，各单片机有时相距很远，采用并行通信，成本会急剧增加，技术上也不能实现；采用串行通信方式时，可以用单片机的串行接口，也可以使用可编程串行接口芯片。距离较远时，还要增加调制解调器等。

另外，传感器、各功能模块和单片机系统要统一考虑，软、硬件要有几套方案进行比较，按经济、技术的要求从中选择最佳方案。各功能块、单片机系统硬件电路要尽可能选用标准化器件，模块化结构的典型电路要留有余地，以备扩展，尽可能采用集成电路，减少接插件相互间连线，降低成本，提高可靠性。此外，要切断来自电源、传感器、测量信号功能模块、控制信号功能模块部分的干扰。硬件、软件设计要合理、可靠、抗干扰、模块化等。

11.2.2　硬件系统的设计原则

一个单片机应用系统的硬件电路设计包括两部分内容：一是单片机系统扩展，即单片机内部的功能单元（如程序存储器、数据存储器、I/O、定时/计数器、中断系统等）的容量不能满足应用系统的要求时，必须在片外进行扩展，选择适当的芯片、设计相应的扩展连接电路；二是系统配置，即按照系统功能要求配置外围设备，如键盘、显示器、打印机、A/D 转换器、D/A 转换器等，设计合适的接口电路。

系统扩展和配置设计应遵循下列原则：

（1）尽可能选择典型通用的电路，并符合单片机的常规用法，为硬件系统的标准化、模块化奠定良好的基础。

（2）系统的扩展与外围设备配置的水平应充分满足应用系统当前的功能要求，并留有适当余地，便于以后进行功能的扩充。

（3）硬件结构应结合应用软件方案一并考虑。硬件结构与软件方案会相互影响，考虑的原则是：软件能实现的功能尽可能由软件实现，即尽可能地以软件代替硬件，以简化硬件结构，降低成本，提高可靠性。但必须注意，由软件实现的硬件功能，其响应时间要比直接用硬件长。因此，某些功能选择以软件代替硬件实现时，应考虑系统响应速度、实时要求等相关的技术指标。

（4）整个系统中相关的器件要尽可能做到性能匹配。例如，选用的晶振频率较高时，存储器的存取时间就短，应选择允许存取速度较快的芯片；选择 CMOS 芯片单片机构成低功耗系统时，系统中的所有芯片都应该选择低功耗产品。如果系统中相关的器件性能差异很大，则系统综合性能将降低，甚至不能正常工作。

（5）可靠性及抗干扰设计是硬件设计中不可忽视的一部分，具体包括芯片、器件选择、去耦滤波、印制电路板布线、通道隔离等。如果设计中只注重功能实现，而忽视可靠性及抗干扰设计，则到头来只能是事倍功半，甚至造成系统崩溃。

（6）单片机外接电路较多时，必须考虑其驱动能力。解决的办法是增强驱动能力，增加总线驱动器或者减少芯片功耗，降低总线负载。

11.2.3　硬件设计需要考虑的问题

1. 单片机的选择

单片机是单片机应用系统的核心器件，它对单片机应用系统的性能指标影响很大。随着单片机技术的迅猛发展，16 位、32 位单片机等新产品层出不穷，为单片机应用系统的设计提供了更多的选择。

选择单片机应考虑以下几个主要因素：

（1）单片机性价比。应根据应用系统的要求和各种单片机的性能，选择最容易实现产品技术指标的机型，而且能达到较高的性能价格比。性能选得过低，将给组成系统带来麻烦，甚至不能满足要求；性能选得过高，就可能大材小用，造成浪费，有时还会带来问题，使系统复杂化。

（2）开发周期。选择单片机时，要考虑具有新技术的新机型，更应考虑应用技术成熟、由较多软件支持、　能得到相应单片机开发工具的比较成熟的机型。这样可借鉴许多现成的技术，移植一些现成软件，可以节省人力、物力，缩短开发周期，降低开发成本，使所开发的系统具有竞争力。

在此需要特别指出，在选择单片机芯片时，一般选择内部不含 ROM 的芯片比较合适，通过外部扩展 EPROM 和 RAM 即可构成系统，这样不需专门的设备即可固化应用程序。另外，可以选择内部有 Flash 存储器的机型，Flash 存储器在不加电的情况下能长期保存信息，又能在线进行擦除和重写。当设计的应用系统批量比较大时，可选带 ROM、EPROM、OTPROM 或

E²PROM 等的单片机，这样可使系统更加简单。通常的做法是在软件开发过程中采用 EPROM 型或 Flash 存储器芯片，而最终产品采用 OTPROM 型芯片（一次性可编程 EPROM 芯片），这样可以提高产品的性能价格比。

总之，对单片机芯片的选择绝不是传统意义上的器件选择，它关系到单片机应用系统的整体方案、技术标准、功耗、可靠性、外设接口、通信方式、产品价格等。所以，设计人员必须反复推敲，慎重选择。

2．程序存储器和数据存储器

若单片机内无程序存储器或存储容量不够，则需外部扩展程序存储器。外部扩展存储器通常选用 EPROM 或 E²PROM。EPROM 集成度高、价格便宜，E²PROM 则编程容易。当程序容量较小时，使用 E²PROM 较便宜；当程序量较大时，采用 EPROM 更经济。

数据存储器利用 RAM 构成，大多数单片机都提供了小容量的片内数据存储区，只有当片内数据存储区不够用时，才扩展外部数据存储器。

存储器的设计原则是，在存储容量满足的前提下，尽可能减少存储芯片的数量，建议使用大容量的存储芯片以减少存储器芯片数目，但应避免盲目地扩大存储器容量。

3．存储空间分配

存储空间分配既影响单片机应用系统的硬件结构，也影响软件的设计及系统调试。

不同的单片机具有不同的存储空间分布。51 单片机的程序存储器与数据存储器空间相互独立，工作存储器、特殊功能存储器与内部数据存储器共享一个存储空间，I/O 端口则与外部数据存储器共享一个空间。单片机的片内 RAM 程序存储区、数据存储区、I/O 端口全部使用同一个存储空间。总的来说，大多数单片机都存在不同类型的器件共享同一个存储空间的问题。因此，在系统设计时就要合理地为系统中的各种部件分配有效的地址空间，以便简化译码电路，并使 CPU 能准确地访问到指定部件。

4．I/O 通道划分

单片机应用系统中通道的数目及类型直接决定系统结构。设计中应根据包括对象所要求的输入/输出信号的数目及类型，确定整个应用系统的通道数目及类型。

I/O 接口大致可归类为并行接口、串行接口、模拟采集通道（接口）、模拟输出通道（接口）等。目前有些单片机已将上述各接口集成在单片机内部，使 I/O 接口的设计大大简化。系统设计时，可以选择含有所需接口的单片机。

5．I/O 方式的确定

采用不同的输入/输出方式，对单片机应用系统的硬、软件要求是不同的。在单片机应用系统中，常用的 I/O 方式主要有无条件传送方式（程序同步方式）、询问方式和中断方式。这三种方式的硬件要求和软件要求结构各不相同，且存在着明显的优缺点差异。在一个实际应用系统中选择哪一种 I/O 方式，要根据具体的外设工作情况和应用系统的性能技术指标综合考虑。一般来说，无条件传送方式只适用于数据变化非常缓慢的外设，这种外设的数据可视为常态设计；中断方式处理器效率较高，但硬件结构稍复杂一些；询问方式硬件价格较低，但处理器效率比较低，速度比较慢。在一般的应用系统中，由于速度要求不高，控制对象也较少，此时，大多采用询问方式。

6．译码电路

当需要外部扩展电路时，就需要设计译码电路。译码电路要尽可能简单，这就要求存储空间分配合理，译码方式选择得当。考虑到修改方便与保密性，译码电路除了可以使用常规的门电路、译码器来实现外，还可以利用只读存储器与可编程门阵列来实现。

7．软、硬件功能划分

同一般的计算机系统一样，单片机应用系统的软件和硬件在逻辑上是等效的。同一般的计算机系统一样，单片机应用系统的软件和硬件在逻辑上是等效的。具有相同功能的单片机应用系统，其软、硬件功能可以在很宽的范围内变化。一些硬件电路的功能可以由软件来实现，反之亦然。在应用系统设计中，系统的软、硬件功能划分要根据系统的要求而定，多用硬件来实现一些功能，这样可以提高利用率及系统的灵活性和适应性。相反，若用软件来实现某些硬件功能则可以节省硬件开支，提高灵活性和适应性，但速度要下降，软件设计费用和所需存储容量要增加。因此，在总体设计时，必须权衡利弊，仔细划分应用系统中的硬件和软件的功能。

11.2.4　地址空间分配与总线驱动

AT89S51 应用系统有时往往是多芯片系统，这时会遇到两个问题：一是如何把 64KB 程序存储器和 64KB 数据存储器的空间分配给各个芯片；二是如何实现 AT89S51 单片机对多片芯片的驱动。本小节介绍单片机应用系统设计时经常遇到的地址空间分配和总线驱动问题，供设计参考。

1．地址空间分配

扩展多片芯片的应用系统，首先应考虑如何把 64KB 程序存储器和 64KB 数据存储器的空间分配给各个芯片。前面已介绍地址空间分配的两种方法：线选法和译码法，下面通过一个例子来说明如何解决这个问题。图 11-5 所示为一个全地址译码的系统实例。图中所示的 AT89S51 单片机扩展的各器件芯片所对应的地址见表 11-1。

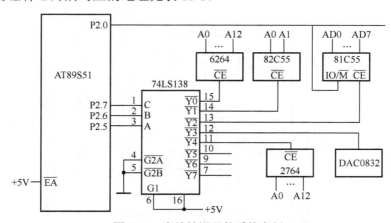

图 11-5　全地址译码的系统实例

因 6264、2764 都是 8KB，故需要 13 条低位地址线（A12～A0）进行片内寻址，低 8 位地址线 A7～A0 经 8D 锁存器 74LS373 输出（图中没有画出），其他 3 条高位地址线 A15～A13 经 3 线-8 线译码器 74LS138 译码后作为外围芯片的片选线。图中剩余 3 条地址选择 $\overline{Y7}$～$\overline{Y5}$，还可扩展 3 片存储器芯片或外围 I/O 接口芯片。

表 11-1　各扩展芯片的地址

器件		地址线（A15～A0）																片内地址单元数	地址范围
6264		0	0	0	×	×	×	×	×	×	×	×	×	×	×	×	×	8K	0000H～1FFFH
82C55		0	0	1	1	1	1	1	1	1	1	1	1	1	1	×	×	4	3FFCH～3FFFH
81C55	RAM	0	1	0	1	1	1	1	0	×	×	×	×	×	×	×	×	256	5E00H～5EFFH
	I/O	0	1	0	1	1	1	1	1	1	1	1	×	×	×	×	×	6	5FF8H～5FFDH
DAC0832		0	1	1	1	1	1	1	1	1	1	1	1	1	1	1	1	1	7FFFH
2764		1	0	0	×	×	×	×	×	×	×	×	×	×	×	×	×	8K	8000H～9FFFH
片内 Flash																		4K	0000H～0FFFH

2. 总线驱动

扩展多片芯片时，注意 AT89S51 单片机 4 个并行双向口的 P0～P3 口的驱动能力。AT89S51 的 P0、P2 口通常作为总线端口，当扩展芯片较多时，可能造成负载过重，致使驱动能力不够，通常要附加总线驱动器或其他驱动电路。因此，在多芯片应用系统设计中首先要估计总线的负载情况，以确定是否需要对总线的驱动能力进行扩展。

图 11-6 为 AT89S51 单片机总线驱动扩展原理图。P2 口需单向驱动，常见的单向总线驱动器为 74LS244。

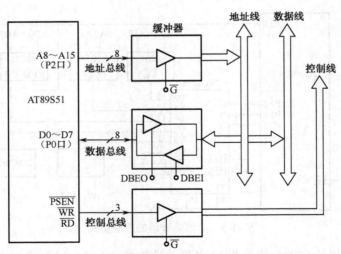

图 11-6　AT89S51 单片机总线驱动扩展原理图

图 11-7 为 74LS244 引脚图和逻辑图。8 个三态驱动器分成两组，分别由 1 和 2 控制。

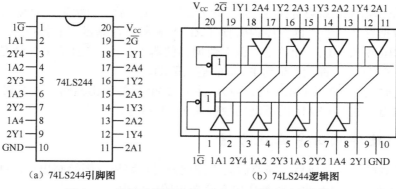

（a）74LS244引脚图　　（b）74LS244逻辑图

图 11-7　单向总线驱动器 74LS244 引脚图和逻辑图

P0 口作为数据总线，双向传输，其驱动器应为双向驱动、三态输出，由两个控制端来控制数传方向。如图 11-6 所示，数据输出允许控制端 DBEO 有效时，数据总线输入为高阻状态，输出为开通状态；数据输入允许控制端 DBEI 有效时，则状态与上述相反。

常见双向驱动器为 74LS245，图 11-8 为其引脚图和逻辑图。驱动方向由 $\overline{G}$、DIR 两个控制端控制，$\overline{G}$ 控制端控制驱动器有效或高阻态，在 $\overline{G}$ 控制端有效（$\overline{G}$ =0）时，DIR 控制端控制驱动器的驱动方向，DIR=0 时驱动方向为从 B 至 A，DIR=1 时则相反。

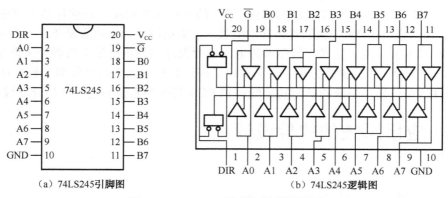

（a）74LS245引脚图　　（b）74LS245逻辑图

图 11-8　74LS245 的引脚图和逻辑图

图 11-9 所示为 AT89S51 系统总线驱动扩展电路图。P0 口的双向驱动器采用 74LS245，如图 11-9（a）所示；P2 口的单向驱动器采用 74LS244，如图 11-9（b）所示。

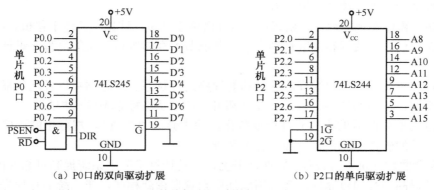

（a）P0口的双向驱动扩展　　（b）P2口的单向驱动扩展

图 11-9　AT89S51 单片机应用系统中的总线驱动扩展电路图

P0 口双向驱动器 74LS245 的 $\overline{\text{G}}$ 接地，保证芯片一直处于工作状态，而输入/输出的方向控制由单片机的数据存储器的"读"控制引脚（$\overline{\text{RD}}$）和程序存储器的取指控制引脚（$\overline{\text{PSEN}}$）通过与门控制 DIR 引脚实现。无论是"读"数据存储器中数据（$\overline{\text{RD}}$ 有效）还是从程序存储器中取指令（$\overline{\text{PSEN}}$ 有效），都能保证对 P0 口的输入驱动。

除此以外的时间（$\overline{\text{RD}}$ 及 $\overline{\text{PSEN}}$ 均无效），保证对 P0 口的输出驱动。对于 P2 口，因为只用作单向的地址输出，故 74LS244 的驱动门控制端 1、2 接地。

11.2.5　硬件设计与实现方法

单片机硬件系统设计完成后，需要做的工作就是将电路原理图绘制出来，并制作印制电路板（PCB），最后即可交由专业厂家制作出符合要求的电路板。

因为线路板（又叫印制电路板）在英文的全称为 Printed Circuit Board，简写为 PCB，所以线路板设计也叫 PCB 设计。印制电路板的设计是以电路原理图为根据，实现电路设计者所需要的功能。印制电路板的设计主要指版图设计，需要考虑外部连接的布局、内部电子元件的优化布局、金属连线和通孔的优化布局、电磁保护、热耗散等各种因素。优秀的版图设计可以节约生产成本，达到良好的电路性能和散热性能。简单的版图设计可以用手工实现，复杂的版图设计需要借助计算机辅助设计（CAD）实现。不管是单面板、双面板还是多层板的设计，常用的专业软件有 Protel 99SE，此外还有 Altium Designer、PADS、Allegro 等设计软件。

在制版之前还可以进行硬件电路的仿真，常用的软件为 Proteus，该软件是由英国 Labcenter Electronics 公司开发的 EDA 工具软件，其功能强大，集电路设计、制版及仿真等多种功能于一身，不仅能够对电工、电子技术学科涉及的电路进行设计与分析，还能对微处理器进行设计和仿真，并且功能齐全，界面操作方便。真正实现了在计算机上完成从原理图、电路分析与仿真、单片机代码调试与仿真、系统测试与功能验证到 PCB 制版的完整的电子产品开发过程。

11.3　应用系统的软件设计

11.3.1　应用软件设计的特点

应用系统中的应用软件是根据系统功能设计的，应可靠地实现系统的各种功能。应用系统种类繁多，应用软件各不相同，但是一个优秀的应用系统的软件应具有以下特点：

（1）软件结构清晰、简洁，流程合理。

（2）各功能程序实现模块化、系统化，这样既便于调试、连接，又便于移植、修改和维护。

（3）程序存储区、数据存储区规划合理，既能节约存储容量，又能给程序设计与操作带来方便。

（4）运行状态实现标志化管理。各个功能程序运行状态、运行结果以及运行需求都设置状态标志以便查询，程序的转移、运行、控制都可以通过状态标志条件来控制。

（5）经过调试修改后的程序应进行规范化，除去修改"痕迹"。规范化的程序便于交流、借鉴，也为今后的软件模块化、标准化打下基础。

（6）实现全面软件抗干扰设计。软件抗干扰设计是计算机应用系统提高可靠性的有力措施。

（7）为了提高运行的可靠性，在应用软件中设置自诊断程序，在系统运行前先运行自诊断程序，用以检查系统各特征参数是否正常。

11.3.2　软件设计考虑的问题

整个单片机应用系统是一个整体，在进行应用系统总体设计时，软件设计和硬件设计应统一考虑，相结合进行。当系统的硬件电路设计定型后，软件的任务也就明确了。

一个应用系统中的软件一般是由系统的监控程序和应用程序两部分构成的。其中，应用程序是用来完成诸如测量、计算、显示、打印、输出控制等各种实质性功能的软件；系统监控程序是控制单片机系统按预定操作方式运行的程序，它负责组织调度各应用程序模块，完成系统自检、初始化、处理键盘命令、处理接口命令、处理条件触发和显示等功能。此外，监控程序还用来监视系统的运行状态。单片机应用系统中的软件一般是用高级语言与汇编语言混合编写的，编写程序时常常与输入、输出接口设计和存储器扩展交织在一起。因此，软件设计是系统开发过程中最重要也是最困难的任务，它直接关系到系统功能和性能的实现。

系统软件设计时，应根据系统软件功能要求，将系统软件分成若干个相对独立的部分，并根据它们之间的联系和时间上的关系，设计出合理的软件总体结构。通常在编制程序前，先根据系统输入和输出变量建立起正确的数学模型，然后画出程序流程框图，流程框图应结构清晰、简洁、合理。画流程框图时，还要对系统资源做具体的分配和说明。编制程序时，一般采用自顶向下的程序设计技术，先设计监控程序，再设计各应用程序模块。多功能程序应模块化、子程序化，这样不仅便于测试和连接，还便于修改和移植。

11.3.3　合理的资源分配

合理的资源分配关系到能否充分发挥单片机的性能，能否有效、正确地编制应用程序。

一个单片机应用系统所拥有的硬件资源分片内和片外两部分。片内资源是指本身包括的中央处理器、程序存储器、数据存储器、定时/计数器、中断系统、I/O 接口以及程序通信接口等。这部分硬件资源的种类很多，不同公司、不同类型的单片机之间差别很大，当设计人员选定某种型号的单片机进行系统设计时，应充分利用片内的各种硬件资源。但是在应用中，若片内的这些硬件资源不够使用，就需要在片外加以扩展，通过系统扩展，单片机应用系统具有了更多的硬件资源，因而有了更强的功能。

由于定时/计数器、中断器等资源的分配比较容易，因此下面只介绍 ROM/EPROM 资源和 RAM 资源的分配。

1．ROM/EPROM 资源的分配

ROM/EPROM 用于存放程序和数据表格。按照 51 单片机的复位及中断入口的规定，002FH 以前的地址单元作为中断、复位入口地址区。在这些单元中，一般都设置了转移指令，用于转移到相应的中断服务程序或复位启动程序。当程序存储器中存放的功能程序及子程序数量较多时，应尽可能为它们设置入口地址表。一般将常数、表格集中设置在表格区，二次开发扩展区则尽可能放在高位地址区。

2．RAM 资源的分配

RAM 分为片内 RAM 和片外 RAM，片外 RAM 的容量比较大，通常用来存放批量大的数据，如采样结果数据；片内 RAM 容量较小，应尽量重叠使用，比如数据暂存区与显示、打印缓冲区重叠。

对于 8051 单片机来说，片内 RAM 是指 00H～7FH 单元，这 128 个单元的功能并不完全相

同，分配时应注意发挥各自的特点，做到物尽其用。

00H～1FH 这 32 个字可以作为工作寄存器组，在工作寄存器的 8 个单元格中，R0 和 R1 具有指针功能，是编程的重要角色，应充分发挥其作用。系统上电复位时，置 PSW=00H，当前工作寄存器为 0 组，而工作寄存器组 1 为堆栈，并向工作寄存器组 2、3 延伸。若在中断服务器中也要使用 R1 寄存器且不将原来的数据冲掉，则可在主程序中先将堆栈空间设置在其他位置，然后在进入中断服务器程序后选择工作寄存器组 1、2 或 3，这时若再执行诸如"MOV R1，#00H"指令，就不会冲掉 R1（01H 单元）中原来的内容，因为这时 R1 的地址已变为 09H、11H 或 19H。在中断服务器程序结束时，可重新选择工作寄存器组 0。因此，通常可在应用程序中安排主程序及调用的子程序使用工作寄存器组 0，而安排定时器溢出中断、外部中断、串行口中断使用工作寄存器组 1、2 或 3。

11.4 系统抗干扰设计

抗干扰问题是单片机控制系统实现中必须解决的关键问题之一，干扰对单片机系统的作用可分为三个部分，第一部分是输入系统，它使模拟信号失真，数字信号出错，系统如根据该信号做出反应必然是错误的；第二部分是输出系统，使各输出信号混乱，不能正常反映系统的真实输出量，从而导致一系列严重后果；第三部分是单片机的内核，干扰使三总线上的数字信号混乱，使 CPU 工作出错。

本节介绍在单片机应用系统设计中的抗干扰设计以及提高可靠性的一些方法和措施。

11.4.1 软件滤波

模拟信号必须经过 A/D 转换之后方能被单片机接受，而干扰作用于模拟信号之后，使转换结果偏离真实值；干扰分为周期性和非周期性两种，对非周期性随机干扰可采用数字滤波的方法来抑制。采用数字滤波算法克服随机干扰引入的误差具有如下优点：

（1）数字滤波无须硬件，它只是一个计算过程，因此可靠性高，不存在阻抗匹配等问题。尤其是数字滤波可以对频率很高或很低的信号进行滤波，这是模拟滤波器所不及的。

（2）数字滤波是用软件算法实现的，因此可以使多个输入通道共用一个软件"滤波器"，从而降低了仪器的硬件成本。

（3）只要适当改变软件滤波器的滤波程序或运算参数，就能方便地改变滤波特性，这对于低频信号、脉冲干扰、随机噪声特别有效。

数字滤波算法有多种，每种方法有其不同的特点和适用范围。下面选择几种常用的方法予以介绍。

1. 算术平均滤波

算术平均滤波法就是连续取 N 个采样值进行算术平均，是消除随机误差最为常用的方法，其数学表达式为

$$\bar{y} = \frac{1}{N}\sum_{i=1}^{N} y_i \tag{11-1}$$

算术平均滤波适用于对一般具有随机干扰的信号进行滤波。这种信号的特点是有一个平均值，信号在某一数值范围附近上下波动，在这种情况下仅取一个采样值做依据显然是不准确的。

算术平均滤波对信号的平滑程度取决于 N。当 N 较大时，平滑度高，但灵敏度低；当 N 较小时，平滑度低，但灵敏度高。应视具体情况选取 N，以使其既少占用计算时间，又达到最好的效果。对于一般流量测量，通常取 $N=12$；若为压力，则取 $N=4$。

设 N 为采样值个数。SAMP 为存放双字节采样值的内存单元首址，且假定 N 个采样值之和不超过 16 位。滤波值存入 DATA 开始的两个单元中。DIV21 为双字节除以单字节子程序，（R7、R6）为被除数，（R5）为除数，商在（R7、R6）中。汇编语言程序如下：

```
        ARIFIL:  MOV    R2，#N          ；置累加次数
        MOV      R0，# SAMP            ；置采样值首地址
        CLR A
        MOV      R6，A                 ；清累加值单元
        MOV      R7，A
LOOP:   MOV      A，R6                 ；完成双字节加法
        ADD      A，@R0
        MOV      R6，A
        INC R0
        MOV      A，R7
        ADDC     A，@R0
        MOV      R7，A
        INC R0
        DJNZ     R2，LOOP
        MOV      R5，#N                ；数据个数送入 R5
        ACALL    DIV21                ；除法，求滤波值
        MOV      DATA＋1，R7
        MOV      DATA，R6
        RET
```

本程序在求平均值时，调用了除法子程序 DIV21。应当指出，当采样数为 2 的幂时，可以不调用除法子程序，而只需对累加结果进行一定次数的右移，这样可大大节省运算时间，当采样次数为 3，5，…时同样可以应用下式：

$$\frac{1}{3}=\frac{1}{4}+\frac{1}{16}+\frac{1}{64}+\frac{1}{256}+\cdots$$
$$\frac{1}{5}=\frac{1}{8}+\frac{1}{16}+\frac{1}{128}+\frac{1}{256}+\cdots$$

（11-2）

对累加结果进行数次右移，然后将每次右移结果相加。当然，这样做会造成一定的舍入误差等。

2. 递推平均滤波

算术平均滤波每计算一次数据需测量 N 次，对于测量速度较慢或要求数据计算速度较高的实时系统，该方法是无法使用的。例如，某 A/D 芯片转换速率为每秒 10 次，而要求每秒输入 4 次数据时，则 N 不能大于 2。下面介绍一种只需进行一次测量，就能得到当前算术平均滤波值的方法——递推平均滤波。

递推平均滤波是把 N 个测量数据看成一个队列，队列的长度固定为 N，每进行一次新的测量，把测量结果收入队尾，而扔掉原来队首的一次数据，这样在队列中始终有 N 个"最新"的数据。计算滤波值时，只要把队列中的 N 个数据进行算术平均，就可得到新的滤波值。这样每

进行一次测量，就可计算得到一个新的平均滤波值。这种滤波算法称为递推平均滤波法，其数学表达式为

$$\bar{y}_n = \frac{1}{N} \sum_{i=1}^{N-1} y_{n-i} \tag{11-3}$$

式中 $\bar{y}_n$ ——第 n 次采样值经滤波后的输出；

　　　　y_{n-i} ——未经滤波的第 $n-i$ 次采样值；

　　　　N ——递推平均项数，即第 n 次采样的 N 项递推平均值是 n，$n-1$，…，$n-N+1$ 次采样值的算术平均，与算术平均法相似。

递推平均滤波算法对周期性干扰有良好的抑制作用，平滑度高，灵敏度低；但对偶然出现的脉冲干扰的抑制作用差，不易消除由于脉冲干扰引起的采样值偏差，因此它不适用于脉冲干扰比较严重的场合，而适用于高频振荡的系统。通过观察不同 N 值下递推平均的输出响应来选取 N 值，以便既少占用计算机时间，又能达到最好的滤波效果。表 11-2 给出了工程经验值。

表 11-2　工程经验值参考表

参　数	流　量	压　力	液　位	温　度
N 值	12	4	4～12	1～4

对照式（11-1）和式（11-3），可以看出，递推平均滤波法与算术平均滤波法在数学处理上是完全相似的，只是这 N 个数据的实际意义不同而已。采用定点数表示的递推平均滤波，在程序上与算术平均滤波没有什么大的不同，故不再给出。

3．中位值滤波

中位值滤波就是对某一被测参数连续采样 n 次（一般 n 取奇数），然后把 n 次采样值按大小排队，取中间值为本次采样值。中位值滤波能有效地克服因偶然因素引起的波动或采样器不稳定引起的误码等造成的脉冲干扰。对温度、液位等缓慢变化的被测参数采用此法能收到良好的滤波效果，但对于流量、压力等快速变化的参数一般不宜采用中位值滤波算法。

设 SAMP 为存放采样值（单字节）的内存单元首址，DATA 为存放滤波值的内存单元地址，N 为采样值个数。程序如下：

```
FILTER:  MOV   R3, # N-1        ; 置循环初值
SORT:    MOV   A, R3
         MOV   R2, A            ; 循环次数送 R2
         MOV   R0, #SAMP        ; 采样值首址送 R0

LOOP:    MOV   A, @R0
         INC   R0
         CLR   C
         SUBB  A, @ R0          ; yn - yn-1 → A
         JC    DONE             ; yn < yn-1, 转 DONE
         ADD   A, @R0           ; 恢复 A
         XCH   A, @R0           ; yn > yn-1, 交换数据
         DEC   R0
         MOV   @ R0, A
         INC   R0
```

```
DONE：  DJNZ    R2，LOOP        ；R2≠0，继续比较
        DINZ    R3，SORT        ；R3≠0，继续循环
        MOV     A，#N-1
        CLR     C
        RRC     A
        ADD     A，#SAMP        ；计算中值地址
        MOV     R0，A
        MOV     DATA，@R0
        RET
```

4．一阶惯性滤波

在模拟量输入通道等硬件电路中，常用一阶惯性 RC 模拟滤波器来抑制干扰，当用这种模拟方法来实现对低频干扰的滤波时，首先遇到的问题是要求滤波器有大的时间常数和高精度的 RC 网络。时间常数 T_f 越大，要求 R 值越大，其漏电流也随之增大，从而使 RC 网络的误差增大，降低了滤波效果。而一阶惯性滤波算法是一种以数字形式通过软件来实现的动态 RC 滤波方法，它能很好地克服上述模拟滤波器的缺点，在滤波常数要求大的场合，此法更为实用。一阶惯性滤波算法为

$$\overline{y}_n = (1-a)y_n + a\overline{y}_{n-1}$$

$$a = \frac{T_f}{T + T_f}$$

式中　$\overline{y}_n$ ——未经滤波的第 n 次采样值；

T_f、T——分别为滤波时间常数和采样周期。

a 由实验确定，只要使被检测的信号不产生明显的纹波即可。

当 $T \ll T_f$ 时，即输入信号的频率很高，而滤波器的时间常数 T_f 较大时，上述算法便等价于一般的模拟滤波器。

一阶惯性滤波算法对周期性干扰具有良好的抑制作用，适用于波动频繁的参数滤波，其不足之处是带来了相位滞后，灵敏度低。滞后的程度取决于 a 值的大小。同时，它不能滤除频率高于采样频率二分之一（称为奈奎斯特频率）的干扰信号。例如，采样频率为 100Hz，则它不能滤去 50Hz 以上的干扰信号。对于高于奈奎斯特频率的干扰信号，还得采用模拟滤波器。

一阶惯性滤波一般采用定点运算。由于不会产生溢出问题，a 常选用 2 的负幂次方，这样在计算 ay_n 时只要把 y_n 向右移若干位即可。

设 $\overline{y}_{n-1}$ 在 DATA1 为首地址的单元中，y_n 在 DATA2 为首地址的单元中，均为双字节。取 $a=0.75$，滤波结果存放在 R6、R7 中。汇编语言程序如下：

```
FOF：   MOV     R0，#DATA1
        MOV     R1，#DATA2
        CLR     C               ；0.5 y̅ₙ₋₁ 存入 R2、R3
        INC     R0
        MOV     A，@R0
        RRC     A
        MOV     R3，A
        DEC     R0
        MOV     A，@R0
        RRC     A
```

```
        MOV  R2, A
        MOV  A, @R0          ; yₙ + ȳₙ₋₁
        ADD  A, @R1
        MOV  R6, A
         INC     R0
         INC     R1
         MOV     A, @RO
         ADDC    A, @R1
         RRC     A                ; (yₙ + ȳₙ₋₁)×0.5 存入 R6、R7
         MOV     R7, A
         MOV     A, R6
         RRC     A
         MOV     R6, A
         CLR     C                ; (yₙ + ȳₙ₋₁)×0.25
         MOV     A, R7
         RRC     A
         MOV     R7, A
         MOV     A, R6
         RRC     A
         ADD     A, R2            ; 0.25(yₙ + ȳₙ₋₁)+0.5ȳₙ₋₁ 存入 R2、R3
         MOV     R2, A
         MOV     A, R7
         ADDC    A, R3
         MOV     R3, A
         RET
```

11.4.2　指令冗余及软件陷阱

1. 指令冗余

当 CPU 受干扰后，往往将一些操作数作为指令码来执行，引起程序混乱，这时必须让程序进入正轨。当程序被干扰弹飞至某一单指令上时，便会自动纳入正轨；被弹飞到二字节或三字节指令上时，因为有操作数，出错机会较大，因此应多采用单字节指令，并在关键处人为插入单指令 NOP，在二字节或三字节指令前加入两条 NOP，可避免其后指令被拆散。为了不加入太多的冗余指令降低系统的效率，常在一些决定程序流向的指令前插入两条 NOP，如跳转、中断、程序返回、判断等语句。

2. 软件陷阱

干扰信号会使程序脱离正常运行轨道，为了使弹飞的程序安定下来，可以设立软件陷阱。所谓软件陷阱，就是一条引导指令，强行将捕获的程序引向一个指定的地址，在那里有一段专门对出错程序进行处理的程序。以 MCS-51 单片机为例，如果设这段程序的入口标号为 ERR，软件陷阱即为一条 LJMP ERR 指令。为加强其捕捉效果，一般还在它前面加两条 NOP 指令。因此，真正的软件陷阱由三条指令构成：

```
    NOP
                NOP
```

　　　　　　　　　　LJMP　　　ERR

软件陷阱安排在下列四种地方。

1）未使用的中断向量区

　　当干扰使未使用的中断开放，并激活这些中断时，就会进一步引起混乱。如果在这些地方布上陷阱，就能及时捕捉到错误中断。例如，系统共使用三个中断 INT0、T0 和 T1，它们的中断子程序分别为 PGINT0、PGT0、PGT1，建议按如下方式来设置中断向量区：

```
            ORG     0000H
0000   START：LJMP     MAIN       ；引向主程序入口
0003         LJMP     PGINT0      ；INT0 中断正常入口
0006   NOP                        ；冗余指令
0007   NOP
0008   LJMP     ERR               ；陷阱
000B   LJMP     PGT0              ；T0 中断正常入口
000E   NOP                        ；冗余指令
000F   NOP
0010   LJMP     ERR               ；陷阱
0013   IJMP     ERR               ；未使用 INTI，设陷阱
0016   NOP                        ；冗余指令
0017   NOP
0018   LJMP     ERR               ；陷阱
001B   LJMP     PGT1              ；T1 中断正常入口
001E   NOP                        ；冗余指令
001F   NOP
0020   LJMP     ERR               ；陷阱
0023   LJMP     ERR               ；未使用串行口中断，设陷阱
0026   NOP                        ；冗余指令
0027   NOP
0028   LJMP     ERR               ；陷阱
002B   LJMP     ERR               ；未使用 T2 中断（8052）
002E   NOP                        ；冗余指令
002F   NOP
```

从 0030H 开始再编写正式程序，可以先编主程序，也可以先编子程序。

2）未使用的大片 ROM 空间

　　现在使用 EPROM 一般都是 2764 或 27128 等芯片，很少有将其全部用完的情况。对于剩余的大片未编程的 ROM 空间，一般均维持原状（0FFH），0FFH 在 8051 指令系统中是一条单字节指令（MOV R7，A），程序弹飞到这一区域后将顺流而下，不再跳跃（除非受到新的干扰）。这时只要每隔一段设置一个陷阱，就一定能捕捉到弹飞的程序。有的编程者使用 02 00 00（即 LJMP START）来填充 ROM 未使用空间，以为两个 00H 既是可设置陷阱的地址，又是 NOP 指令，起到双重作用，实际上这样并不合适。如果程序出错后直接从头开始执行，将有可能发生一系列的麻烦。软件陷阱一定要指向出错处理过程 ERR。我们可以将 ERR 安排在 0030H 开始的地方，程序不管怎样修改，编译后 ERR 的地址总是固定的（因为它前面的中断向量区是固定的）。这样，我们就可以用 00 00 02 00 30 五个字节作为陷阱来填充 ROM 中的未使用空间，或

者每隔一段设置一个陷阱（02 00 30），其他单元保持 0FFH 不变。

3）表格

有两类表格，一类是数据表格，供 MOVC A，@A＋PC 指令或 MOVC A，@A＋DPTR 指令使用，其内容完全不是指令。另一类是跳转表格，供 JMP@A＋DPTR 指令使用，其内容为一系列的三字节指令 LJMP 或两字节指令 AJMP。由于表格内容和检索值有一一对应关系，在表格中间安排陷阱将会破坏其连续性和对应关系，我们只能在表格的最后安排五字节陷阱（NOP NOP LJMP ERR）。由于表格区一般较长，安排在最后的陷阱不能保证一定捕捉住弹飞的程序，有可能在中途再次飞走。这时只好指望别处的陷阱或冗余指令来制服它了。

4）程序区

程序区是由一串串执行指令构成的，我们不能在这些指令串中间任意安排陷阱，否则影响正常执行程序。但是，在这些指令串之间常有一些断裂点，正常执行的程序到此便不会继续往下执行了，这类指令有 LJMP、SJMP、AJMP、RET、RETI，这时 PC 的值应发生正常跳变。如果还要顺次往下执行，必然会出错。当然，弹飞的程序刚好落到断裂点的操作数上或落到前面指令的操作数上（又没有在这条指令之前使用冗余指令），则程序就会越过断裂点，继续往前执行。若在这种地方安排陷阱，就能有效地捕捉住它，而又不影响正常执行的程序流程。例如，在一个根据累加器 A 中内容的正、负、零情况进行三分支的程序中，软件陷阱的安置方式如下：

```
            JNZ  XYZ
    ...                              ; 零处理
    ...
                    AJMP    ABC      ; 断裂点
                        NOP          ; 陷阱
                        NOP
                    LJMP    ERR
XYZ:        JB    ACC.7，UVW
    ...                              ; 正处理
    ...
                    AJMP ABC         ; 断裂点
                    NOP              ; 陷阱
                    NOP
                    AJMP  ERR
UVW:             ...                 ; 负处理
    ...
ABC:            MOV   A，R2          ; 取结果
                    RET              ; 断裂点
                    NOP              ; 陷阱
                    NOP
                    LJMP    ERR
```

由于软件陷阱都安排在正常程序执行不到的地方，故不影响程序执行效率。在当前 EPROM 容量不成问题的条件下，还是多多设置陷阱有益。在打印程序清单时不加（或删去）所有的软件陷阱和冗余指令，在编译前再加上冗余指令和尽可能多的软件陷阱，生成目标代码后再写入 EPROM 中。

11.4.3　开关量输入/输出软件抗干扰设计

如干扰只作用在系统 I/O 通道上，可用如下方法减小或消除其干扰。

1. 开关量输入软件抗干扰措施

干扰信号多呈毛刺状，作用时间短。利用该特点，在采集某一状态信号时，可多次重复采集，直到连续两次或多次采集结果完全一致时才可视为有效。若相邻的检测内容不一致，或多次检测结果不一致，则是伪输入信号，此时可停止采集，给出报警信号。由于状态信号主要来自各类开关型状态传感器，对这些信号采集不能用多次平均方法，必须绝对一致才行。

在满足实时性前提下，如果在各次采集状态信号间增加一段延时，效果会更好，以对抗较宽时间范围的干扰。延时时间在 10～100μs。每次采集的最高次数限制和连续相同次数均可按实际情况适当调整。

2. 开关量输出软件抗干扰措施

输出信号中，很多是驱动各种警报装置、各种电磁装置的状态驱动信号。抗干扰的有效输出方法是，重复输出同一个数据，只要有可能，重复周期应尽量短。外设收到一个被干扰的错误信息后，还来不及做出有效的反应，一个正确的输出信息又到来了，可及时防止错误动作的产生。

在执行输出功能时，应将有关输出芯片的状态也一并重复设置。例如，81C55 芯片和 82C55 芯片常用来扩展输入/输出功能，很多外设通过它们获得单片机的控制信息。这类芯片均应进行初始化编程，以明确各端口的功能。由于干扰的作用，有可能无意中将芯片的编程方式改变。为了确保输出功能正确实现，输出功能模块在执行具体的数据输出之前，应先执行对芯片的初始化编程指令，再输出有关数据。

11.4.4　看门狗技术

当程序飞到一个临时构成的死循环中，或 PC 指针落到全地址区（在 EPROM 芯片范围之外）时，系统将完全瘫痪。如果操作者在场，就可以按下人工复位按钮，强制系统复位。但操作者不能一直监视着系统，即使监视着系统，往往也是在发现不良后果之后才进行人工复位。"看门狗"可以代替人工自动复位，能使 CPU 从死循环和"弹飞"状态进入正常的程序流程。

"看门狗"是独立于 CPU 的硬件，CPU 在一个固定的时间间隔和"看门狗"打一次交道，表明系统工作正常。如果程序失常，系统陷于死循环中，"看门狗"得不到来自 CPU 的信息，就向 CPU 发出复位信号，使系统复位。下面介绍一个看门狗电路。

图 11-10 中的看门狗电路是由带振荡器的 14 位计数器 CD4060 构成的。

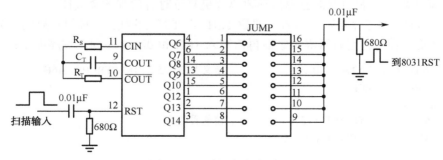

图 11-10　看门狗电路原理图

CD4060 计数频率由 R_T 和 C_T 决定。设实际运行的用户程序所需工作周期为 T，分频器计满时间为 T'，当 $T' > T$ 且系统正常工作时，程序每隔 T 对 CD4060 扫描一次，分频器总也不能计满，则没有输出信号。如系统工作不正常（程序弹飞、死循环等），程序对 CD4060 发不出扫描信号，待分频器计满时，输出一脉冲信号使 CPU 复位。CD4060 的振荡频率 f 由 R_T 和 C_T 决定。R_s 用于改善振荡器的稳定性，R_s 要大于 R_T。一般取 $R_s = 10R_T$，且 $R_T > 1k\Omega$，$C_T > 100pF$。如果 $R_s = 450k\Omega$，$R_T = 45k\Omega$，$C_T = 1\mu F$，则 $f = 10Hz$。CD4060 的振荡频率和 Q_i（$i = 6$，7，8，9，10，12，13，14）的选择要根据情况确定。

现在，AT89S51 等许多单片机芯片中已有看门狗电路，使用非常方便。这类单片机的看门狗技术是依靠看门狗定时器实现单片机强制复位的。它具有以下两个特征：

（1）看门狗定时器必须在一定时间内由软件对其进行刷新，如若不然，当看门狗定时器溢出时就会导致单片机复位。

（2）当看门狗定时器启动之后，程序是没有办法让它停止的，只有程序定时对其进行刷新防止溢出，或者等到看门狗定时器溢出时使单片机复位。

AT89S51 单片机内部已经集成了一个 14 位的看门狗定时器，控制这个看门狗定时器的寄存器是 WDTRST。图 11.11 为 AT89S51 单片机看门狗原理图。

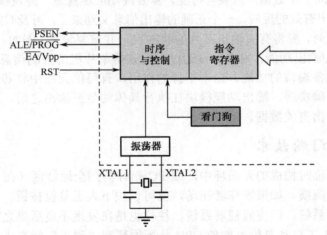

图 11-11　AT89S51 单片机看门狗原理图

当单片机上电复位时，默认看门狗功能被禁止。当看门狗启动后，其 14 位定时器的计数值每过 1 个机器周期自动增加 1，直到当看门狗溢出时，它会使单片机的 RST 端（9 脚）电平被拉高从而促成单片机的复位。当看门狗被启动后，程序是无法将其关闭的，而只有当单片机通过 RST 端重新复位或看门狗自己溢出导致单片机复位时看门狗才会关闭。

通过向 WDTRST 寄存器顺序写入立即数 1EH 和 0E1H 序列后，看门狗启动，为了防止看门狗溢出，需要在看门狗定时器溢出之前再次写入 1EH 和 0E1H 序列。程序如下：

```
        WDTRST DATA    0A6H          ; 定义 WDTRST 指向 SFR 中的 A6H
        ORG     00H
ENABLE_WDT:
        MOV     WDTRST, #1EH          ; 使能看门狗
        MOV     WDTRST, #0E1H

START:
```

```
;**********************************************
;*                  此处是主程序                   *
;**********************************************

        MOV         WDTRST, #1EH        ;刷新看门狗
        MOV         WDTRST, #0E1H

        JMP         START                           ;循环
        END
```

"ENABLE_WDT"段将立即数 1EH 和 0E1H 顺序写入 WDTRST 寄存器以启动看门狗。为了保证在程序正常运行时看门狗不强迫单片机进行复位，在程序最后、循环指令之前再向 WDTRST 依次写入立即数 1EH 和 0E1H 以刷新看门狗。刷新之后，看门狗定时器中计数值清 0，进入下一轮看门狗定时的过程。

如果程序主程序部分（刷新看门狗之前的程序段）运行时出错，总也执行不到最后刷新看门狗的指令，那当看门狗定时器溢出时就会强制单片机复位。程序于是重新开始执行，单片机系统功能得到恢复。

11.4.5　模拟电路和数字电路的隔离

模拟电路和数字电路的隔离可以使用光电耦合器、隔离放大器或信号隔离变压器。过程通道的输入/输出信号线和控制线多，且长度往往达几百米或几千米，因此不可避免地将干扰引入单片机系统。消除或减弱过程通道的干扰主要采用光电隔离技术。光电耦合器就是发光二极管和光敏三极管的组合，它通过电→光→电的转换，实现两个电路的隔离。若输入信号给出一定电流（5～10mA），光电耦合器里的发光二极管就输出与输入电流相对应的光通量，光敏三极管（或光敏二极管）又将接收到的光通量变换成相应的电流。光电耦合器的响应速度比变压器、继电器快得多，而且没有漏磁通，对周围电路没有影响。光电耦合器的体积小，重量轻，价格便宜，便于安装。现在，能实现信号线性变换的光电耦合器也应用在模拟电路中，这种线性光电耦合器的线性好，但转换精度较低，信号的动态范围较小。现在大量使用的是对数字量电信号（或开关量）进行变换的光电耦合器。

1．光电隔离的基本配置

采用光电耦合器可以将单片机与前向、后向以及其他部分切断电路的联系，能有效地防止干扰从过程通道进入单片机。其原理如图 11-12 所示。

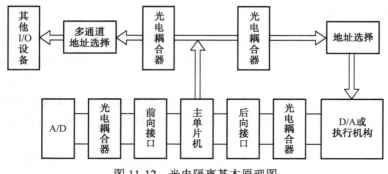

图 11-12　光电隔离基本原理图

优点是能有效抑制尖峰脉冲以及各种噪声干扰，从而使过程通道上的信噪比大大提高。

2．光电隔离的实现

对 A/D、D/A 转换前后的模拟信号进行隔离，是常用的一种方法。通常采用隔离放大器对模拟量进行隔离。但所用的隔离型放大器必须满足 A/D、D/A 转换的精度和线性要求。例如，如果对 12 位 A/D、D/A 转换器进行隔离，其隔离放大器要达到 13 位甚至 14 位精度，如此高精度的隔离放大器价格很昂贵。

图 11-13 是实现数字隔离的一个例子。该例将输出的数字量经锁存器锁存后，驱动光电隔离器，经光电隔离之后的数字量被送到 D/A 转换器。

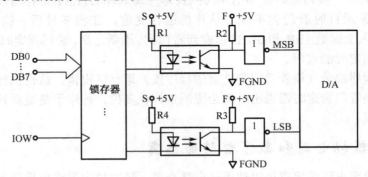

图 11-13　数字隔离实例

需注意，现场电源 F +5V、现场地 FGND 和系统电源 S +5V 及系统地 SGND，必须分别由两个隔离电源供电；光电隔离器件的数量不能太多，由于光电隔离器件的发光二极管与受光晶体管之间存在分布电容，当数量较多时，必须考虑将并联输出改为串联输出的方式，这样可使光电器件大为减少，且保持很高的抗干扰能力，但传送速度下降了。

11.4.6　接地方法

"地"是电路或系统中为各信号提供参考电位的等电位点或等电位面。电路中每一个信号都有参考电位，称为信号地。又根据信号是模拟信号还是数字信号，将信号地分为模拟地和数字地。一个系统中所有的电路、信号的"地"都要归于一点，建立系统的统一参考电位，该点称为系统地。在智能仪器中，接地是抑制干扰的重要方法，如能将接地和屏蔽正确结合，则可以很好地抑制干扰；如果接地不恰当，会给系统造成严重干扰。下面简单介绍接地的方法。

1．单点接地和多点接地

单点接地可分为串联单点接地和并联单点接地。两个或两个以上的电路共用一段地线的接地方法称为串联单点接地，其等效电路如图 11-14 所示。因为电流在地线的等效电阻上会产生压降，所以三个电路与地线的连接点对地的电位不同，而且其中任何一个连接点的电位都受到任一个电路电流变化的影响，从而使其电路输出改变。这就是由公共地线电阻耦合造成的干扰。离系统地越远的电路，受到的干扰越大。这种方法布线最简单，常用来连接地电流较小的低频电路。

并联单点接地方式如图 11-15 所示，各个电路的地线只在一点（系统地）汇合，各电路的对地电位只与本电路的地电流及接地电阻有关，没有公共地线电阻的耦合干扰。这种接地方式的缺点在于所用地线太多。

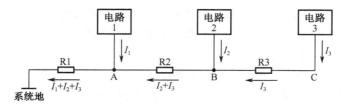

图 11-14　串联单点接地方式

这两种单点接地方式主要用在低频系统中，接地一般采用串联和并联相结合单点接地方式。

高频系统中通常采用多点接地，如图 11-16 所示，各个电路或元件的地线以最短的距离就近连到地线汇流排（一般是金属底板）上，因地线很短，底板表面镀银，所以地线阻抗很小，各路之间没有公共地线阻抗引起的干扰。

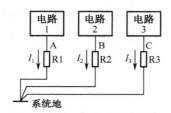

图 11-15　并联单点接地方式

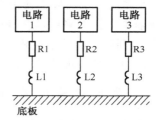

图 11-16　多点接地方式

2. 数字地和模拟地

电路板上既有模拟电路，又有数字电路，它们应该分别接到系统的模拟地和数字地上。因为数字信号波形具有陡峭的边缘，数字电路的地电流呈现脉冲变化。如果模拟电路和数字电路共用一根地线，数字电路地电流通过公共地阻抗的耦合将给模拟电路引入瞬态干扰，特别是电流大、频率高的脉冲信号干扰更大。系统的模拟地和数字地最后汇集到一点上，即与系统地相连。正确的接地方法如图 11-17 所示，模拟地和数字地分开，仅在一点连接。

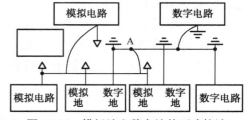

图 11-17　模拟地和数字地的正确接法

另外，对于系统带有功率接口、驱动耗电大的功率设备，大电流电路的地线一定要和信号线分开，要单独走线。

11.5　单片机应用系统的仿真与调试

11.5.1　单片机应用系统的仿真

单片机应用系统经过预研、总体设计、软/硬件开发、制版、元器件安装和代码下载（固化）

后，系统就可以运行了。但是一次成功几乎是不可能的，多少会出现一些硬件、软件上的错误，这都需要调试来发现错误并纠正。通常，单片机程序调试都需要借助被称为仿真系统或开发系统的专用工具来进行。一个单片机在线仿真器应具备的功能有：

（1）能输入和修改应用程序。

（2）能对用户系统硬件电路进行检查与诊断。

（3）将程序代码编译为目标码并固化或下载到系统中去。

（4）能以单步、断点和连续方式运行程序，正确反映用户程序执行的中间结果。

（5）最好不占用用户单片机资源。

（6）提供足够的仿真 RAM 空间作为用户的程序存储器，并提供足够的 RAM 空间作为用户的数据存储器。

（7）齐全的软件开发工具，如交叉汇编、连接、固化和下载，甚至反编译等。

系统仿真调试的目标是检测并排除故障，检测并修正模块化软件。

对于一些小系统，也可以不使用专门的仿真器，而是直接采用写入装置，将目标码写入系统的程序存储器中。如果采用具有 Flash 存储器和支持 ISP 的单片机芯片，甚至只需要一个编程/下载电缆，利用专门的下载软件，就可以通过 ISP 插座将目标码下载到具有 Flash 存储器的单片机芯片中，然后通过直接运行判断硬件/软件的正确性。

11.5.2　单片机应用系统的调试

单片机应用系统的调试包括硬件和软件调试两部分，但是它们并不能完全分开。一般的方法是先排除明显的硬件故障，再进行综合调试，排除可能的软件、硬件故障。

1. 静态硬件调试

将器件安装/焊接到电路板，进行系统调试前，应做好以下几方面的工作：

（1）拿到电路板后，先要检查加工质量，并确保没有任何制造方面的错误，如短路和断路，尤其要避免电源短路。

（2）元器件在安装前要逐一检查。

（3）完成焊接后，应先空载上电（芯片座上不插芯片），并检查各引脚的电位是否正确。若一切正常，方可在断电的情况下将芯片插入，再次检查各引脚的电位及逻辑关系。

2. 系统的调试

硬件的静态调试后，就可以进行系统的调试，一个经典的调试方案是：把整个应用系统按功能进行分块，如系统控制模块、A/D 模块和监控模块等。针对不同的功能模块，用测试程序并借助万用表、示波器及逻辑笔等来检测硬件电路的正确性。

系统硬件的调试可采用监控命令法和程序调试法两种，调试的内容包括以下几方面：

（1）外部数据存储器 RAM 的调试。

（2）程序存储器的调试。

（3）输出功能模块的调试。

（4）I/O 接口芯片的调试。

（5）外部中断与定时器的调试。

（6）键盘的调试。

（7）显示器的调试。

（8）A/D 和 D/A 的调试。

（9）串行通信口的调试。

11.5.3　单片机应用系统的编程、下载与运行

（1）应用程序编程。可采用多种形式编写应用程序的源程序，如采用文本编写器、KeilC 等。

（2）源程序的汇编。可采用编译程序和交叉编译程序进行汇编，并将其转换为目标码。

（3）目标码的下载与运行。可借助仿真器、写入器或是利用 ISP 的配套软件进行。调试完成后，将单片机应用系统设置到运行状态，程序就开始自行运行了。

11.6　单片机应用系统的设计实例——单片机温度控制系统

温度控制是工业对象主要的被控参数之一，像冶金、机械、食品、化工各类工业中，广泛使用的各种加热炉、热处理炉、反应炉等，对工件的处理温度要求严格控制。下面以 AT89S51 单片机为核心，介绍烘干炉温度控制系统设计。

该烘干炉温度控制系统的技术指标如下：

（1）烘干箱由 2 kW 电炉加热，最高温度为 500℃。

（2）烘干箱温度可预置，烘干过程恒温控制，温度控制误差≤±2℃。

（3）预置时显示设定温度，烘干时显示实时温度，显示精确到 1℃。

（4）温度超出预置温度±5℃时发声报警。

（5）对升、降温过程的线性没有要求。

11.6.1　硬件电路设计

烘干炉温度控制的过程是：单片机定时对炉温进行检测，经 A/D 转换芯片得到相应的数字量，经过单片机进行数据转换，得到应有的控制量，控制热功率，从而实现对温度的控制。从技术指标可以看出，本温度控制系统对控制精度的要求不高，对升、降温过程的线性也没有要求，因此，系统采用最简单的通断控制方式，即当烘干箱温度达到设定值时断开加热电炉，当温度降到低于某值时接通电炉开始加热，从而保持恒温控制。

系统的硬件电路包括主机、温度检测、温度控制、人机对话（键盘/显示/报警）四个主要部分。本系统硬件功能框图如图 11-18 所示。

1．温度检测

本系统需要实时检测烘干炉温度，温度检测部分包括温度传感器、变送器和 A/D 转换器三部分。

温度传感器和变送器的类型选择与被控温度的范围及精度等级有关。型号为 WZB-003、分度号为 BA2 的铂热电阻适用于 0～500℃的温度测量范围，可以满足本系统的要求。

变送器将电阻信号转换成与温度成正比的电压，当温度在 0～500℃时变送器输出 0～4.9V 左右的电压。

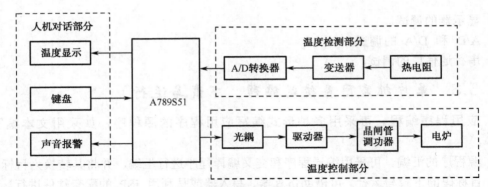

图 11-18   硬件功能框图

A/D 转换器件的选择主要取决于温度的控制精度。本系统要求温度控制误差≤±2℃，采用 8 位 A/D 转换器，其最大量化误差为±0.2℃，完全能够满足精度要求。本系统采用 ADC0809 作为 A/D 转换器。电路设计好后，调整变送器的输出，使 0～500℃的温度变化对应于 0～4.9V 的输出，则 A/D 转换对应的数字量为 00H～FAH，即 0～250，则转换结果乘以 2 正好是温度值。用这种方法一方面可以减少标度转换的工作量，另一方面还可以避免标度转换带来的计算误差。

温度检测部分硬件原理图如图 11-19 所示。

2．温度控制

电炉控制采用晶闸管来实现，双向晶闸管和电炉电阻丝串接在交流 220V 市电回路中。单片机的 P1.7 口通过光电隔离器和驱动电路送到晶闸管的控制端，由 P1.7 口的高低电平来控制晶闸管的导通与断开，从而控制电阻丝的通电加热时间。

温度控制部分硬件原理图如图 11-20 所示。

3．人机对话

这部分包括键盘、显示和报警三部分电路。

本系统设有 3 位 LED 数码显示器，停止加热时显示设定温度，启动加热时显示当前烤箱温度。采用串行口扩展的静态显示电路作为显示接口电路。为使系统简单紧凑，键盘只设置 4 个功能键，分别是启动、"百位+"、"十位+"和"个位+"，由 P1 口低 4 位作为键盘接口。利用+1 按键可以分别对预置温度的百位、十位和个位进行加 1 设置，并在 LED 上显示当前设置值。连续按动相应位的+1 键即可实现 0～500℃的温度设置。

报警功能由蜂鸣器实现。当由于意外因素导致烤箱温度高于设置温度时，P1.6 口送出的低电平经反相器驱动蜂鸣器鸣叫报警。

显示部分硬件原理图如图 11-21 所示，按键部分电路原理图如图 11-22 所示。

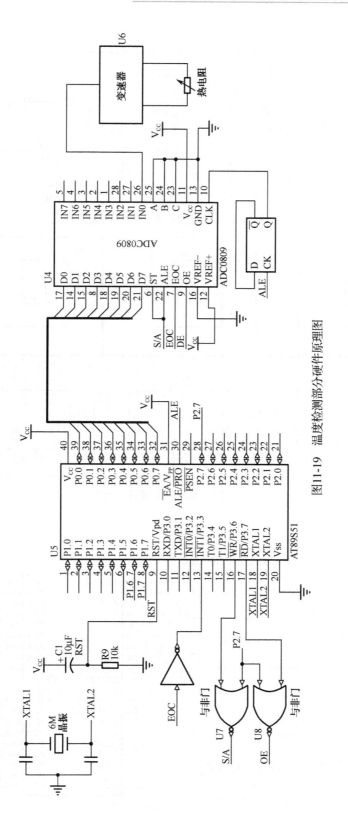

图11-19 温度检测部分硬件原理图

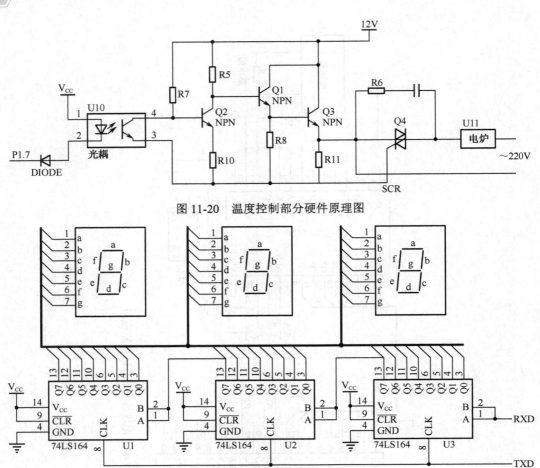

图 11-20　温度控制部分硬件原理图

图 11-21　显示部分硬件原理图

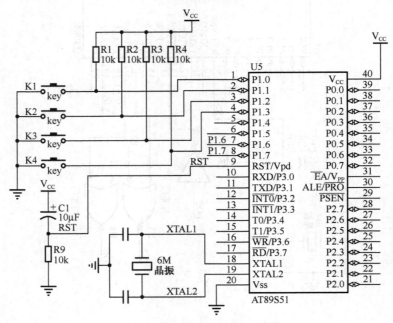

图 11-22　按键部分电路原理图

11.6.2 系统软件设计

1．工作流程

烘干箱在上电复位后先处于停止加热状态，这时可以用 +1 键设定预置温度，显示器显示预定温度；温度设定好后就可以按启动键启动系统工作了。温度检测系统不断定时检测当前温度，并送往显示器显示，达到预定值后停止加热并显示当前温度；当温度下降到下限（比预定值低 2℃）时再启动加热。这样不断重复上述过程，使温度保持在预定温度范围之内。启动后不能再修改预置温度，必须按复位/停止键回到停止加热状态再重新设定预置温度。

2．功能模块

根据上面对工作流程的分析，系统软件可以分为以下几个功能模块：

（1）键盘管理：监测键盘输入，接收温度预置，启动系统工作。

（2）显示：显示设置温度及当前温度。

（3）温度检测及温度值变换：完成 A/D 转换及数字滤波。

（4）温度控制：根据检测到的温度控制电炉工作。

（5）报警：当预置温度或当前炉温越限时报警。

3．资源分配

为了便于阅读程序，首先给出单片机资源分配情况。数据存储器分配表见表 11-3。

表 11-3　温度控制软件数据存储器分配表

地 址	功 能	名 称	初 始 化
50H～51H	当前检测温度，高位在前	TEMP1～TEMP0	00H
52H～53H	预置温度，高位在前	ST1～ST0	00H
54H～56H	BCD 码显示缓冲区，百位、十位、个位	T100、T10.T	00H
57H～58H	二进制显示缓冲区，高位在前	BT1，BT0	00H
59H～7FH	堆栈区		00H
PSW.5	报警允许标志：F0=0 时禁止报警，F0=1 时允许报警	F0	00H

4．功能软件设计

1）键盘管理模块

上电或复位后系统处于键盘管理状态，其功能是监测键盘输入，接收温度预置和启动键。程序设有预置温度合法检测报警，当预置温度超过 500℃时会报警并将温度设定在 500℃。键盘管理子程序流程图如图 11-23 所示。

键盘管理子程序 KIN：

```
        KIN:  ACAL     CHK           ;预置温度合法性检测
              MOV      BT1，ST1
              MOV      BT0，ST0       ;预置温度送显示缓冲区
              LCALL    DISP          ;显示预置温度
        KIN0: ACALL    KEY           ;读键值
```

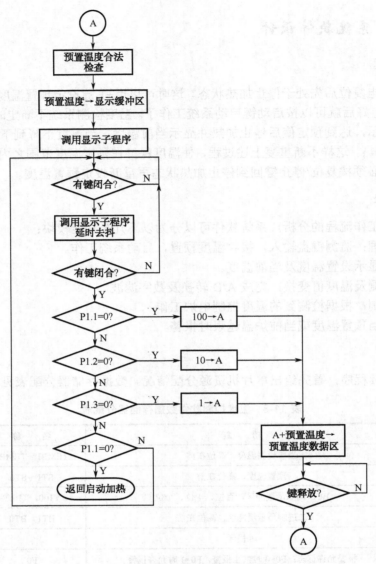

图 11-23　键盘管理子程序流程图

```
        JZ      KIN0            ; 无键闭合和重新检测
        ACALL   DISP
        ACALL   DISP            ; 二次调用显示子程序延时去抖
        ACALL   KEY             ; 再检测有无键按下
        JZ      KIN0            ; 无键按下重新检测
        JB      ACC.1，S10
        MOV     A，#100          ; 百位键按下
        AJMP    SUM
S10：   JB      ACC.2，S1
        MOV     A，#10           ; 十位键按下
        AJMP    SUM
S1：    JB      ACC.3，S0
        MOV     A，#01           ; 个位键按下
```

```
SUM: ADD      A, ST0          ; 预置温度按键+1
     MOV      ST0, A
     MOV      A, #00H
     ADDC     A, ST1
     MOV ST1, A
KIN1: ACALL   KEY             ; 判断闭合键释放
     JNZ      KIN1            ; 未释放继续判断
     AJMP     KIN             ; 闭合键释放继续扫描键盘
S0:  JNB      ACC.0, KIN      ; 无键按下重新扫描键盘
     RET                      ; 启动键按下返回
KEY: MOV      A, P1           ; 读键值子程序
     CPL      A
     ANL      A, #0FH
     RET
```

预置温度合法性检测子程序 CHK（用双字节减法比较预置温度是否大于 500℃(01F4H)）：

```
CHK:  MOV      A, #0F4H       ; 预置温度上限低 8 位送 A
      CLR C
      SUBB     A, ST0         ; 低 8 位减，借位送 CY
      MOV      A, #01H        ; 预置温度上限高 8 位送 A
      SUBB     A, ST1         ; 高 8 位带借位减
      JC       OUTA           ; 预置温度越界，转报警
      MOV      A, #00H        ; 预置温度合法标志
      RET
OUTA: MOV      ST1, #01H      ; 将 500 写入预置温度数据区
      MOV      ST0, #0F4H
      CLR      P1.6           ; 发报警信号 0.6s
      ACALL    D0.6s
      SETB     P1.6           ; 停止报警
      RET
```

2）显示模块

显示子程序的功能是将显示缓冲区 57H 和 58H 的二进制数据先转换成三个 BCD 码，分别存入百位、十位和个位显示缓冲区（54H、55H 和 56H 单元），然后通过串口送出显示。显示子程序 DISP：

```
DISP: ACALL    HTB            ; 将显示数据转换为 BCD 码
      MOV      SCON, #00H     ; 置串行口为方式 0
      MOV      R2, #03H       ; 显示位数送 R2
      MOV      R0, #T100      ; 显示缓冲区首地址送 R0
LD:   MOV      DPTR, #TAB     ; 指向字型码表首地址
      MOV      A, @R0         ; 取显示数据
      MOVC     A, @A+DPTR     ; 查表
      MOV      SBUF, A        ; 字型码送串行口
WAIT: JBC      TI, NEXT       ; 发送结束转下一个数据并清中断标志
      SJMP     WAIT           ; 发送未完等待
NEXT: INC      R0             ; 修改显示缓冲区指针
      DJNZ     R2, LD         ; 判断 3 位显示完否，未完继续
```

```
            RET
    TAB:    ...                            ; 字型码表（略）
```

BCD 码转换子程序 HTB:

```
    HTB:    MOV     A, BT0              ; 取二进制显示数据低 8 位
            MOV     B, #100             ; 除 100，确定百位数
            DIVAB
            MOV     T100, A             ; 百位数送 54H 单元
            MOV     A, #10              ; 除 10，确定十位数
            XCH     A, B
            DIV     A, B
            MOV     T10, A              ; 十位数送 55H 单元
            MOV     T, B                ; 个位数送 56H 单元
            MOV     A, BT1              ; 取二进制显示数据高 8 位
            JNZ     LH1                 ; 高位不为 0 转 LH1 继续高 8 位转换
            RET                         ; 高位为 0 结束，返回
    LH1:    MOV     A, #06H             ; 高位不为 0，低位转换结果加 256（因为温度数
                                        ; 据不会大于 500，所以高 8 位最多为 01H，即 256）
            ADDA, T
            DAA                         ; 个位加 6（十进制加）
            MOV     T, A                ; 结果送回个位
            MOV     A, #05H
            ADDC    A, T10
            DAA                         ; 十位加 5（十进制加）
            MOV T10, A                  ; 结果送回十位
            MOV     A, #02H
            ADDC A, T100
            DA  A                       ; 百位加 2（十进制加）
            MOV T100, A                 ; 结果送回百位
            RET
```

3）温度检测模块

A/D 转换采用查询方式。为提高数据采样的可靠性，对采样温度进行数字滤波。数字滤波的算法很多，这里采用 4 次采样取平均值的方法。如前所述，本系统 A/D 转换结果乘 2 正好是温度值，因此，4 次采样的数字量之和除以 2 就是检测的当前温度。检测结果高位存入 50H，低位存入 51H。温度检测子程序流程图如图 11-24 所示。

温度检测子程序 TIN:

```
    TIN:    MOV TEMP1, #00H             ; 清检测温度缓冲区
            MOV TEMP0, #00H
            MOV R2, #04H                ; 取样次数送 R2
            MOV DPTR, #7FF8H            ; 指向 A/D 转换器 0 通道
    LTIN1:  MOVX @DPTR, A              ; 启动转换
    HERE:   JNB IE1, HERE              ; 等待转换结束
            MOVX A, @DPTR              ; 读转换结果
            ADD A, TEMP0               ; 累加（双字节加法）
            MOV TEMP0, A
```

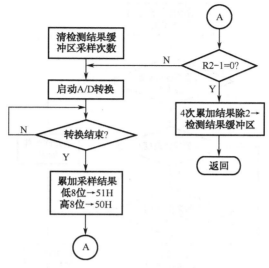

图 11-24　温度检测子程序流程图

```
MOV    A，#00H
ADDC   A，TEMP1
MOV    TEMP1，A
DJNZ   R2，LTIN1        ；4 次采样完否，未完继续
CLR    C               ；累加结果除 2(双字节除法)
MOV    A，TEMP1
RRC    A
MOV    TEMP1，A
MOV    A，TEMP0
RRC    A
MOV    TEMP0，A
RET
```

4）温度控制模块

将当前温度与预置温度比较，当前温度小于预置温度时，继电器闭合，接通电阻丝加热；当前温度大于预置温度时，继电器断开，停止加热；当二者相等时电炉保持原来状态；当前温度降低到比预置温度低 2℃时，再重新启动加热；当前温度超出报警上下限时将启动报警，并停止加热。由于电炉开始加热时，当前温度可能低于报警下限，为了防止误报，在未达到预置温度时不允许报警，为此设置了报警允许标志 F0。温度控制子程序流程图见图 11-25。

温度控制子程序 CONT：

```
CONT:   MOV    A，TEMP0     ；当前温度-预置温度（双字节减）
        CLR C
        SUBB   A，ST0
        MOV    B，A         ；低 8 位相减的差值暂存 B
        MOV    A，TEMP1
        SUBB   A，ST1
        JNC LOFF            ；无借位，表示当前温度≥预置温度，转 LOFF
        JNB F0，LON         ；当前温度<预置温度，判断是否达到过预置温度
        MOV    A，B         ；若达到过预置温度，判断二者差值是否大于 2
```

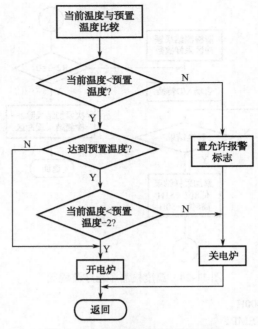

图 11-25　温度控制子程序流程图

```
        CLR  C
        SUBB    A，#02H
        JNC  ACC.7，LOFF    ；差值不大于 2，转 LOFF
LON：   CLR  P1.7            ；开电炉
        SJMP    EXIT        ；返回
LOFF：  SETB    F0          ；设置允许报警标志
        SETB    P1.7        ；关电炉
EXIT：  RET
```

在此，也可自行加入 PID 算法程序来实现 PID 控制。

5）温度越限报警模块

报警上限温度值为预置温度+5℃，即当前温度上升到高于预置温度+5℃时报警，并停止加热；报警下限温度值为预置温度-5℃，即在当前温度下降到低于预置温度-5℃，且报警允许时报警，这是为了防止开始从较低温度加温时误报警。报警的同时也关闭电炉。图 11-26 为报警子程序流程图。

报警子程序 ALARM：

```
ALARM：  MOV   A，TEMP0    ；当前温度低字节→A
        CLR   C
        SUBB  A，ST0        ；（当前温度低字节-预置温度低字节）→A
        MOV   B，A          ；低字节相减结果送 B 暂存
        MOV   A，TEMP1      ；当前温度高字节→A
        SUBB  A，ST1        ；（当前温度高字节-预置温度高字节）→A
        JC    LA0           ；有借位，当前温度小于预置温度转 LA0
        SETB  F0            ；当前温度≥预置温度，允许报警
        AJMP  LA1
```

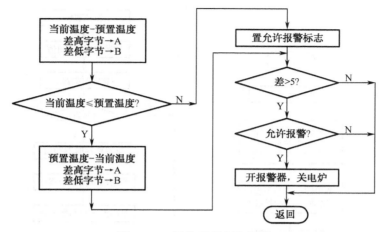

图 11-26　报警子程序流程图

```
LA0:    MOV     A，ST0          ; 预置温度低字节→A
        CLR     C
        SUBB    A，TEMP0        ; (预置温度低字节-当前温度低字节) →A
        MOV     B，A            ; 低字节相减结果送 B 暂存
        MOV     A，ST1          ; 预置温度高字节→A
        SUBB    A，TEMP1        ; (预置温度高字节-当前温度高字节) →A
LA1:    XCH     A，B            ; 高低字节互换，判断相减结果是否大于5
        CLR C
        SUBB    A，#05H         ; (低字节差-5) →A
        XCH     A，B            ; (低字节差-5) →B，高字节差→A
        SUBB    A，#00H         ; (高字节差-0) →A (因为5的高字节为0)
        JC      LA2            ; 相减结果小于5，不报警返回
        JNB     F0，LA2         ; 相减结果≥5，判断是否允许报警，不允许则返回
        CLR     P1.6           ; 启动报警
        SETB    P1.7           ; 关电炉
        LCALL   D0.6s          ; 报警延时 0.6s
        SETB    P1.6           ; 关报警
LA2:    RET
D0.6s:  (略)                   ; 延时 0.6s 子程序
```

6）主程序和中断服务子程序

主程序采用中断嵌套方式设计，各功能模块可直接调用。主程序完成系统的初始化、温度预置及其合法性检测，预置温度的显示及定时器 0 设置。定时器 0 中断服务子程序是温度控制体系的主体，用于温度检测、控制和报警（包括启动 A/D 转换、读入采样数据、数字滤波、越限温度报警和越限处理、输出晶闸管的控制脉冲等）。中断由定时器 0 产生，根据需要每隔 15s 中断一次，即每 15s 采样控制一次。但系统采用 6MHz 晶振，最大定时为 130ms，为实现 15s 定时，这里另行设置了一个软件计数器。主程序和中断服务子程序流程图如图 11-27 所示。

主程序 MAIN（数据缓冲区的定义和初始化部分从略）：

```
        ORG     0000H
        AJMP    MAIN
        ORG     000BH
```

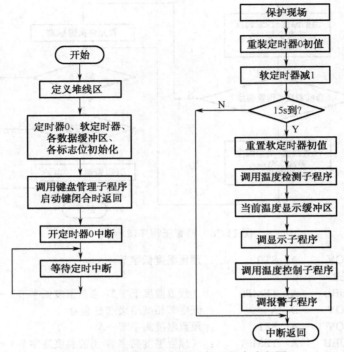

图 11-27 主程序和中断服务子程序流程图

```
        AJMP    PT0
        ORG     0030H
MAIN:   MOV     SP, #59H          ; 设定堆栈指针
        MOV     TMOD, #01H        ; 定时器 0 初始化
        MOV     TL0, #0B0H        ; 定时器定时时间 100ms
        MOV     TH0, #3CH
        MOV     R7, #150          ; 置 15s 软计数器初值
        ACALL   KIN               ; 调键盘管理子程序
        SETB    ET0               ; 允许定时器 0 中断
        SETB    EA                ; 开中断
        SETB    TR0               ; 启动定时器 0
        SJMP    $
```

定时器 0 中断服务子程序 PT0：

```
PT0:    MOV     TL0, #0B0H
        MOV     TH0, #3CH         ; 重置定时器 0 初值
        DJNZ    R7, BACK          ; 15s 到否, 不到返回
        MOV     R7, #150          ; 重置软计数器初值
        ACALL   TIN               ; 温度检测
        MOV     BT1, TEMP1        ; 当前温度送显示缓冲区
        MOV     BT0, TEMP0
        ACALL   DISP              ; 显示当前温度
        ACALL   CONT              ; 温度控制
        LCALL   ALARM             ; 温度越限报警
BACK:   RETI
```

以上程序流程及相关程序仅供参考。

习　　题

1．单片机应用系统设计时一般应遵循的原则是什么？
2．简述单片机应用系统设计的一般步骤。
3．单片机应用系统设计过程中，应如何考虑硬件和软件之间的关系？
4．简述看门狗的基本原理。
5．简述软件陷阱技术的原理。

参 考 文 献

[1] 张毅刚. 单片机原理及接口技术. 北京：人民邮电出版社，2011.

[2] 李朝青，刘艳玲. 单片机原理及接口技术. 北京：北京航空航天大学，2013.

[3] 姜志海，黄玉清，刘连鑫. 单片机原理及应用. 北京：电子工业出版社，2013.

[4] 宋雪松，李冬明，崔长胜. 手把手教你学 51 单片机. 北京：清华大学出版社，2014.

[5] 刘平. 深入浅出玩转 51 单片机. 北京：北京航空航天大学出版社，2014.

[6] 韩力英，杨宜菩，王杨，等. 基于单片机的温室大棚智能监控系统设计. 中国农机化学报，2016，37(1).

[7] 苗彧智，王艳. 基于单片机的智能电表设计. 现代电子技术，2015(2).

[8] 刘少军，王瑜瑜. 基于单片机控制的空气质量检测系统的设计. 机械与电子，2015(1).

[9] 刘晓菲. 单片机应用系统抗干扰问题研究. 电子制作，2015(16).

[10] 杨新华. 基于单片机的数据采集系统的研究. 电子技术与软件工程，2015(21).

[11] 李文韬. 基于单片机的智能家居系统设计. 电子制作，2014(17).

[12] 郑伟强. 基于 AT89C51 单片机的微波温度测量仪. 自动化与仪器仪表，2014(11).

[13] 王常顺，肖海荣. 单片机原理与应用实践教学改革研究与探索. 科技创新导报，2014(31).

[14] Bhanu, G.P.，Yunfei Bai，Su Lim Tan，Eng Siong Chng. A Generic MCU Description Methodology with Dependency Evaluation，International Conference on Signal Processing Systems，2009: 565-569.

[15] Yulan Qi. The construction of a new MCU experiment platform，E-Health Networking，Digital Ecosystems and Technologies (EDT)，2010: 114-116.

[16] Chunhui Yang，Ligang Hou，Junwei Yang，etc. Specific MCU design of On board Unit in Electronic Toll Collection system，Solid-State and Integrated Circuit Technology (ICSICT)，2014:1-3.

[17] Su Zhihua，Li Min，Liu Ying. Three-Dimensional Auxiliary Teaching Course Study about MCU，Digital Manufacturing and Automation (ICDMA)，2013: 1606-1608.

[18] Kuiyuan Zhang，Furuta，J.，Kobayashi，K.，Onodera，H.Dependence of Cell Distance and Well-Contact Density onMCU Rates by Device Simulations and Neutron Experiments in a 65-nm Bulk Process. IEEE Transactions on Nuclear Science，2014，16(4): 1583-1589.

反侵权盗版声明

电子工业出版社依法对本作品享有专有出版权。任何未经权利人书面许可，复制、销售或通过信息网络传播本作品的行为，歪曲、篡改、剽窃本作品的行为，均违反《中华人民共和国著作权法》，其行为人应承担相应的民事责任和行政责任，构成犯罪的，将被依法追究刑事责任。

为了维护市场秩序，保护权利人的合法权益，我社将依法查处和打击侵权盗版的单位和个人。欢迎社会各界人士积极举报侵权盗版行为，本社将奖励举报有功人员，并保证举报人的信息不被泄露。

举报电话：（010）88254396；（010）88258888

传　　真：（010）88254397

E-mail：　　dbqq@phei.com.cn

通信地址：北京市海淀区万寿路 173 信箱
　　　　　电子工业出版社总编办公室

邮　　编：100036